現代基礎数学 13

新井仁之・小島定吉・清水勇二・渡辺 治 編集

確率と統計

藤澤洋徳 著

朝倉書店

編 集 委 員

新井仁之 　東京大学大学院数理科学研究科

小島定吉 　東京工業大学大学院情報理工学研究科

清水勇二 　国際基督教大学教養学部理学科

渡辺　治 　東京工業大学大学院情報理工学研究科

まえがき

まずはメッセージ

　本書では「具体例を動機として確率と統計を少しずつ創っていく」という感覚でテキストを記述してみました．面白く楽しく躍動感を感じながら読んで頂ければと思います．

対象としている読者層

　対象としている主な読者層は，初めて確率と統計を学ぶ理工系の2年生もしくは3年生程度です．文系の学生でも社会人の方でも，微積分と線形代数の基本を理解していれば読めるような構成になっています．確率と統計の数学的な部分を押さえておきたいという読者にお勧めです．

本書の使い方

　とりあえず目次を見てください．タイトルに ∗ 印が全く付いていない節は，読むのが必須です．タイトルに ∗ 印が一つ付いている節は，できるだけ読むことをお勧めします．普通はここまででも十分だと思います．タイトルに ∗ 印が二つ付いている節は，数学的に難しい内容が入っています．確率と統計を数学的に詳しく学ぼうとしている読者には，将来のことを考えて，できるだけ読むことをお勧めします．

本書の特徴

　いきなり定義とか定理とかという文章の書き方は，正確ですが，躍動感がなくて，面白みや楽しさに欠けやすく，それ以上に，どうしてそういうことを考えようと思ったのかという素直な視点を弱めがちになってしまいます．そのため，本書では，最初に書きましたように，具体例を動機として確率と統計を少

しずつ創っていくという感覚で記述してみました．もちろん，だからと言って，数学的な正確さを損なわないように工夫しています．

　また，本文中の幾つかの部分は，あえて計算過程を本文には記述せずに，演習問題として用意しました．項目を A としています．少しずつ計算力も養えると思います．そのほかにも普通の演習問題を項目 B として用意しました．ページ数の制約の問題もあって，本文中に記載できなかった内容なども，項目 B に演習問題として記載しています．

　目次を見て頂ければ感じて頂けると思いますが，数学シリーズの本にしては，全体的に，現実的な例を多めにして，しかも，かなり本格的に記述しています．現実的な例は，確率と統計の面白さや本質を，意識の中に定着させてくれます．演習問題 B にもいろいろと具体的な例を記載しています．

お礼

　本書を書くにあたっては，本当に本当に多くの方々に助けて頂きました．熊谷和也さんと近藤基さんには，学生の視点から，原稿を読んで頂きました．学生の視点から見てどう感じるかというコメントは非常に役に立ちました．柳原宏和先生と紙屋英彦先生には，先生という立場から，原稿を読んで頂きました．いろいろと本質的なコメントを頂き，本書は大幅に改善されました．中尾智子さんには図の作成を手伝って頂きました．そのほかにも本当に多くの方々にコメントを頂きました．みなさま本当にありがとうございました．また，このような機会を与えて下さった編集委員の皆さまにも，原稿の校正や出版などにご尽力して頂きました朝倉書店の皆さまにも，併せてお礼を申し上げます．最後に，自分を支えてくれた人々に，心からの感謝をこめて，お礼を申し上げたいと思います．

　2006 年 9 月

藤澤洋徳

補足：そのほかにも様々な情報を筆者のホームページに置くことに致します．

目　　次

1. **確率と確率空間** 1
   1.1　標本空間と事象 1
   1.2　確率の定義 5
   1.3　確率の性質 6
   1.4　条件付確率 8
   1.5　独　立　性 9
   1.6　ベイズの定理 11
   1.7　例 13
   　　1.7.1　くじを引く順番で当たる確率が違うのか 13
   　　1.7.2　システム全体の故障確率 14
   　　1.7.3　この検査は信頼できるのか 15
   1.8　確　率　空　間** 17
   演習問題 19

2. **確率変数と確率分布** 21
   2.1　確率変数と確率分布 21
   2.2　期待値と平均と分散 24
   2.3　多次元確率変数と同時確率分布と周辺確率分布 28
   2.4　多次元確率変数の特性値 31
   2.5　確率変数の独立性 33
   2.6　確率変数の和の平均と分散 34
   2.7　確率変数の条件付確率分布 35
   2.8　確率とモーメントに関連した不等式 37
   2.9　確率変数と確率分布と確率空間** 39
   演習問題 41

3. いろいろな確率分布 ……………………………………………… 43
3.1 離散型確率分布 ………………………………………… 43
3.1.1 一様分布 ………………………………………… 43
3.1.2 ベルヌーイ分布 ………………………………… 43
3.1.3 二項分布 ………………………………………… 44
3.1.4 ポアソン分布 …………………………………… 45
3.2 連続型確率分布 ………………………………………… 46
3.2.1 一様分布 ………………………………………… 46
3.2.2 指数分布 ………………………………………… 47
3.2.3 正規分布 ………………………………………… 48
3.2.4 ガンマ分布 ……………………………………… 49
3.2.5 カイ二乗分布と t 分布 ……………………… 49
3.3 多次元確率分布 ………………………………………… 50
3.3.1 多項分布 ………………………………………… 50
3.3.2 多次元正規分布 ………………………………… 51
3.4 確率分布の平均と分散 ………………………………… 52
3.4.1 一様分布 ………………………………………… 52
3.4.2 二項分布 ………………………………………… 52
3.4.3 正規分布 ………………………………………… 53
3.4.4 ガンマ分布 ……………………………………… 54
3.5 多次元正規分布の性質 ………………………………… 54
3.5.1 周辺確率分布 …………………………………… 55
3.5.2 平均と共分散 …………………………………… 56
3.5.3 密度関数のグラフ ……………………………… 57
3.5.4 独立性と条件付確率分布 ……………………… 58
3.6 モーメント母関数 ……………………………………… 59
演習問題 ……………………………………………………… 62

4. 確率変数の変数変換 ……………………………………… 64
4.1 線形変換された確率変数の確率分布 ………………… 64
4.2 独立な確率変数の和の確率分布 ……………………… 66

4.2.1　密度関数に基づいた和の確率分布の導出 …………………… 66
　　　4.2.2　モーメント母関数に基づいた和の確率分布の導出 ………… 67
　4.3　確率変数の最大値と最小値の確率分布* ……………………………… 69
　4.4　変数変換された連続型確率変数の確率分布** ……………………… 71
　　　4.4.1　密度関数の変数変換公式** …………………………………… 71
　　　4.4.2　t 分布の密度関数の導出** …………………………………… 72
　演 習 問 題 …………………………………………………………………… 73

5. 大数の法則と中心極限定理 ……………………………………………… 75
　5.1　確率収束と分布収束 ………………………………………………… 75
　5.2　大数の法則 …………………………………………………………… 76
　5.3　中心極限定理 ………………………………………………………… 77
　5.4　発　　　展** ………………………………………………………… 80
　演 習 問 題 …………………………………………………………………… 81

6. 乱数とシミュレーション* ……………………………………………… 82
　6.1　乱　　　数* ………………………………………………………… 82
　6.2　モンテカルロ積分* ………………………………………………… 84
　6.3　シミュレーション* ………………………………………………… 85
　　　6.3.1　生　態　系* …………………………………………………… 86
　　　6.3.2　正規近似の妥当性* …………………………………………… 87

7. 標本と統計的推測 ………………………………………………………… 89
　7.1　標本とパラメータ …………………………………………………… 89
　7.2　統計的推測 …………………………………………………………… 91
　7.3　標本平均と標本分散 ………………………………………………… 92
　7.4　標準化とスチューデント化 ………………………………………… 95

8. 点　推　定 ………………………………………………………………… 96
　8.1　推　定　量 …………………………………………………………… 96
　8.2　推定量の作り方 ……………………………………………………… 98

8.3　推定量の良さ･････････････････････････････････99
　8.4　最尤推定･･････････････････････････････････101
　　8.4.1　尤度･････････････････････････････････101
　　8.4.2　最尤推定の定義･･････････････････････････102
　　8.4.3　最尤推定の例･･･････････････････････････104
　　8.4.4　最尤推定量の漸近的性質･････････････････････105
　8.5　例･･106
　　8.5.1　職場環境の満足度を調べる････････････････････106
　　8.5.2　どちらの面積推定が優れているのか･･････････････109
　　8.5.3　隠れた因子の相対頻度を推定する･･･････････････110
　演習問題･･･112

9. 点推定（発展）**･････････････････････････････････115
　9.1　指数型分布族**･･････････････････････････････115
　9.2　十分統計量**･･･････････････････････････････117
　　9.2.1　十分統計量の定義**････････････････････････117
　　9.2.2　分解定理**････････････････････････････118
　　9.2.3　ラオ・ブラックウェルの定理**････････････････119
　　9.2.4　完備十分統計量に関連した話題**･･･････････････120
　9.3　有効推定**････････････････････････････････121
　　9.3.1　クラメール・ラオの不等式と有効性**････････････122
　　9.3.2　クラメール・ラオの不等式の証明**･････････････122
　　9.3.3　指数型分布族と有効推定**･･････････････････124
　9.4　カルバック・ライブラーのダイバージェンス**････････126
　9.5　最尤推定量の漸近的性質**･･････････････････････127
　　9.5.1　密度関数が指数型のとき**･･････････････････127
　　9.5.2　密度関数が一般のとき**･･･････････････････128
　演習問題･･129

10. 区間推定････････････････････････････････････130
　10.1　平均パラメータの区間推定（分散が既知のとき）･･････130

- 10.2 平均パラメータの区間推定（分散が未知のとき） ………… 132
- 10.3 平均パラメータの区間推定（正規性が仮定されていないとき） ‥ 133
- 10.4 信頼水準の意図 …………………………………………… 134
- 10.5 例：アンケート調査によって内閣支持率を考える ………… 135
  - 10.5.1 基本的な考え方 …………………………………… 135
  - 10.5.2 誤差を見積もる …………………………………… 136
  - 10.5.3 必要な標本数を見積もる ………………………… 136
  - 10.5.4 現実と理論とのギャップ ………………………… 137
- 10.6 一般の区間推定 …………………………………………… 138
- 10.7 二つの母集団の平均の差の区間推定 …………………… 139
- 10.8 分散パラメータの区間推定 ……………………………… 140
- 演 習 問 題 ………………………………………………………… 141

11. 検　　　定 …………………………………………………… 144
- 11.1 検定の基本的な考え方 …………………………………… 144
- 11.2 検定の具体的な作り方 …………………………………… 146
- 11.3 p　　値 …………………………………………………… 147
- 11.4 例 …………………………………………………………… 148
  - 11.4.1 乳脂肪分表示を検証する ………………………… 148
  - 11.4.2 実験を続けるべきかどうか ……………………… 149
- 11.5 帰無仮説と対立仮説 ……………………………………… 150
- 11.6 検定の面白さと難しさ …………………………………… 151
- 11.7 片 側 仮 説 ………………………………………………… 152
- 11.8 二標本問題 ………………………………………………… 154
- 11.9 検定の良さ* ……………………………………………… 155
- 11.10 最強力検定** …………………………………………… 156
  - 11.10.1 ネイマン・ピアソンの基本定理** ……………… 157
  - 11.10.2 一様最強力検定** ………………………………… 158
  - 11.10.3 一様最強力不偏検定** …………………………… 160
  - 11.10.4 区間推定と検定** ………………………………… 161
- 演 習 問 題 ………………………………………………………… 161

12. いろいろな検定* ································ 164
- 12.1 適合度検定* ································ 164
- 12.2 独立性検定* ································ 166
- 12.3 分散分析* ································· 167
- 12.4 尤度比検定* ································ 168

13. 線形回帰モデル ································ 170
- 13.1 線形回帰モデル ································ 170
- 13.2 推定 ································· 172
- 13.3 推定量の性質 ································ 173
- 13.4 区間推定と検定 ································ 174
- 13.5 例 ································· 175
- 13.6 説明変数が複数の場合* ································ 175
- 13.7 射影* ································· 177
- 13.8 推定と区間推定と検定（再び）* ································ 180
- 13.9 モデル適合度とモデル選択** ································ 182
- 13.10 発展* ································· 184
- 演習問題 ································· 185

14. 発展など* ································ 188
- 14.1 確率過程* ································ 188
- 14.2 ベイズ推定* ································ 189
- 14.3 統計ソフト* ································ 190
- 14.4 ブートストラップ* ································ 191
- 14.5 パラメータの多次元化* ································ 191
- 14.6 多変量解析* ································ 192

さらに学びたい読者へ ································ 193
演習問題の略解 ································ 195
索引 ································· 207

第 1 章
確率と確率空間

コインを投げて表の出る確率は 1/2 である．サイコロを振って 1 の目が出る確率は 1/6 である．これらは普通の確率のイメージであろう．そのほかにも，このテキストを読もうとしている人であれば，きっと何らかの確率に対するイメージをもっているに違いない．本章では，確率に対するイメージを，少しずつ段階を追って整理していくことにする．数学的な厳密さについては，最後に確率空間を用意して整理することにしよう．

1.1 標本空間と事象

ジャングルに怖いものがいた．そのものは，とにかく怖い顔をしていて，四つ足で，肉食で，こんな感じの大きさで，基本的には黄色であった．さらに特徴を捉えていっても，結局は得体が知れない怖いものであった．ところが，その怖いものに「ライオン」とか「チーター」とか名前をつけると意外と冷静になった，という話を聞いたことがある．例えば，もし「本」という用語がなかったら，本というものを会話で伝えるのは少したいへんだろうし，さらに，本以外の幾つかほかのものも同時に用語なしに会話で伝えようとすると，単純な会話も非常に複雑になってしまう．きちんとした用語は将来の理解を楽にするのである．本節では，当面は，サイコロ投げを例として，幾つもの基本的な用語を用意して，将来の理解を楽にするための準備を行うことにする．

サイコロの出る目は 1 から 6 の中のどれかである．実際に出る目は**標本点 (sample point)** と呼ばれている．ここでは標本点を象徴的に ω という記号で表すことにしよう．例えば ω は 1 から 6 の値を取りうる．そして出る目の全体は**標本空間 (sample space)** と呼ばれている．ここでは標本空間を象徴的に Ω

という記号で表すことにしよう：
$$\Omega = \{1, 2, 3, 4, 5, 6\}.$$
標本点と標本空間の関係は $\omega \in \Omega$ と表すことができる．

いま，偶数が出るかどうかに興味があるとしよう．偶数の目の全体は次で表すことができる：
$$A = \{2, 4, 6\}.$$
このような標本空間 Ω の部分集合を**事象 (event)** という．サイコロを振って偶数の目が出ることは事象 A が起きると表現される．もちろん標本空間自身も事象の一つとなることができ，**全事象 (full event)** という．標本点をもたない空集合は**空事象 (empty event)** と呼ばれ，$\emptyset$ で表される．

さらに事象の概念を広げておこう．事象 A が起きないという事象は A の**補事象 (complementary event)** と呼ばれて A^c と表される（図 1.1(a)）．もちろん $A^c = \Omega - A$ である．いま $A = \{2, 4, 6\}$ は偶数の目の全体なので，その補集合は奇数の目の全体になる：
$$A^c = \{1, 3, 5\}.$$
偶数の目の事象 A のほかに，3 の倍数の目の事象 B を用意しておこう（図 1.1(b)）：
$$B = \{3, 6\}.$$
二つの事象 A と B のうち少なくとも一つが起きるという事象は A と B の**和事象 (union of events)** と呼ばれて $A \cup B = \{\omega : \omega \in A$ または $\omega \in B\}$ で表される．いまの例では和事象は次になる（図 1.1(c)）：
$$A \cup B = \{2, 3, 4, 6\}.$$
また，二つの事象 A と B が同時に起きるという事象は A と B の**積事象 (intersection of events)** と呼ばれて $A \cap B = \{\omega : \omega \in A$ かつ $\omega \in B\}$ で表される．いまの例では積事象は次になる（図 1.1(d)）：
$$A \cap B = \{6\}.$$
また，事象 A と補事象 A^c は同時に起こりえないが，そのような同時に起こりえない事象を互いに**排反 (disjoint)** であるという．きちんと書けば，二つの事象 A と B が $A \cap B = \emptyset$ をみたすとき，A と B は互いに排反であるという．例

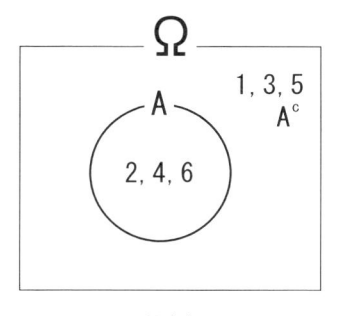

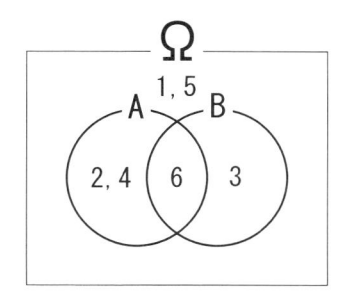

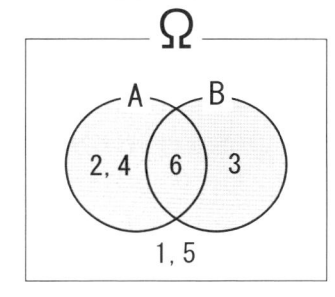

(a) 補事象 A^c — Ω の中に円 $A = \{2, 4, 6\}$、外に $1, 3, 5$ (A^c)

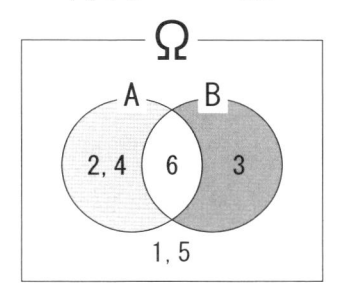

(b) 事象 A と B の関係 — $A = \{2, 4, 6\}$、$B = \{3, 6\}$、$A \cap B = \{6\}$、外に $1, 5$

(c) 和事象 $A \cup B$

(d) 積事象 $A \cap B$

図 1.1 様々な事象

えば，事象 $A = \{2, 4, 6\}$ と事象 $A^c \cap B = \{3\}$ は互いに排反である．

次に事象の演算を組み合わせた場合を考えてみよう．和事象や積事象の補集合を考えてみる．このとき，**ド・モルガンの法則 (de Morgan's law)** と呼ばれている性質を見て取れる：

$$(A \cup B)^c = A^c \cap B^c, \qquad (A \cap B)^c = A^c \cup B^c.$$

まずは既に扱ったサイコロ投げの例（図 1.1(b)）で確認してみよう：

$$
\begin{aligned}
(A \cup B)^c &= \{2, 3, 4, 6\}^c = \{1, 5\}, \\
A^c \cap B^c &= \{1, 3, 5\} \cap \{1, 2, 4, 5\} = \{1, 5\}, \\
(A \cap B)^c &= \{6\}^c = \{1, 2, 3, 4, 5\}, \\
A^c \cup B^c &= \{1, 3, 5\} \cup \{1, 2, 4, 5\} = \{1, 2, 3, 4, 5\}.
\end{aligned}
$$

こういう演算は，図で考察すると分かりやすい．さらに別の例も考えておこう．

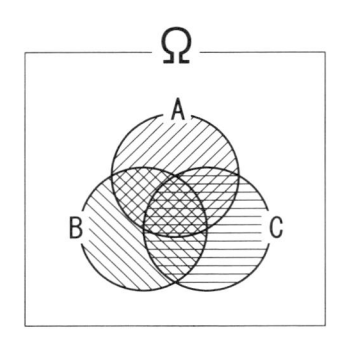

図 1.2 三つの事象の関係

事象 A を一回目に成功する，事象 B を二回目に成功する，と考えることにする．そのとき，事象 $(A \cup B)^c$ は「一回目または二回目に成功する」ということの補事象なので「一回目にも二回目にも失敗する」となり，これはまさに事象 $A^c \cap B^c$ のことである．さらに，事象 $(A \cap B)^c$ は「一回目も二回目も成功する」ということの補事象なので「一回目または二回目に失敗する」となり，これはまさに事象 $A^c \cup B^c$ のことである．これらの例からド・モルガンの法則の正しさが実感できるであろう．もちろん，ド・モルガンの法則をきちんと証明することはできるけれども（演習問題 [A1.1]），このようなイメージで捉えると忘れにくいし使いやすい．

さて，これまでは二つの事象に対する演算について考えてきたが，さらに三つの事象に対する演算も考えてみよう．和事象や積事象は同様に定義できる．三つの事象が互いに排反であるとは，そのうちどの二つを取っても互いに排反であるときをいうことにする．さらに三つの事象に関しては以下の**結合法則 (associative law)** a)b) と **分配法則 (distributive law)** c)d) が成り立つ：

a) $(A \cup B) \cup C = A \cup (B \cup C) = A \cup B \cup C$,
b) $(A \cap B) \cap C = A \cap (B \cap C) = A \cap B \cap C$,
c) $(A \cup B) \cap C = (A \cap C) \cup (B \cap C)$,
d) $(A \cap B) \cup C = (A \cup C) \cap (B \cup C)$.

これらの法則の正しさについては，三つの事象の関係を表した図 1.2 から十分に確認できる（演習問題 [A1.2]）．もちろん四つ以上の事象に対しても同様に考えることができる．

ここまで書くと，三つの事象に対するド・モルガンの法則はどうなるのだ，四つ以上の事象に対する様々な法則はどうなるのだ，と考えるかもしれない．その思考の方向は全くもって正しい．いちいち書かないけれども，同じようなことが成り立つに決まっている．

1.2　確率の定義

確率 (probability) とは事象の起きやすさを表す量である．事象 A が起きる確率を

$$\mathrm{P}(A)$$

で表すことにする．サイコロ投げであれば，サイコロの目が i である確率は $\mathrm{P}(\{i\}) = 1/6$ であるし，サイコロの目が偶数である確率は $\mathrm{P}(\{2,4,6\}) = 1/2$ である．サイコロ投げだけを確率現象として扱うのであれば話はこのような感じで済む．ところが，もちろん確率はサイコロ投げに限らず，コイン投げ，くじ引き，天気予報，選挙予測，システム制御，などの本当に様々な状況で現れる．一般的に確率が考えられるような状況において，確率 $\mathrm{P}(A)$ はどのような性質をもっているのか，そして，もつべきであるか，を考えてみよう．

事象の起きやすさの最小値と最大値を 0 と 1 に想定しよう．つまり，すべての事象 A に対して $0 \leq \mathrm{P}(A) \leq 1$ を仮定する．また，空事象と全事象のときに，最小値と最大値を取ると考えるのは自然だろうから，$\mathrm{P}(\emptyset) = 0$ と $\mathrm{P}(\Omega) = 1$ も仮定する．ただ，これだけで確率という概念を捉えきれているだろうか．

サイコロ投げの例に戻って考えよう．1 の目が出る確率は 1/6 であり，2 の目が出る確率は 1/6 である．そして，1 または 2 の目が出る確率は $1/6+1/6 = 1/3$ であると考える．これをきちんと書くと，ある性質を勝手に想定していることに気づかされる．1 の目が出る事象を $A = \{1\}$，2 の目が出る事象を $B = \{2\}$，とおく．すると，1 または 2 の目が出る事象は $A \cup B = \{1,2\}$ で表される．このとき，1 または 2 の目が出る確率を以下のように計算している：$\mathrm{P}(A \cup B) = \mathrm{P}(A) + \mathrm{P}(B) = 1/6 + 1/6 = 1/3$．暗に最初の等号を想定している．ポイントは事象 A と B が互いに排反であることである．そして，この性質は確率の概念を捉えるのに必要であろう．

これまでの話を整理することで，標本空間 Ω が有限の場合の**確率の公理 (axiom of probability)** と呼ばれる概念ができあがる：
1) 事象 A に対して $\mathrm{P}(A)$ は実数であり，$0 \leq \mathrm{P}(A) \leq 1$ が成り立つ．
2) 全事象に対する確率は 1 である：$\mathrm{P}(\Omega) = 1$．
3) 互いに排反な事象 $A_1, \ldots, A_n$ に対して次が成り立つ：
$$\mathrm{P}(A_1 \cup \cdots \cup A_n) = \mathrm{P}(A_1) + \cdots + \mathrm{P}(A_n).$$
なお，$\mathrm{P}(\emptyset) = 0$ については，上記から自然に導かれるのだが，それは次節にまわすことにする．この確率の公理をみたす写像 $\mathrm{P}(A)$ を確率と呼ぶことにする．

1.3 確率の性質

確率の公理から簡単に導かれる性質を最初に紹介しておこう：

$$\mathrm{P}(\emptyset) = 0. \qquad \mathrm{P}(A^c) = 1 - \mathrm{P}(A). \qquad A \subset B \;\Rightarrow\; \mathrm{P}(A) \leq \mathrm{P}(B).$$

これぐらいは成り立っていなければ困るという類のものである．最初の性質は空事象の確率が 0 という意味なので確率という概念のイメージに合う．次の性質も，事象 A が起きない確率は，全確率の 1 から事象 A が起きる確率を引いたものである，ということだから，やはり確率という概念のイメージに合う．最後の性質も，事象の大きい方が確率も大きいということなので，やはり確率という概念のイメージに合う．

まず最初の性質を確認しよう．確率の公理 3) において，$n = 2$ として，排反な事象として $A_1 = \Omega$ と $A_2 = \emptyset$ を用意すると，$\mathrm{P}(\Omega) = \mathrm{P}(\Omega) + \mathrm{P}(\emptyset)$ となるので，$\mathrm{P}(\emptyset) = 0$ が導かれる．次の性質を確認しよう．確率の公理 3) において，$n = 2$ として，互いに排反な事象として $A_1 = A$ かつ $A_2 = A^c$ を用意すると，$\mathrm{P}(\Omega) = \mathrm{P}(A \cup A^c) = \mathrm{P}(A) + \mathrm{P}(A^c)$ となるので，$\mathrm{P}(A^c) = 1 - \mathrm{P}(A)$ が導かれる．最後の性質を確認しよう．いま $A \subset B$ なので，この特徴と分配法則を利用して，事象 B を $B = \Omega \cap B = (A \cup A^c) \cap B = (A \cap B) \cup (A^c \cap B)$ $= A \cup (A^c \cap B)$ と二つの互いに排反な事象の和集合として表現する．確率の公理 3) において，$n = 2$ とし，さらに $A_1 = A$ と $A_2 = A^c \cap B$ とおくと，$\mathrm{P}(B) = \mathrm{P}(A) + \mathrm{P}(A^c \cap B) \geq \mathrm{P}(A)$ となる．最後の不等式は公理 1) から得られる．

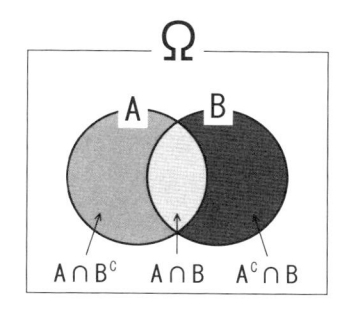

図 1.3 二つの事象を三つの排反事象に分割する

さて，二つの事象 A と B が互いに排反である場合は，和事象の確率 $P(A\cup B)$ はそれぞれの事象の確率の和であった．つまり $P(A\cup B) = P(A)+P(B)$ であった．では，二つの事象 A と B が互いに排反でない場合の和事象の確率はどうなるのであろうか．まずは理解を助けるために図 1.3 を用意しておこう．和事象は $A\cup B = (A\cap B^c)\cup(A\cap B)\cup(A^c\cap B)$ と互いに排反な事象に分けられる．また，もとの二つの事象そのものも，$A = (A\cap B)\cup(A\cap B^c)$ と $B = (A\cap B)\cup(A^c\cap B)$ と互いに排反な事象に分けられる．すると，確率の公理 3) から，次の等式が成り立つ：

$$P(A\cup B) = P(A\cap B^c)+P(A\cap B)+P(A^c\cap B),$$
$$P(A) = P(A\cap B)+P(A\cap B^c),$$
$$P(B) = P(A\cap B)+P(A^c\cap B).$$

この三つの等式から簡単に次の成立が分かる：

$$P(A\cup B) = P(A)+P(B)-P(A\cap B).$$

これは**加法定理 (addition theorem)** と呼ばれる．

加法定理は，二つの事象 A と B の和事象の確率は，それぞれの事象の確率を足して，共通部分を余計に換算しているはずなので，その部分は引いておけばよい，ということだから，やはり確率という概念の想定に合う．三つ以上の和事象に対する加法定理も同様に考えることができる（演習問題 [A1.3]）．

1.4 条件付確率

いままではサイコロ投げの例で話を進めてきたが，ここではちょっと複雑な例を考えてみよう．(と言っても，ある種のくじ引きである．) 袋の中に赤玉と白玉が入っていて，しかもそれぞれの玉には数字の 1 か 2 が書かれているとする (図 1.4)．袋の中から取り出した玉が赤色であったとき，書かれている数字が 1 である確率を考えることにしよう．

まずは状況を事象で表現することにする．袋の中から取り出した玉が，赤色で，書かれている数字が 1 であるとき，その標本点を (赤, 1) と表すことにしよう．ほかの標本点についても同様に表現することにする．袋の中から取り出した玉が赤色であるという事象は，$\{(赤, 1), (赤, 2)\}$ と表現できるが，ここでは簡単に $\{(赤, *)\}$ と表現することにしよう．同様に，袋の中から取り出した玉に書かれている数字が 1 であるという事象は $\{(*, 1)\}$ と表現することにする．すると，袋の中から取り出した玉が赤色であったとき，書かれている数字が 1 である確率というのは，事象 $A = \{(赤, *)\}$ が起きたという条件の下で事象 $B = \{(*, 1)\}$ が起きる確率ということになる．このような確率は**条件付確率 (conditional probability)** と呼ばれていて，$P(B \mid A)$ と表現される．この確率は次で定義するのが自然だろう：

$$P(B \mid A) = \frac{P(A \cap B)}{P(A)}.$$

もちろん $P(A) > 0$ のときだけ考えることにする．この定義で注意すべきなのは，事象 B が起きるためには既に事象 A が起きていなければいけないので，分子は事象 B が単独で起きる確率ではなくて事象 A と B が同時に起きる確率とすべきである，という点である．

実際に図 1.4 で表される袋の例を考えてみよう．例えば次の計算ができる：

$$\begin{aligned} P(\{(*, 1)\} \mid \{(赤, *)\}) &= \frac{P(\{(赤, *)\} \cap \{(*, 1)\})}{P(\{(赤, *)\})} = \frac{P(\{(赤, 1)\})}{P(\{(赤, *)\})} \\ &= \frac{4/10}{7/10} = \frac{4}{7}. \end{aligned}$$

赤玉は 7 つあり，そのうち 1 が書かれているのは 4 つなので，条件付確率の定義の妥当性が確認できる．

図 1.4 袋の例 1　　　　　　　　　**図 1.5** 袋の例 2

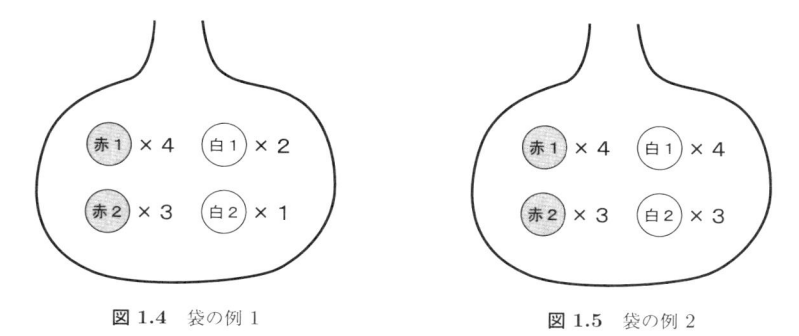

ところで，条件付確率の定義式を変形すると，次が得られる：

$$P(A \cap B) = P(A)\,P(B \mid A).$$

これは積事象の確率の分解であり，和事象の加法定理に対して，**乗法定理 (multiplication theorem)** と呼ばれている．この等式の意味は次のように解釈できる．積事象 $A \cap B$ が起きる確率は，事象 A と B が同時に起きる確率であり，まず事象 A が起きて，次に事象 A が起きた条件下で事象 B が起きる，という二つの連続した事象の確率の積である．納得できる話である．

1.5　独　立　性

いま，二つのサイコロを用意して，同時に振ることにしよう．すべての目の組み合わせは等確率 1/36 で起きるとする．一つめのサイコロの目が i で二つめのサイコロの目が j であるとき，その標本点を (i, j) で表現することにしよう．さらに，前節と同様に，一つめのサイコロの目が i である事象を $\{(i, *)\}$ で表し，二つめのサイコロの目が j である事象を $\{(*, j)\}$ で表すことにする．このとき，条件付確率に対して以下が成り立つ：

$$\begin{aligned}
P(\{(*, j)\} \mid \{(i, *)\}) &= \frac{P(\{(*, j)\} \cap \{(i, *)\})}{P(\{(i, *)\})} = \frac{P(\{(i, j)\})}{P(\{(i, *)\})} \\
&= \frac{1/36}{1/6} = \frac{1}{6} = P(\{(*, j)\}).
\end{aligned}$$

このように，事象 A が起きたという条件に，事象 B が起きる確率が依存しない，つまり，

$$P(B \mid A) = P(B)$$

が成り立つとき，事象 A と事象 B は**独立 (independent)** であるという．サイコロ投げの例では，事象 $\{(i,*)\}$ と事象 $\{(*,j)\}$ は独立ということになる．独立性を定義する式は，乗法定理から，次のように変形できる：

$$P(A \cap B) = P(A) P(B).$$

こちらの方が対称性が分かりやすい．

　ここで，図 1.4 で表される袋の例に戻ろう．いかにも独立性は成り立ちそうにない．実際に，既に計算したように，赤玉を取り出したという条件の下で玉に書かれている数字が 1 である確率は $P(\{(*,1)\} \mid \{(赤,*)\}) = 4/7$ であったが，取り出した玉に書かれている数字が 1 である確率は $P(\{(*,1)\}) = 3/5$ なので，$P(\{(*,1)\} \mid \{(赤,*)\}) \neq P(\{(*,1)\})$ となり，事象 $\{(赤,*)\}$ と事象 $\{(*,1)\}$ は独立ではない．ところが，袋の中に白色で 1 と 2 と書かれている玉を二つずつ入れると，袋の中は図 1.5 になり，きれいな対称性が見えて，この場合は独立性が見て取れる．例えば，$P(\{(*,1)\} \mid \{(赤,*)\}) = 4/7$ は変わっていないが，$P(\{(*,1)\}) = 8/14 = 4/7$ なので，$P(\{(*,1)\} \mid \{(赤,*)\}) = P(\{(*,1)\})$ となり，事象 $\{(赤,*)\}$ と事象 $\{(*,1)\}$ は独立ということになる．

　最後に，事象が三つ以上の場合を考えよう．このときの n 個の事象に対する独立性は次のように定義することが自然であろう．事象 $A_1, \ldots, A_n$ に対して，この中から任意に選んだ事象 $A_{i_1}, \ldots, A_{i_k}$ が

$$P(A_{i_1} \cap \cdots \cap A_{i_k}) = P(A_{i_1}) \times \cdots \times P(A_{i_k})$$

をみたすとき，もとの n 個の事象 $A_1, \ldots, A_n$ は独立であるという．

　ところで，事象 A と事象 B が独立であれば，事象 A と事象 B^c も独立であろうし，また，事象 A と B と C が独立であれば，事象 $A \cap B$ と事象 C も独立であろう（演習問題 [A1.4]）．このような想像と証明を自然にできれば独立のことは理解できたと言えるだろう．というよりも，独立性を定義した人は，そういうことも想定して，上記の定義を採用したに決まっている．

1.6 ベイズの定理

袋 B_1 には赤玉三つと白玉一つが入っていて，袋 B_2 には赤玉二つと白玉二つが入っているとする．そして，目の前にどちらか一つの袋が出された．そこから玉を一つ引くと赤玉だった．そのときに，目の前の袋が B_1 または B_2 である確率は幾つだろうか．

目の前に出された袋が B_1 であるか B_2 であるかを表す事象を，同じ記号を使って B_1 と B_2 で表すことにする．赤玉を引くという事象を A で表すことにする．このとき，求めたい確率は，赤玉を引いたという条件の下で目の前にある袋が B_1 または B_2 である確率なので，$\mathrm{P}(B_1 \mid A)$ と $\mathrm{P}(B_2 \mid A)$ で表すことができる．

ところで，袋がどちらかであると決めれば，赤玉を引く確率が分かるので，次の条件付確率は既に知っている：
$$\mathrm{P}(A \mid B_1) = \frac{3}{4}, \quad \mathrm{P}(A \mid B_2) = \frac{1}{2}.$$
さらに，目の前にどちらの袋が出されるかの確率を想定しておこう．つまり $\mathrm{P}(B_1)$ と $\mathrm{P}(B_2)$ を知っていたとしよう．普通は等確率なので次を想定しておこう：
$$\mathrm{P}(B_1) = \mathrm{P}(B_2) = \frac{1}{2}.$$
まずは乗法定理を利用して積事象の確率を計算しておく：
$$\begin{aligned}
\mathrm{P}(A \cap B_1) &= \mathrm{P}(B_1)\,\mathrm{P}(A \mid B_1) = \frac{1}{2} \times \frac{3}{4} = \frac{3}{8}, \\
\mathrm{P}(A \cap B_2) &= \mathrm{P}(B_2)\,\mathrm{P}(A \mid B_2) = \frac{1}{2} \times \frac{1}{2} = \frac{1}{4}.
\end{aligned}$$
ここで $\Omega = B_1 \cup B_2$ であることを思い出しておこう．次に，これまでに得た知識をいろいろと利用して，赤玉を引く確率を計算してみる：
$$\begin{aligned}
\mathrm{P}(A) &= \mathrm{P}(A \cap \Omega) = \mathrm{P}(A \cap (B_1 \cup B_2)) \\
&= \mathrm{P}((A \cap B_1) \cup (A \cap B_2)) = \mathrm{P}(A \cap B_1) + \mathrm{P}(A \cap B_2) \\
&= \frac{3}{8} + \frac{1}{4} = \frac{5}{8}.
\end{aligned}$$
目の前に出てくる袋が等確率で現れるのならば，赤玉を引く確率は二つの袋を

合わせて考えてもいいはずで，$P(A) = 5/8$ には納得できる．結果的に，求めたい確率は以下のようにして得られる：

$$P(B_1 \mid A) = \frac{P(A \cap B_1)}{P(A)} = \frac{3/8}{5/8} = \frac{3}{5},$$
$$P(B_2 \mid A) = \frac{P(A \cap B_2)}{P(A)} = \frac{1/4}{5/8} = \frac{2}{5}.$$

もともと赤玉が入っていた割合の比が $3/2$ であったので納得できる話である．

これまでの話をきちんと整理して一般化しておこう．幾つかの候補となる排反な事象 $B_1, \ldots, B_k$ があったとする．それらの事象は全事象を覆うとする．つまり $B_1 \cup \cdots \cup B_k = \Omega$ とする．また，それぞれの事象が起きる確率 $P(B_1), \ldots, P(B_k)$ を先験的に知っていたとする．これは次に考える事象 A が起きる前に想定されているので**事前確率 (prior probability)** といわれる．このような状況の下で，候補となっている事象の情報に絡むような事象 A が起こりうるとする．具体的には，事象 A に関しては，それぞれの候補となる事象が起きたという条件の下での条件付確率 $P(A \mid B_1), \ldots, P(A \mid B_k)$ を知りえるとする．このような情報の下では，幾つかのことを知ることができる．まずは事象 A が起きる確率を知ることができる：

$$P(A) = P(A \cap \Omega) = P\left(A \cap \bigcup_{i=1}^{k} B_i\right) = P\left(\bigcup_{i=1}^{k}(A \cap B_i)\right)$$
$$= \sum_{i=1}^{k} P(A \cap B_i) = \sum_{i=1}^{k} P(B_i) P(A \mid B_i).$$

これを全確率の定理という．さらに，事象 A が起きたという条件の下で，候補となる事象が起きる確率を，次のように計算することができる：

$$P(B_i \mid A) = \frac{P(A \cap B_i)}{P(A)} = \frac{P(B_i) P(A \mid B_i)}{\sum_{j=1}^{k} P(B_j) P(A \mid B_j)}.$$

これを**ベイズの定理 (Bayes theorem)** という．この条件付確率は，事象 A が起きた後に候補となる事象が起きる確率なので，**事後確率 (posterior probability)** といわれている．ベイズの定理のいわんとしているところは，事前に知っていた事前確率 $P(B_1), \ldots, P(B_k)$ が，候補となる事象に絡んだ事象 A を観測したことで，事後確率 $P(B_1 \mid A), \ldots, P(B_k \mid A)$ に補正される，ということである．

1.7 例

いままでの考えを現実的な例に適用してみよう．少し複雑な例も入っているけれども，確率をきちんと整理したことによるありがたみも感じることができると思う．

1.7.1 くじを引く順番で当たる確率が違うのか

くじを引く順番で当たる確率が違うのだろうか．この問題はしばしば例に挙げられる代表的な確率問題である．ただし，こんな問題は解く前から答えは分かっている．普通に考えれば，くじを引く順番で当たる確率が違うわけがない．ただし，感覚的にそう言うのは自由だが，本当だろうか．きちんと他人を納得させられるだろうか．それを一つの例に基づいて確認してみよう．

袋の中に当たりが3つではずれが7つ入っていたとしよう．最初の人が当たるという事象を A で表し，次の人が当たるという事象を B で表すことにする．そのとき，もちろん，最初にくじを引く人が当たる確率は 3/10 なので，$P(A) = 3/10$ であり，$P(A^c) = 1 - P(A) = 7/10$ でもある．また，最初の人が当たりを引いたか引かないかで次の人が当たりを引く確率は違うので，次のような条件付確率が設定される：$P(B|A) = 2/9$，$P(B|A^c) = 3/9$．前の人が当たりを引いていれば次の人が当たりを引く確率は下がるし，前の人がはずれを引いていれば次の人が当たりを引く確率は上がるわけである．これがちょっとした混乱のもとなのだが，きちんと計算していけばよい．次の人が当たる確率は次で計算できる：

$$P(B) = P(B \cap A) + P(B \cap A^c) = P(A)P(B|A) + P(A^c)P(B|A^c)$$
$$= \frac{3}{10} \times \frac{2}{9} + \frac{7}{10} \times \frac{3}{9} = \frac{2+7}{30} = \frac{3}{10}.$$

よって，次の人が当たる確率は最初の人が当たる確率と同じ 3/10 である．

ここまでは二人の場合を考えたが，三人以上の場合にも同じように考えることができる．また，くじを引く順番をくじ引きで決めるという二段階の話があるけれども，普通の確率の観点からいうと，何の意味もない．これも同じように確認できる．（ただし，あくまでも普通の確率の観点からは無意味であるとい

入力 ━━━□━□━ ‥‥ ━□━━━ 出力

図 1.6 直列システム

うだけで，ある人は順番によって何かしら神がかり的に当たる確率が変わるとすると，もちろん話は変わってしまう.）

1.7.2 システム全体の故障確率

まずは k 個の機械が直列に繋がってできているシステムの故障確率を考えてみよう（図 1.6）．すべての機械が正常であるときだけ正しい出力が得られるというシステムだとする．機械 i の状態を象徴的に事象 A_i で表し，正常 (normal) か故障 (failure) かを A_{iN} か A_{iF} で表そう．直列なシステムなので，普通はそれぞれの機械の働きは違い，故障確率も違うのであるが，ここでは簡単のために，一つ一つの機械の故障確率は同じで

$$P(A_{iF}) = p$$

であるとしよう．もちろん機械 i が正常に働く確率は

$$P(A_{iN}) = 1 - P(A_{iN}^c) = 1 - P(A_{iF}) = 1 - p$$

となる．また，機械の故障は独立に起きるとする．直列システムが正常に働くためにはすべての機械が正常でなければならない．この事象は $A_{1N} \cap \cdots \cap A_{kN}$ と表せる．よって直列システムが正常に働く確率と故障する確率は以下になる：

$$P(A_{1N} \cap \cdots \cap A_{kN}) = P(A_{1N}) \cdots P(A_{kN}) = (1-p)^k.$$
$$P((A_{1N} \cap \cdots \cap A_{kN})^c) = 1 - P(A_{1N} \cap \cdots \cap A_{kN}) = 1 - (1-p)^k.$$

仮に 10 台の機械が直列に繋がっていたとする．システム全体の故障確率を $1/10^6$ 以下に抑えたいとすると，$1-(1-p)^{10} \leq 1/10^6$ なので，一台当たりの故障確率 p はおおよそ $1/10^7$ 以下に抑える必要がある．ここでは次の近似式を使った：$(1+x)^a \approx 1+ax$ $(x \approx 0)$．複雑な直列システムになればなるほど，各機械に対してかなり高い信頼性が要求される．

次に k 個の機械が並列に繋がってできているシステムの故障確率を考えてみよう（図 1.7）．それぞれの機械は同じ役割を果たしていて，一つでも正常であれば正しい出力が得られるというシステムだとする．その他の設定や記号は先

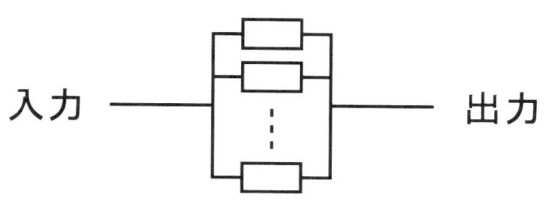

図 1.7 並列システム

ほどと同じものを使う．並列システムが正常に働くためには，少なくとも一つの機械が正常であればよい．この事象は $A_{1N} \cup \cdots \cup A_{kN}$ で表される．並列システムが故障する確率と正常に働く確率は以下になる：

$$\begin{aligned} \mathrm{P}((A_{1N} \cup \cdots \cup A_{kN})^c) &= \mathrm{P}(A_{1N}^c \cap \cdots \cap A_{kN}^c) = \mathrm{P}(A_{1F} \cap \cdots \cap A_{kF}) \\ &= \mathrm{P}(A_{1F}) \cdots \mathrm{P}(A_{kF}) = p^k. \\ \mathrm{P}(A_{1N} \cup \cdots \cup A_{kN}) &= 1 - \mathrm{P}((A_{1N} \cup \cdots \cup A_{kN})^c) = 1 - p^k. \end{aligned}$$

仮に6台の機械が並列に繋がっていたとする．システム全体の故障確率を $1/10^6$ 以下に抑えたいとすると，$p^6 \leq 1/10^6$ なので，一台当たりの故障確率 p はほんの $1/10$ 以下に抑えればよい．結果的に，一台当たりの故障確率にはそこまでの信頼性が要求されなくなる．逆に，一台当たりの故障確率がそこそこでも，並列システムの信頼性はかなり高くなる．

1.7.3 この検査は信頼できるのか

会社 F は病気 U に罹っているかどうかを判定する検査方法 G を開発したという．ある人が病気 U に罹っているとき，検査方法 G は非常に高い確率 99/100 で病気 U に罹っていると正しく判定する．ただし，ある人が病気 U に罹っていなくても，検査方法 G は非常に低い確率 1/100 ではあるが，病気 U に罹っていると判定してしまうという．この検査方法 G は信頼できるように思えるだろう．ただし，ここが重要なのだが，もともと病気 U に罹っている確率は 1/100 でとても小さいという．この場合には，少し驚くかもしれないが，実は，この検査方法 G は，思ったほどは信頼できないのだ．

病気 U に罹っているという事象を A で表し，検査方法 G が病気 U に罹っていると判定する事象を B で表す．先ほどの設定では次のような確率が設定されているということになる：

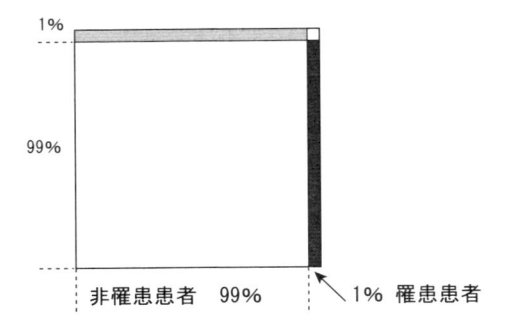

図 1.8 病気 U の罹患と検査方法 G の関係
検査方法 G が病気 U に罹っていると判定する割合は灰色で示している．特に，検査された人が，本当は病気 U に罹っていない場合には薄い灰色で，本当は病気 U に罹っている場合には濃い灰色で示している．検査方法 G が信頼できるためには濃い灰色の方が圧倒的であるべきである．

$$P(A) = \frac{1}{100}, \quad P(B\,|\,A) = \frac{99}{100}, \quad P(B\,|\,A^c) = \frac{1}{100}$$

ところで，普通に，検査方法 G が信頼できると考えるのは，検査方法 G が病気 U に罹っていると判定したときに本当に病気 U に罹っている確率 $P(A\,|\,B)$ が非常に高いときであろう．この確率をベイズの定理を利用して計算してみよう：

$$\begin{aligned}
P(A\,|\,B) &= \frac{P(A)P(B\,|\,A)}{P(A)P(B\,|\,A)+P(A^c)P(B\,|\,A^c)} \\
&= \frac{(1/100)(99/100)}{(1/100)(99/100)+(99/100)(1/100)} = \frac{99}{99+99} = \frac{1}{2}.
\end{aligned}$$

この確率はおせじにも非常に高いとはいえない．つまり，検査方法 G が病気 U に罹っていると判定しても，病気 U に罹っているかどうかはかなり不透明なのだ（図 1.8）．

検査方法 G が思ったほどは信頼できないということは，ベイズの定理を使うことで確かに分かったけれども，なぜこのようなことが起きたのであろうか．これは，病気 U に罹っていない確率 $P(A^c)$ の方が病気 U に罹っている確率 $P(A)$ よりも遥かに高いので，病気 U に罹っている人に対する判定の確率 $P(B\,|\,A)$ よりも病気 U に罹っていない人に対する判定の確率 $P(B\,|\,A^c)$ の方が全体に大きく響くのである．

では，信頼できる検査にするためには，判定の誤り確率をどの程度に抑えなければいけないのだろうか．例えば，検査が信頼できるという基準を $P(A\,|\,B) \geq 0.95$

としてみる．そして問題となっていた判定の確率（病気 U に罹っていないとき病気 U に罹っていると判定する確率）を $p = \mathrm{P}(B \mid A^c)$ と表して，この値が幾つ以下になればよかったかを考えてみよう：

$$\mathrm{P}(A \mid B) = \frac{(1/100)(99/100)}{(1/100)(99/100) + (99/100)p} \geq 0.95.$$

これを解くと，おおよそ $p \leq 5/10^4$ でなければならない．思いのほか厳しい基準である．

1.8　確　率　空　間**

ここまでは確率というものをイメージを優先して説明してきた．ところが，一つ一つを詳細に考えると，数学的にきちんと記述されていないことが分かる．本節では，これまで曖昧にしてきた確率の厳密な定義についての話を行おう．

なお，そのような数学的な厳密さに興味がない読者は，この節を読み飛ばしてもよい．本節を読み飛ばしたとしても，本書の本筋を理解する上では問題ない．

既に確率の公理を提示しているが，標本空間が無限である場合も想定して，もう少し一般的な形で，ここに提示しておこう：

1) 事象 A に対して $\mathrm{P}(A)$ は実数であり，$0 \leq \mathrm{P}(A) \leq 1$ が成り立つ．
2) 全事象に対する確率は 1 である：$\mathrm{P}(\Omega) = 1$．
3) 互いに排反な事象 $A_1, A_2, \ldots$，に対して次が成り立つ：
$$\mathrm{P}(A_1 \cup A_2 \cup \cdots) = \mathrm{P}(A_1) + \mathrm{P}(A_2) + \cdots.$$

ここでは性質 3) が拡張されている．さて，上記のような記述をしたとき，どこがどこまで不正確なのだろうか．ここでは，上述の確率の公理をきちんとしたものにするために，数学的な厳密さを求めてみる．

確率を $\mathrm{P}(A)$ と表しているが，その事象 A の取りうる可能性をきちんと用意すべきである．つまり，事象を元とする適当な集合族 $\mathcal{A}$ を事前にきちんと用意して，その元である事象 $A \in \mathcal{A}$ に対して確率 $\mathrm{P}(A)$ を定義すると考えるのである．それでは，集合族 $\mathcal{A}$ はどのようなものであればよいのだろうか．

まず，全事象 Ω と空事象 $\emptyset$ の上で確率は定義されるべきであろうから，集合族 $\mathcal{A}$ はそれらを含むべきである．さらに，ある事象 A の上で確率が定義されていれば，その補事象 A^c でも確率は定義されるべきであろうから，集合族 $\mathcal{A}$ が

事象 A を含むのであれば，その補事象 A^c も必ず含まれなければならない．さらに，確率の公理 3) を提示するためには，当然，集合族 $\mathcal{A}$ に含まれる事象の（可算）和事象も集合族 $\mathcal{A}$ に含まれなければならない．以上を整理すると，確率 $\mathrm{P}(A)$ を定義するために必要な集合族 $\mathcal{A}$ は以下の性質をみたすべきである：

1) $\Omega \in \mathcal{A}$.
2) $A \in \mathcal{A}$ ならば $A^c \in \mathcal{A}$.
3) $A_1, A_2, \ldots \in \mathcal{A}$ ならば $A_1 \cup A_2 \cup \cdots (= \bigcup_{i=1}^{\infty} A_i) \in \mathcal{A}$.

なお，性質 1) と 2) より，$\emptyset \in \mathcal{A}$ は自然に導かれる．このような性質をみたす集合族 $\mathcal{A}$ は**シグマ集合体 (σ-field)** と呼ばれている．

これまでの話を整理しよう．まずは，標本空間 Ω を用意する．次に，Ω の部分集合を元としてもつシグマ集合体 $\mathcal{A}$ を適当に用意する．そして，そのシグマ集合体 $\mathcal{A}$ に属するすべての事象 A に対して確率 $\mathrm{P}(A)$ の実数値を用意する．ただし，確率の公理をみたすように定義する．結果的に作り上げられた $(\Omega, \mathcal{A}, \mathrm{P})$ を**確率空間 (probability space)** と呼んでいる．確率が使われるときには，常にその背後に何らかの確率空間 $(\Omega, \mathcal{A}, \mathrm{P})$ が暗に用意されているものである．

サイコロ投げの例に戻ろう．これまでに暗に想定されてきた確率空間 $(\Omega, \mathcal{A}, \mathrm{P})$ は実は以下であった：

$$\Omega = \{1, 2, 3, 4, 5, 6\}, \quad \mathcal{A} = 2^\Omega, \quad \mathrm{P}(A) = (\text{事象 } A \text{ の元の個数})/6.$$

ただし $2^\Omega = \{\Omega \text{ のすべての部分集合}\}$ である．これは確率空間の性質をきちんとみたしている（演習問題 [A1.5]）．本章でこれまで扱ってきたほかの場合にも，明示的には書かなかったけれども，もちろんすべての確率に対して，適当な確率空間が暗に想定されていた（演習問題 [A1.6]）．

確率を議論するときには，本来は事前に確率空間を明示的に用意すべきである．ただし，確率空間を明示的に用意して確率の議論を進めることは厳密ではあるが，あまり意識しなくても誤解を生じることは少ないので，本書では，確率の議論を進めるときに，誤解を生じない限り，確率空間を明示的に用意しない．ざっくばらんに言えば，少なくとも本書の中では，確率空間のことを忘れていても，話がおかしくなることはまずないので，あまり気にせずに，どんどんと読み進めて欲しい．

もちろん，確率の深い議論をするときには，きちんと確率空間を考えるべきな

のは言うまでもない．ただし，一般的に，確率空間をどのように用意するかという話は，少し面倒である．確率空間のことをさらに勉強したい場合には，まずは**測度論 (measure theory)** の勉強をすることを勧める．これ以上の厳密な話は他書にゆずることにしたい．

演 習 問 題 A

[**A1.1**]　（ド・モルガンの法則）　ド・モルガンの法則を証明せよ．

[**A1.2**]　（結合法則・分配法則）　図 1.2 を利用して結合法則と分配法則の正しさをイメージせよ．さらに結合法則と分配法則を証明せよ．

[**A1.3**]　（加法定理）
(i)　三つの事象 A と B と C に対して，次を証明せよ：
$$\begin{aligned}\mathrm{P}(A\cup B\cup C) &= \mathrm{P}(A)+\mathrm{P}(B)+\mathrm{P}(C)\\ &\quad -\mathrm{P}(A\cap B)-\mathrm{P}(B\cap C)-\mathrm{P}(C\cap A)\\ &\quad +\mathrm{P}(A\cap B\cap C).\end{aligned}$$
(ii)　事象 $A_1,\ldots,A_n$ に対して次を証明せよ：
$$\mathrm{P}\left(\bigcup_{i=1}^n A_i\right) = \sum_{i=1}^n (-1)^{i-1} \sum_{\{j_1,\ldots,j_i\}\subset\{1,\ldots,n\}} \mathrm{P}\left(\bigcap_{k=1}^i A_{j_k}\right).$$
ただし，$j_1,\ldots,j_i$ は異なる数とする．

[**A1.4**]　（事象の独立性）
(i)　二つの事象 A と B が独立のとき，事象 A と B^c は独立であることを示せ．
(ii)　三つの事象 A と B と C が独立とする．事象 $A\cap B$ と C は独立であることを示せ．さらに事象 $A\cup B$ と C は独立であることを示せ．

[**A1.5**]　（サイコロ投げと確率空間）　標本空間を $\Omega=\{1,2,3,4,5,6\}$ とする．集合族を $\mathcal{A}=2^\Omega$ と取る．集合族 $\mathcal{A}$ の元 A に対して写像 P を P$(A)=$ (事象 A の元の個数)$/6$ と定義する．このとき $(\Omega,\mathcal{A},\mathrm{P})$ が確率空間であることを示せ．

[**A1.6**]　（確率空間）　第 1.4 節と第 1.5 節で想定される確率空間は何であったかを考えよ．

演 習 問 題 B

[**B1.1**]　（ド・モルガンの法則）　三つの事象 A と B と C に対するド・モルガンの法則

を証明せよ：(i) $(A\cup B\cup C)^c = A^c\cap B^c\cap C^c$. (ii) $(A\cap B\cap C)^c = A^c\cup B^c\cup C^c$.

[B1.2]　（確率の公理）出る目の確率が等しくないサイコロを二つ振ることを考える．一つ目のサイコロの出る目が x で二つ目のサイコロの出る目が y であるとき，それを標本点 (x,y) で表すことにする．標本空間は $\Omega = \{(1,1),(1,2),\ldots,(6,6)\}$ である．ここで事象 A に対する確率を次のように定義する：$P(A) = \sum_{(x,y)\in A} \theta_x \theta_y$. ただし，$\theta_x > 0$ かつ $\sum_{x=1}^{6} \theta_x = 1$ とする．このとき写像 P が確率の公理をみたしていることを証明せよ．

[B1.3]　（麻雀の親の決め方）いま四人が揃って麻雀をすることになった．その四人は輪になって座っている．いま仮親が決まっているとして，仮親はサイコロを二つ振る．サイコロの目を足した数が 5 か 9 ならば仮親が親となり，2 か 6 か 10 ならば仮親の右隣の人が親となり，3 か 7 か 11 ならば仮親から最も離れた対面の人が親になり，4 か 8 か 12 ならば仮親の左隣の人が親になる．この決め方は公平だろうか．本当は，仮仮親を適当に選んで，仮仮親がサイコロを二つ振って同じ手順で仮親を決めて，それから親を決めるが，この二段階操作に意味はあるのだろうか．

[B1.4]　（確率の漸化式）前問の麻雀の親の決め方の問題で，仮親から親を決める操作を行い続けるとする．最初の仮親が n 回目の操作の後に親になる確率を p_{1n} とおく．最初の仮親の両隣の人が n 回目の操作の後に親になる確率を p_{2n} と p_{4n} とおく．最初の仮親の対面の人が n 回目の操作の後に親になる確率を p_{3n} とおく．
(i)　n 回目と $n+1$ 回目の間の確率の関係式（漸化式）を作れ．
(ii)　サイコロ投げを無限回繰り返すとそれぞれの確率が $1/4$ に収束することを示せ．

[B1.5]　（シグマ集合体）標本空間を $\Omega = \{1,2,3,4,5,6\}$ とする．
(i)　集合族 $\mathcal{A} = \{\emptyset, \Omega\}$ がシグマ集合体であることを示せ．
(ii)　集合 $A = \{2,3\}$ を含むシグマ集合体を一つ作れ．
(iii)　集合 $A = \{2,3\}$ と集合 $B = \{1,4,5\}$ を含むシグマ集合体を一つ作れ．

第2章
確率変数と確率分布

前章では，サイコロ投げと袋からの玉の取り出しを例として話を進めて，確率のイメージを整理した．おそらく読者がもっているイメージをきれいな形で整理できたと思う．ところで，確率を考えるときに，もっと楽になることができないだろうか．本章では，確率変数という象徴的な概念を用意して，事象という集合的な表現から，整数値や実数値という分かりやすい表現に移行して，確率を別の観点から扱いやすくする．そして，確率変数の確率的挙動を確率分布として扱うことにする．前章と同じで，まずは確率変数と確率分布に対するイメージを少しずつ段階を追って整理して，数学的な厳密さについては，最後に確率空間との関係を用意して整理することにしよう．

2.1 確率変数と確率分布

まずはサイコロ投げを例として話を進めよう．いま，サイコロの取りうる値を象徴的に X で表すことにする．このとき，サイコロの出る目の確率を以下のように表現することにしよう：

$$\mathrm{P}(X = x) = 1/6 \qquad (x = 1, 2, 3, 4, 5, 6).$$

このような X を**確率変数 (random variable)** と呼ぶ．

確率変数 X が可算個の離散値だけを取りうるとき，確率変数 X は**離散型 (discrete type)** であるということにしよう．サイコロ投げは離散型の例である．離散型確率変数の確率を表現する関数として以下を用意しておこう：

$$\begin{aligned} f(x) &= \mathrm{P}(X = x) & (x = x_1, x_2, \ldots), \\ &= 0 & (x \neq x_1, x_2, \ldots). \end{aligned}$$

図 2.1 離散型確率変数の確率関数の例

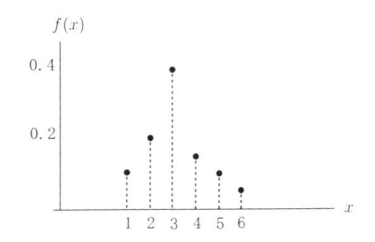

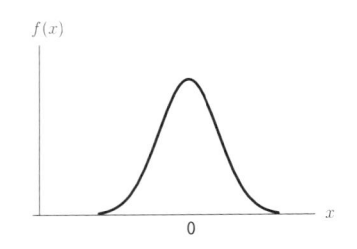

図 2.2 連続型確率変数の確率密度関数の例

もちろん以下を想定している：

$$f(x_i) > 0, \quad \sum_{i=1}^{\infty} f(x_i) = 1.$$

なぜならば，確率の公理から，それぞれの確率値は 0 以上でなくてはならないし，全確率は 1 でなくてはならないためである．この関数 $f(x)$ は**確率関数 (probability function)** と呼ばれている．また，確率関数のイメージを図 2.1 で例示した．この例では，$X = 3$ となる確率 $f(3)$ が最も大きくて，$X = 6$ となる確率 $f(6)$ が最も小さい．

確率変数 X が連続値を取りうるときは，確率変数 X は**連続型 (continuous type)** であるということにしよう．次には，離散型のときと同様に，連続型確率変数の確率的挙動を表す確率関数のようなものを提示したいのだが，いきなり提示するのは，実はちょっとギャップがある．なぜなら，実は，これまで扱ってきた確率は，主に離散型に関連した確率だったのだ．そこで，計測誤差を例として，連続型確率変数のことを考えていくことにしよう．

計測誤差を確率変数 X で表すことにする．計測誤差なので，確率変数 X は，離散型確率変数のように離散的な値のどれかではなく，$x = 0$ の近傍の実数値を取ると考えられる．具体的な値の取りやすさは，$x = 0$ であるときに最も大きくて，$x = 0$ から離れると小さくなっていくであろう．そのイメージを図 2.2 に表している．そこで，図 2.2 でイメージされるような連続な関数を $f(x)$ で表し，連続型確率変数 X が区間 $(a, b]$ にある確率を

$$\mathrm{P}(a < X \leq b) = \int_a^b f(t)dt$$

で考えることにしよう．さらに，確率なので，もちろん以下を想定している：

$$f(x) \geq 0, \qquad \int_{-\infty}^{\infty} f(x)dx = 1.$$

後者の方は $P(-\infty < X < \infty) = 1$ という考えから導いた．関数 $f(x)$ は**確率密度関数 (probability density function, p.d.f.)** と呼ばれている．区間の幅が十分に小さいときは，確率変数が区間内にある確率 $P(a < X \leq b)$ は $f(\xi)(b-a)$ $(a < \xi \leq b)$ で近似できるので，$f(x)$ は密度と呼ばれるに相応しい．（なお，本書では，高々二点で不連続である確率密度関数まで扱うことになるが，連続であると思い込んでいても，あまり大きな問題はない．）

ここで少し違和感を覚えるかもしれない．なぜに確率を定義しようとしている区間が $[a,b]$ ではなくて $(a,b]$ なのかと．理由はあるのだけれども，本書では単に慣習と思っていて問題ない．また，関数 $f(x)$ が連続なので，端点は問題ではない： $P(a \leq X \leq b) = P(a < X \leq b)$．さらに言えば，連続型確率変数においては，離散型確率変数と違って，一点確率は 0 となるわけである： $P(X = a) = 0$.

ところで，確率変数には，離散型と連続型ではない型もあるが，実際の場ではあまり使うことはないので，以降では確率変数としては離散型と連続型の場合だけを扱うことにする．また，本書では，確率関数と確率密度関数とを別の用語にして扱うのは煩雑で面倒であるので，誤解のない限り密度関数という用語で統一して説明を行うことにする．また，確率変数が値を取りえない領域では明示的に密度関数の値を 0 と書いたりしたが，このような表現は厳密ではあるがやや冗長なので，以降は密度関数を表現するときには，誤解を生じない限り，対応する値が 0 である部分は，しばしば省略することにする．

さて，話を，確率変数に対する確率の取り扱いに戻そう．密度関数は，ある一点やある区間での，ポイントをついた確率であった．密度関数と違って，確率が積もっていく様子を捉える量として，（累積）**分布関数 (cumulative distribution function, c.d.f.)** というものがある：

$$F(x) = P(X \leq x).$$

例示された密度関数（図 2.1 と図 2.2）に対応する分布関数は図 2.3 と図 2.4 のようになる．さらに分布関数は以下の性質をもっていることが簡単に分かる：

1) $F(a) \leq F(b)$ $(a < b)$.　　2) $0 \leq F(x) \leq 1$.　　3) $F(x)$ は右連続．

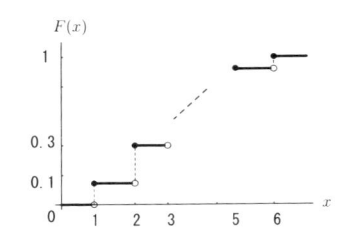

図 2.3 離散型確率変数の分布関数の例 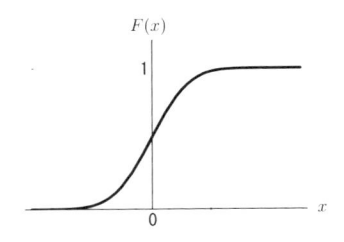　　**図 2.4** 連続型確率変数の分布関数の例

ここで密度関数と分布関数との関係を整理しておこう．実は，密度関数が決まると分布関数が決まり，逆に分布関数が決まると密度関数も決まる．確率変数が離散型の場合は，密度関数を利用した分布関数の表現は，

$$F(x) = \mathrm{P}(X \leq x) = \sum_{x_i \leq x} f(x_i)$$

と与えられるし，逆に，分布関数を利用した密度関数の表現は，

$$f(x) = F(x) - F(x-)$$

で与えられる（演習問題 [A2.1]）．（$F(x-)$ がピンとこない読者は読み飛ばしても構わない．今後の展開に大きな問題はない．）確率変数が連続型の場合は，密度関数を利用した分布関数の表現は，

$$F(x) = \mathrm{P}(X \leq x) = \int_{-\infty}^{x} f(t)dt$$

と与えられるし，逆に，分布関数を利用した密度関数の表現は，

$$f(x) = \frac{d}{dx}F(x)$$

で与えられる．

確率変数の取りうる値と対応する確率は，密度関数や分布関数などによって捉えられているわけだが，そのような確率的挙動を**確率分布 (probability distribution)** と呼んでいる．具体的な確率分布の例については第 3 章でまとめて説明することにする．

2.2　期待値と平均と分散

サイコロ投げを例として話を進めよう．サイコロを振ったとして，その出る

目の**平均 (mean)** は幾つであろうか．一つの考え方は，サイコロの出る目は等確率なので，すべてを足して 6 で割り，平均を $(1+2+\cdots+6)/6 = 3.5$ とする．これがすぐに浮かぶ考え方であろう．もう一つの考え方は，サイコロの出る目に，その出やすさである確率 1/6 を掛けて，出やすさで調整してからすべてを足し，平均を以下のように計算する：

$$1 \times \frac{1}{6} + 2 \times \frac{1}{6} + \cdots + 6 \times \frac{1}{6} = \sum_{x=1}^{6} x \times \frac{1}{6} = 3.5.$$

この考え方であれば等確率でない場合にも一般化できる．

さて，確率変数 X の平均を一般的に定義することにしよう．確率変数 X の密度関数を $f(x)$ で表しておくことにする．まずは確率変数 X が離散型の場合を考えよう．確率変数 X が取りうる値の集合を $\mathcal{X} = \{x_1, x_2, \ldots\}$ で表すことにする．上述の考え方を採用して，平均 μ を以下で定義する：

$$\mu = \sum_{i=1,2,\ldots} x_i f(x_i) = \sum_{x \in \mathcal{X}} x f(x).$$

次に確率変数 X が連続型の場合を考えよう．確率変数 X が取りうる値の領域を $\mathcal{X}$ で表すことにする．このとき，平均 μ を以下で定義する：

$$\mu = \int_{\mathcal{X}} x f(x) dx.$$

このような総和表現と積分表現の対応は，（リーマン）積分が総和から定義されることを思い出すと，すぐに納得できるであろう．よって，以下では，誤解を生じないときは，しばしば積分表現だけで話を進める．積分範囲も誤解を生じない限り省略することにする．

ところで，厳密には，平均は存在するときに限って定義されるわけである．ただし，このような考えは，厳密ではあるが，しばしば本質ではないし，いちいち考えていては面倒である．そのため本書では，これ以降も，誤解を生じない限り，本質でない説明は省くことにする．その方が本質も捉えやすい．

先ほど平均を定義した．その平均は，しばしば次のように表現される：

$$\mu = \mathrm{E}[X] = \int x f(x) dx.$$

これを確率変数 X の**期待値 (expectation)** という．なお $g(X)$ の期待値は次で表現される：

$$\mathrm{E}[g(X)] = \int g(x) f(x) dx.$$

特に，期待値は，計算に便利な線形性をもっている：
$$\mathrm{E}[a\,g(X)+b\,h(X)] = a\,\mathrm{E}[g(X)]+b\,\mathrm{E}[h(X)].$$
これは期待値の定義が積分なので，次のように自然に導き出せる：
$$\begin{aligned}\mathrm{E}[a\,g(X)+b\,h(X)] &= \int\{a\,g(x)+b\,h(x)\}f(x)dx \\ &= a\int g(x)f(x)dx+b\int h(x)f(x)dx \\ &= a\,\mathrm{E}[g(X)]+b\,\mathrm{E}[h(X)].\end{aligned}$$
単純な計算であるが，この式変形は，期待値を扱うときに，常に使われることになる．いずれは自然に使いこなせるようになるだろうが，それまでは常に意識の底に留めておくとよいだろう．

さて，平均とは別に確率変数のばらつきを捉えるものに**分散 (variance)** がある．これは確率変数 X の平均 μ からの離れ具合を二乗に基づいて平均的に測るものである．そのため分散 $\sigma^2 = \mathrm{V}(X)$ は次で定義される：
$$\sigma^2 = \mathrm{V}[X] = \mathrm{E}\left[(X-\mu)^2\right] = \int(x-\mu)^2 f(x)dx.$$
分散 σ^2 は，確率変数 X が平均 μ から離れた値を取りやすいと大きくなり，確率変数 X が平均 μ に近い値を取りやすいと小さくなるのである．ちなみに，分散が 0 になると，確率変数 X は本当に一点である平均 μ に集中してしまう（第2.8 節）．そのため一般的には分散に対しては $\sigma^2 > 0$ が想定される．

ここで普通のサイコロを少し変更した二つのサイコロを考えて，分散に対するイメージを深めておくことにしよう．一つめのサイコロは，1 と 2 と 3 の目はそのままだが，4 と 5 と 6 の目がそれぞれ 1 と 2 と 3 の目に置き換わっているとする．結果的に，一つめのサイコロは，1 と 2 と 3 の目が等確率 1/3 で現れる．二つめのサイコロは，やはり 1 と 2 と 3 の目はそのままだが，4 と 5 と 6 の目がすべて 2 の目に置き換わっているとする．結果的に，二つめのサイコロは，2 の目が高い確率 2/3 で現れ，1 と 3 の目が低い確率 1/6 で現れる．二つのサイコロはともに平均が 2 である．このとき，二つのサイコロの分散 σ_1^2 と σ_2^2 を比較してみよう：
$$\sigma_1^2 = (1-2)^2\frac{1}{3}+(2-2)^2\frac{1}{3}+(3-2)^2\frac{1}{3} = \frac{2}{3},$$

$$\sigma_2^2 = (1-2)^2\frac{1}{6}+(2-2)^2\frac{2}{3}+(3-2)^2\frac{1}{6} = \frac{1}{3}.$$

平均から離れた値を取りやすい一つめのサイコロの方が，平均に集中した確率をもつ二つめのサイコロよりも，分散は大きい．その理由は，一つめのサイコロの方が二つめのサイコロに比べて，分散を大きくする影響をもつ平均から離れた部分 $(1-2)^2$ と $(3-2)^2$ に関する確率が大きいからである．

ところで，分散は確かにばらつきの尺度であるが，二乗しているために，もとの確率変数と単位が違う．そのため，単位を合わせた分散の平方根 $\sigma = \sqrt{\sigma^2}$ を使うこともあり，それを**標準偏差 (standard deviation)** という．例えば，確率変数 X が身長であれば単位は cm だが，分散の単位は cm^2 であり，標準偏差の単位は cm に戻っている．

なお，一般的には，$\mathrm{E}[X^k]$ を k 次の**モーメント (moment)** といって，$\mathrm{E}[(X-\mu)^k]$ を k 次の中心モーメントという．平均は一次のモーメントで，分散は二次の中心モーメントである．そしてモーメント間には関係がある．例えば，平均と分散には次の関係がある：

$$\begin{aligned}\sigma^2 &= \mathrm{E}\left[(X-\mu)^2\right] = \mathrm{E}\left[X^2-2\mu X+\mu^2\right] \\ &= \mathrm{E}\left[X^2\right]-2\mu\mathrm{E}[X]+\mu^2 \\ &= \mathrm{E}\left[X^2\right]-\mu^2.\end{aligned}$$

さて，平均と分散について，さらに理解しておくために，確率変数 X を変数変換した確率変数

$$Y = aX+b$$

を考えてみることにしよう．これは，もとの確率変数 X の縮尺を a 倍にして，場所を b だけ移動したものである．もとの確率変数 X の平均と分散を μ_x と σ_x^2 とする．平均や分散のイメージからすると，新しい確率変数 Y に対して，その平均は $\mu_y = \mathrm{E}[Y] = a\mu_x+b$ と予想され，その分散は，平均からの離れ具合なので，場所の移動には依存しないはずであり，さらに，分散は二乗に基づいているので，$\sigma_y^2 = \mathrm{V}[Y] = a^2\sigma_x^2$ と予想される．これを以下で確認する：

$$\begin{aligned}\mu_y &= \mathrm{E}[Y] = \mathrm{E}[aX+b] = a\mathrm{E}[X]+b = a\mu_x+b. \\ \sigma_y^2 &= \mathrm{V}[Y] = \mathrm{E}\left[(Y-\mu_y)^2\right] = \mathrm{E}\left[\{(aX+b)-(a\mu_x+b)\}^2\right]\end{aligned}$$

$$= \mathrm{E}\left[a^2(X-\mu_x)^2\right] = a^2\mathrm{E}\left[(X-\mu_x)^2\right] = a^2\sigma_x^2.$$

念のために書いておくと，X と $-X$ は原点に関して対称なので，ばらつきは等しいはずで，上の性質から次のように確認される：$V[-X] = (-1)^2 V[X] = V[X]$. 特に，確率変数 X の平均が μ で分散が σ^2 のとき，その確率変数を変数変換した確率変数

$$Z = \frac{X-\mu}{\sigma}$$

は，平均と分散が，

$$\mathrm{E}[Z] = \frac{1}{\sigma}(E[X]-\mu) = 0, \qquad V[Z] = E[Z^2] = \frac{1}{\sigma^2}E[(X-\mu)^2] = 1,$$

となり，この変換を**標準化 (standardization)** という．逆に，標準化されている確率変数 Z に対して，変数変換した確率変数 $X = \mu + \sigma Z$ を用意すると，平均と分散が $\mathrm{E}[X] = \mu$ と $V[X] = \sigma^2$ になる．

2.3 多次元確率変数と同時確率分布と周辺確率分布

一次元の確率変数 $X_1, \ldots, X_k$ をまとめた確率変数 $\boldsymbol{X} = (X_1, \ldots, X_k)'$ を**多次元確率変数 (multivariate random variable)** という．なお，「$'$」はベクトルの転置を表しているが，毎回書くのは冗長なので，誤解を生じない限りは転置の記号を省略して $\boldsymbol{X} = (X_1, \ldots, X_k)$ と表現する．また，多次元確率変数の確率分布を，幾つかの確率変数を同時に扱っているという意味で，特に，**同時確率分布 (joint probability distribution)** ともいう．

離散型と連続型については，一次元のときと同様に考える．多次元確率変数が可算個の離散値を取りうるときに離散型であるということにする．このとき密度関数は次のように表せるとする：

$$\begin{aligned} f(\boldsymbol{x}) &= \mathrm{P}(\boldsymbol{X} = \boldsymbol{x}) & (\boldsymbol{x} = \boldsymbol{x}_1, \boldsymbol{x}_2, \ldots), \\ &= 0 & (\boldsymbol{x} \neq \boldsymbol{x}_1, \boldsymbol{x}_2, \ldots). \end{aligned}$$

もちろん以下を想定している：

$$f(\boldsymbol{x}_i) > 0, \qquad \sum_{i=1}^{\infty} f(\boldsymbol{x}_i) = 1.$$

多次元確率変数が連続値を取りうるときに連続型であるということにする．そして，連続な関数 $f(\boldsymbol{x})$ が存在して，分布関数は次のように表せるとする：

2.3 多次元確率変数と同時確率分布と周辺確率分布

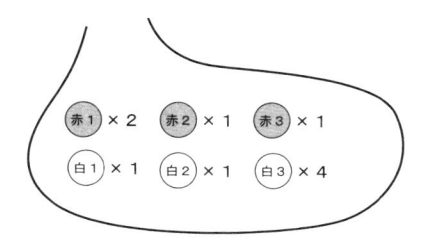

図 2.5 袋の例

$$P(\boldsymbol{X} \leq \boldsymbol{x}) = P(X_1 \leq x_1, \ldots, X_k \leq x_k)$$
$$= \int_{-\infty}^{x_k} \cdots \int_{-\infty}^{x_1} f(t_1, \ldots, t_k) \, dt_1 \cdots dt_k.$$

このとき関数 $f(\boldsymbol{x})$ を密度関数という．もちろん以下を想定している：

$$f(x_1, \ldots, x_k) \geq 0, \quad \int_{-\infty}^{\infty} \cdots \int_{-\infty}^{\infty} f(x_1, \ldots, x_k) \, dx_1 \cdots dx_k = 1.$$

次に，袋からの玉の取り出しを例として，多次元確率変数 (厳密にいえば二次元離散型確率変数) のイメージを捉えておこう．袋の中に，赤玉と白玉が入っていて，それぞれに 1 か 2 か 3 の数字が書かれているとする (図 2.5)．その袋の中から玉を一つ取り出すことを考える．その玉が赤玉か白玉かを $X_1 = 1, 2$ で表すことにして，書かれている数字が 1 か 2 か 3 かを $X_2 = 1, 2, 3$ で表すことにする．このとき二次元確率変数 $\boldsymbol{X} = (X_1, X_2)$ は次のように捉えられる．その確率変数が取りうる値の集合は $\mathcal{X} = \{\boldsymbol{x} = (x_1, x_2) : x_1 = 1, 2; x_2 = 1, 2, 3\}$ である．対応する確率は，$P(\boldsymbol{X} = (1,1)) = 2/10$, $P(\boldsymbol{X} = (1,2)) = 1/10$, などとなる (表 2.1)．

表 2.1 二次元離散型確率変数に対する確率分布の例

	$X_2 = 1$	$X_2 = 2$	$X_2 = 3$	$P(X_1 = x_1)$
$X_1 = 1$ (赤玉)	2/10	1/10	1/10	4/10
$X_1 = 2$ (白玉)	1/10	1/10	4/10	6/10
$P(X_2 = x_2)$	3/10	2/10	5/10	1

ところで，多次元確率変数 $\boldsymbol{X} = (X_1, \ldots, X_k)$ の同時確率分布が決まっているとき，同時ではない確率変数 X_i だけの確率分布はどのようになるのだろうか．先ほどの袋の例でいえば，取り出した玉が赤玉である確率や書かれている

数字が 1 である確率などはどのようになるのだろうか，という問題である．そのような確率分布を**周辺確率分布 (marginal probability distribution)** という．

まずは多次元確率変数 $\boldsymbol{X} = (X_1, \ldots, X_k)$ が離散型の場合を考えよう．その同時密度関数 $f(\boldsymbol{x}) = \mathrm{P}(\boldsymbol{X} = \boldsymbol{x})$ が分かっていたとする．そのとき，確率変数 X_1 の周辺密度関数 $f_1(x_1)$ は次のように求められる：

$$\begin{aligned}
f_1(x_1) &= \mathrm{P}(X_1 = x_1) \\
&= \mathrm{P}\left(\bigcup_{x_2,\ldots,x_k} \{(X_1, X_2, \ldots, X_k) = (x_1, x_2, \ldots, x_k)\}\right) \\
&= \sum_{x_2,\ldots,x_k} \mathrm{P}((X_1, X_2, \ldots, X_k) = (x_1, x_2, \ldots, x_k)) \\
&= \sum_{x_2,\ldots,x_k} f(x_1, x_2, \ldots, x_k).
\end{aligned}$$

もちろん，確率変数 X_i の周辺密度関数 $f_i(x_i)$ も同様に求められる．先ほどの袋の例に戻ろう．表 2.1 には同時確率分布ばかりでなく周辺確率分布も表現されている．同時密度関数を用いた周辺密度関数の表現の正しさを確認されたい．

次に，多次元確率変数 $\boldsymbol{X}$ が連続型で，同時密度関数 $f(x_1, \ldots, x_k)$ が分かっていたとする．そのとき，確率変数 X_1 の周辺密度関数 $f_1(x_1)$ は次で求められる：

$$f_1(x_1) = \int_{-\infty}^{\infty} \cdots \int_{-\infty}^{\infty} f(x_1, x_2, \ldots, x_k) dx_2 \cdots dx_k.$$

これの導出は密度関数の定義自体に戻るとよい．まず以下の恒等式を用意しておく：

$$\begin{aligned}
\int_{-\infty}^{x} f_1(x_1) dx_1 &= \mathrm{P}(X_1 \leq x) \\
&= \mathrm{P}(X_1 \leq x, -\infty < X_2 < \infty, \ldots, -\infty < X_k < \infty) \\
&= \int_{-\infty}^{x} \int_{-\infty}^{\infty} \cdots \int_{-\infty}^{\infty} f(x_1, \ldots, x_k) dx_k \cdots dx_2 dx_1.
\end{aligned}$$

これが任意の x について成り立つので，被積分関数は等しくなり，周辺密度関数の式が出てくる．もちろん，確率変数 X_i の周辺密度関数 $f_i(x_i)$ も同様に求められる．

2.4 多次元確率変数の特性値

一次元確率変数のときと同じように，多次元確率変数 $\boldsymbol{X} = (X_1, \ldots, X_k)$ の期待値と平均と分散などを定義しよう．一次元のときと同様に連続型のときだけを説明することにする．

まず，多次元確率変数 $\boldsymbol{X}$ を一次元確率変数に変換した $g(\boldsymbol{X})$ に対しては，期待値を次で定義する：

$$\mathrm{E}[g(\boldsymbol{X})] = \int g(\boldsymbol{x}) f(\boldsymbol{x}) d\boldsymbol{x}.$$

例えば，$g(\boldsymbol{X}) = X_1$ という関数を用意すれば，$\mathrm{E}[X_1]$ は定義されたことになっている．さらに，多次元確率変数 $\boldsymbol{X}$ を多次元確率変数 $\boldsymbol{g}(\boldsymbol{X}) = (g_1(\boldsymbol{X}), \ldots, g_m(\boldsymbol{X}))$ に変換した場合の期待値は次で定義する：

$$\mathrm{E}[\boldsymbol{g}(\boldsymbol{X})] = (\mathrm{E}[g_1(\boldsymbol{X})], \ldots, \mathrm{E}[g_m(\boldsymbol{X})]).$$

ここで特に，$\boldsymbol{g}(\boldsymbol{X}) = \boldsymbol{X}$ とおくことで，多次元確率変数 $\boldsymbol{X}$ の平均ベクトル $\boldsymbol{\mu}$ を次で定義する：

$$\boldsymbol{\mu} = (\mu_1, \ldots, \mu_k) = \mathrm{E}[\boldsymbol{X}] = (\mathrm{E}[X_1], \ldots, \mathrm{E}[X_k]).$$

ここまでは，単に，一次元のときの確率変数の定義を自然に多次元に拡張しただけである．ただし一つだけ注意されたい．それは $\mathrm{E}[X_1]$ は，この時点では定義から $\int x_1 f(\boldsymbol{x}) d\boldsymbol{x}$ であって，昔の定義から思い起こされる $\int x_1 f_1(x_1) dx_1$ とはなっていないのである．しかし同じになるように定義されているに決まっている．この感覚は重要である．実際に次のように確認できる：

$$\begin{aligned}\mathrm{E}[X_1] &= \int x_1 f(\boldsymbol{x}) d\boldsymbol{x} = \int x_1 \int \cdots \int f(\boldsymbol{x}) dx_k \cdots dx_2 dx_1 \\ &= \int x_1 f_1(x_1) dx_1.\end{aligned}$$

さて，多次元確率変数 $\boldsymbol{X}$ の分散に関しては，一次元のときの自然な拡張として同様に定義しようと考えるが，実は平均と違って，少し違う形に拡張する．それは，確率変数と確率変数の関係という新たな興味が生まれるからである．まず，確率変数 X_i の分散は一次元のときと同様に次で定義する：

$$\sigma_i^2 = \mathrm{V}[X_i] = \mathrm{E}[(X_i - \mu_i)^2].$$

さらに二つの確率変数 X_i と X_j の関係を表す量として**共分散 (covariance)** を次で定義する：
$$\sigma_{ij} = \mathrm{Cov}[X_i, X_j] = \mathrm{E}[(X_i - \mu_i)(X_j - \mu_j)].$$
もちろん $\sigma_{ii} = \mathrm{Cov}[X_i, X_i] = \mathrm{V}[X_i] = \sigma_i^2$ である．共分散を利用して，多次元確率変数 $\boldsymbol{X}$ の**共分散行列 (covariance matrix)** を次で定義する：
$$\Sigma = \mathrm{V}[\boldsymbol{X}] = \begin{pmatrix} \sigma_{11} & \cdots & \sigma_{1k} \\ \vdots & & \vdots \\ \sigma_{k1} & \cdots & \sigma_{kk} \end{pmatrix}.$$
この行列は，$\sigma_{ij} = \sigma_{ji}$ であるから，対称行列である．さらに次のようにして行列 Σ は半正定値であると分かる：
$$\begin{aligned} \boldsymbol{a}'\Sigma\boldsymbol{a} &= \sum_{i,j=1}^{k} a_i a_j \sigma_{ij} = \sum_{i,j=1}^{k} a_i a_j \mathrm{E}[(X_i - \mu_i)(X_j - \mu_j)] \\ &= \mathrm{E}\left[\sum_{i,j=1}^{k} a_i a_j (X_i - \mu_i)(X_j - \mu_j)\right] = \mathrm{E}\left[\left(\sum_{i=1}^{k} a_i (X_i - \mu_i)\right)^2\right] \geq 0. \end{aligned}$$
ただし，一次元確率変数の分散 σ^2 を扱ったときと同様に，共分散行列 Σ を扱うときも，一般には Σ は正定値である（$\Sigma > 0$）と想定することにする．

ここで，共分散行列の別の表現も用意しておこう．線形代数に慣れていれば，こちらの方が一次元における分散の表現 $\sigma^2 = \mathrm{V}[X] = \mathrm{E}[(X - \mu)^2]$ の自然な拡張である：
$$\Sigma = \mathrm{V}[\boldsymbol{X}] = \mathrm{E}\left[(\boldsymbol{X} - \boldsymbol{\mu})(\boldsymbol{X} - \boldsymbol{\mu})'\right].$$
この表現だと共分散行列 Σ が半正定値であることはすぐに分かる．

また，二つの確率変数 X_i と X_j の関係を，共分散の代わりに，次で定義される**相関係数 (correlation coefficient)** に着目することも多い：
$$\rho_{ij} = \mathrm{Corr}[X_i, X_j] = \frac{\mathrm{Cov}[X_i, X_j]}{\sqrt{\mathrm{V}[X_i]\mathrm{V}[X_j]}}.$$
この量は，二つの確率変数 X_i と X_j を標準化した変数 $Z_i = (X_i - \mu_i)/\sigma_i$ と $Z_j = (X_j - \mu_j)/\sigma_j$ の共分散でもある：$\rho_{ij} = \mathrm{Cov}[Z_i, Z_j]$．特に，相関係数が 0 のときは，無相関といわれる．

相関係数の絶対値は 1 以下であることが証明される（第 2.8 節）．さらに，相関係数の絶対値が 1 であるとき，二つの確率変数 X_i と X_j に対して，確率 1 で

線形性が成り立つ（第 2.8 節）．そのため，相関係数は線形性の尺度と捉えることもできる．

2.5　確率変数の独立性

　コイン投げの例を考えよう．コイン投げを k 回行うとしよう．すると，例えば，すべてが表である確率を求めるとき，普通はそれぞれが表である確率を掛け合わせるだろう．このような考え方をきちんと表現しておこう．

　表と裏が出る事象をそれぞれ確率変数 X に対して $X=1$ と $X=0$ を対応させる．そして k 回のコイン投げを確率変数 $X_1,\ldots,X_k$ で表すことにしよう．このとき，$(X_1,\ldots,X_k)=(x_1,\ldots,x_k)$ となる確率は，それぞれの事象 $X_1=x_1,\ldots,X_k=x_k$ を表す確率を掛け合わせるだろう．つまり以下が成り立つ：

$$P((X_1,\ldots,X_k)=(x_1,\ldots,x_k))=P(X_1=x_1)\cdots P(X_k=x_k).$$

この関係式を，連続型のときにも考えられるように，密度関数の記号 $f(x_1,\ldots,x_k)$ を使って，次で表現しなおしておこう：

$$f(x_1,\ldots,x_k)=f_1(x_1)\cdots f_k(x_k).$$

また，分布関数 $F(x_1,\ldots,x_k)=P(X_1\leq x_1,\ldots,X_k\leq x_k)$ を使って以下で表現することもできる（演習問題 [A2.2]）：

$$F(x_1,\ldots,x_k)=F_1(x_1)\cdots F_k(x_k).$$

ただし $F_i(x_i)=P(X_i\leq x_i)$ である．確率変数 $X_1,\ldots,X_k$ がこのような性質をみたすときに**独立 (independent)** であるという．特に，独立な確率変数 $X_1,\ldots,X_k$ が同一の確率分布 $F(x)$ に従っているとき，確率変数 $X_1,\ldots,X_k$ は**独立同一分布に従う (independently and identically distributed)** といい，$X_1,\ldots,X_k \sim_{i.i.d.} F(x)$ などと表される．

　さて，普通に想像できることではあるが，確率変数 X と Y が独立であれば，確率変数 $X+a$ と $Y+b$ も独立になる．さらに言えば，適当に変数変換された確率変数 $g(X)$ と $h(Y)$ も普通は独立になる．このぐらいは成り立つように独立性は定義されているに決まっている．もちろん確認すべき命題ではある（演

習問題 [A2.3]).

さて，独立性に関して，もう少し話を進めておこう．独立性が成り立つときには，様々な計算が便利にできる．特に次のタイプは重要である：

$$\mathrm{E}[X_1 \cdots X_k] = \mathrm{E}[X_1] \cdots \mathrm{E}[X_k].$$

独立性がなくても使ってしまいそうであるが，独立性が必要である．これを簡単のために $k=2$ のときに確認しておこう．この確認の過程は独立性が醸し出す便利さをつかませてくれる：

$$\begin{aligned}\mathrm{E}[X_1 X_2] &= \iint x_1 x_2 f(x_1, x_2) dx_1 dx_2 = \iint x_1 x_2 f_1(x_1) f_2(x_2) dx_1 dx_2 \\ &= \int x_1 f_1(x_1) dx_1 \int x_2 f_2(x_2) dx_2 = \mathrm{E}[X_1] \mathrm{E}[X_2].\end{aligned}$$

独立性と無相関性には関係があるような気がする．この関係を調べてみよう．確率変数 X と Y が独立とする．このとき，その二つの確率変数は無相関であることが以下のように簡単に確認できる：

$$\mathrm{Cov}[X, Y] = \mathrm{E}[(X-\mu_x)(Y-\mu_y)] = \mathrm{E}[(X-\mu_x)] \mathrm{E}[(Y-\mu_y)] = 0.$$

ただし，無相関であるからといって，独立とは限らないので注意が必要である（演習問題 [A2.4]）．つまり，条件としては，独立性のほうが無相関性よりも強い．

2.6　確率変数の和の平均と分散

本書の途中からは確率変数の和 $X_1+\cdots+X_k$ が何度も現れてくる．そこで本節では確率変数の和の平均と分散について事前に思考を進めておくことにする．

とりあえずは簡単のために $k=2$ のときを考えることにしよう．確率変数の和 X_1+X_2 の平均は次のように表現しなおすことができる：

$$\begin{aligned}\mathrm{E}[X_1+X_2] &= \iint (x_1+x_2) f(\boldsymbol{x}) dx_1 dx_2 \\ &= \iint x_1 f(\boldsymbol{x}) dx_1 dx_2 + \iint x_2 f(\boldsymbol{x}) dx_1 dx_2 \\ &= \mathrm{E}[X_1] + \mathrm{E}[X_2].\end{aligned}$$

確率変数の和 X_1+X_2 の分散は次のように表現しなおすことができる：

$$\mathrm{V}[X_1+X_2] = \mathrm{E}\left[\{(X_1+X_2)-(\mu_1+\mu_2)\}^2\right]$$

$$
\begin{aligned}
&= \mathrm{E}\left[\{(X_1-\mu_1)+(X_2-\mu_2)\}^2\right] \\
&= \mathrm{E}\left[(X_1-\mu_1)^2\right]+\mathrm{E}\left[(X_2-\mu_2)^2\right]+2\mathrm{E}\left[(X_1-\mu_1)(X_2-\mu_2)\right] \\
&= \mathrm{V}[X_1]+\mathrm{V}[X_2]+2\mathrm{Cov}[X_1,X_2].
\end{aligned}
$$

この考え方を一般の k に対して行えば，次の関係式を得ることができる：

$$
\begin{aligned}
\mathrm{E}[X_1+\cdots+X_k] &= \mathrm{E}[X_1]+\cdots+\mathrm{E}[X_k], \\
\mathrm{V}[X_1+\cdots+X_k] &= \mathrm{V}[X_1]+\cdots+\mathrm{V}[X_k]+2\sum_{i<j}\mathrm{Cov}[X_i,X_j].
\end{aligned}
$$

特に，それぞれの確率変数が無相関である場合は，$\mathrm{Cov}[X_i,X_j]=0\ (i\neq j)$ となるので，より簡単な関係式を得ることができる：

$$
\mathrm{V}[X_1+\cdots+X_k]=\mathrm{V}[X_1]+\cdots+\mathrm{V}[X_k].
$$

いま，確率変数 X は平均と分散が $\mu=\mathrm{E}[X]$ と $\sigma^2=\mathrm{V}[X]$ であったとする．確率変数 $X_1,\ldots,X_n$ は独立に確率変数 X と同一の分布に従っているとする．（この状態は $X_1,\ldots,X_n \sim_{i.i.d.} X$ と表現される．）本書の途中から，このような状況で算術平均 $\bar{X}=(X_1+\cdots+X_n)/n$ を考えることがしばしば重要になる．算術平均の平均と分散をここで計算しておこう：

$$
\begin{aligned}
\mathrm{E}[\bar{X}] &= \mathrm{E}\left[\frac{X_1+\cdots+X_n}{n}\right]=\frac{1}{n}(\mathrm{E}[X_1]+\cdots+\mathrm{E}[X_n])=\frac{1}{n}n\mu=\mu. \\
\mathrm{V}[\bar{X}] &= \mathrm{V}\left[\frac{X_1+\cdots+X_n}{n}\right]=\frac{1}{n^2}(\mathrm{V}[X_1]+\cdots+\mathrm{V}[X_n])=\frac{1}{n^2}n\sigma^2=\frac{\sigma^2}{n}.
\end{aligned}
$$

2.7 確率変数の条件付確率分布

袋の中に赤玉と白玉が入っていて，しかもそれぞれの玉には数字の 1 か 2 か 3 が書かれていた例をあらためて扱うことにしよう（図 2.6）．袋の中から取り出した玉が赤色であったとき，書かれている数字が 3 である確率を考えることにしよう．

取り出された玉の色が赤色か白色かを確率変数 X を利用して $X=1,2$ で表すことにしよう．また書かれている数字に対応する事象を確率変数 Y を利用して $Y=1,2,3$ で対応させよう．このとき，玉の色が赤色 ($X=1$) であったときに書かれている数字が 3 である ($Y=3$) という条件付確率は次で定義された：

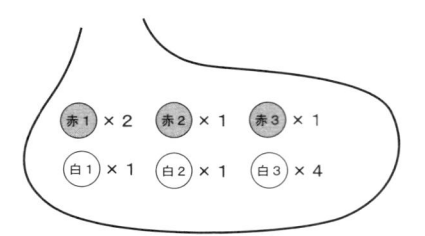

図 2.6 袋の例（図 2.5 の再掲）

$$P(Y=3\,|\,X=1) = \frac{P(X=1, Y=3)}{P(X=1)} = \frac{f(1,3)}{f_X(1)}.$$

この関係を一般化したものが**条件付密度関数 (conditional density function)**であり，$X=x$ であるときに $Y=y$ である条件付密度関数 $f_{Y|X}(y\,|\,x)$ を以下で定義する：

$$f_{Y|X}(y\,|\,x) = \frac{f(x,y)}{f_X(x)}.$$

（なお，確率変数が連続型のときには，本当は微妙な議論が必要であるが，本書では深入りしないことにする．）

また，条件付密度関数に対応して，条件付期待値を次のように自然に導入する：

$$E_{Y|X}[g(X,Y)\,|\,X=x] = \int g(x,y) f_{Y|X}(y\,|\,x) dy.$$

そして，この条件付期待値は以下のきれいな性質をみたす：

$$E_X\left[E_{Y|X}[g(X,Y)|X]\right] = E\left[g(X,Y)\right].$$

これは次で確認できる：

$$\begin{aligned}
E_X\left[E_{Y|X}[g(X,Y)|X]\right] &= \int \left(\int g(x,y) f_{Y|X}(y\,|\,x) dy\right) f_X(x) dx \\
&= \int\int g(x,y) f_{Y|X}(y\,|\,x) f_X(x) dy\,dx \\
&= \int\int g(x,y) f(x,y) dx\,dy = E[g(X,Y)].
\end{aligned}$$

父親の身長から息子の身長を予測する問題を考えてみよう．父親と息子の身長を表す確率変数を X と Y とする．このとき，父親の身長 X の何らかの変換 $g(X)$ で息子の身長 Y を予測することを考える．このときの平均的な誤差を

$\mathrm{E}[\{Y-g(X)\}^2]$ で測ることにしよう．実は，この誤差を最小にする $g(X)$ は，条件付平均 $\mathrm{E}_{Y|X}[Y \mid X]$ になる（演習問題 [A2.5]）．

2.8 確率とモーメントに関連した不等式

まずはチェビシェフの不等式 (Chebyshev's inequality) を紹介しよう．確率変数 X の平均と分散を $\mu = \mathrm{E}[X]$ と $\sigma^2 = \mathrm{V}[X]$ とおく．このとき，任意の $\varepsilon > 0$ に対して，次が成り立つ：

$$\mathrm{P}\left(|X-\mu| \geq \varepsilon\right) \leq \frac{\sigma^2}{\varepsilon^2}.$$

この不等式は以下のように簡単に証明できる：

$$\begin{aligned}\mathrm{P}(|X-\mu| \geq \varepsilon) &= \int_{|x-\mu| \geq \varepsilon} f(x)dx \leq \int_{|x-\mu| \geq \varepsilon} \left(\frac{|x-\mu|}{\varepsilon}\right)^2 f(x)dx \\ &\leq \int \frac{(x-\mu)^2}{\varepsilon^2} f(x)dx = \frac{\sigma^2}{\varepsilon^2}.\end{aligned}$$

いま分散 σ^2 が十分に小さいと想定してみよう．そのとき，確率変数 X が平均 μ から一定距離 ε より離れる確率は十分に小さい，言い換えると，確率変数 X は平均 μ の周りに集中している，と捉えることができる．

さらに分散が $\sigma^2 = 0$ であるとしよう．このとき，任意の $\varepsilon > 0$ に対して $\mathrm{P}(|X-\mu| \geq \varepsilon) = 0$ が成り立っている．結果的に，$\mathrm{P}(X = \mu) = 1$ が成り立っており，言い換えると，確率 1 で $X = \mu$ が成り立っていることが分かる．

次にコーシー・シュバルツの不等式 (Cauchy-Schwartz inequality) を紹介しよう．確率変数として X と Y があるとする．このとき分散と共分散の間に次の不等式が成り立つ：

$$\mathrm{Cov}[X,Y]^2 \leq \mathrm{V}[X]\mathrm{V}[Y].$$

さてコーシー・シュバルツの不等式を証明しよう．まず，$a = \mathrm{V}[Y]$，$b = -\mathrm{Cov}[X,Y]$，$Z = a(X-\mathrm{E}[X])+b(Y-\mathrm{E}[Y])$ とおく．このとき次が成り立つ：

$$\begin{aligned}0 \leq \mathrm{E}[Z^2] &= a^2\mathrm{V}[X]+b^2\mathrm{V}[Y]+2ab\mathrm{Cov}[X,Y] \\ &= \mathrm{V}[Y]\left(\mathrm{V}[X]\mathrm{V}[Y]-\mathrm{Cov}[X,Y]^2\right).\end{aligned}$$

普通は $\mathrm{V}[Y] > 0$ であり，この場合はすぐにコーシー・シュバルツの不等式が成り立つことが分かる．かりに $\mathrm{V}[Y] = 0$ であったとしても，確率 1 で $Y = \mathrm{E}[Y]$

が成り立つので，$\mathrm{Cov}[X,Y] = \mathrm{E}[(X-\mathrm{E}[X])(Y-\mathrm{E}[Y])] = 0$ となり，やはりコーシー・シュバルツの不等式が成り立つことが分かる．

次にコーシー・シュバルツの不等式の等号が成り立つ場合を考えよう．そのとき $\mathrm{E}[Z^2] = 0$ であるので，確率 1 で $Z = 0$ が成り立っている．ここで，$c = -a\mathrm{E}[X] - b\mathrm{E}[Y]$ と取れば，確率 1 で $aX + bY + c = 0$ が成り立っていることになる．さらに，$\mathrm{V}[Y] > 0$ であれば，$a > 0$ と想定することができ，同様にして，$\mathrm{V}[X] > 0$ であれば，$b > 0$ と想定することができる．

ところで，確率変数 X と Y の相関係数は，$\rho = \mathrm{Cov}[X,Y]/\sqrt{\mathrm{V}[X]\mathrm{V}[Y]}$ であった．そのため，コーシー・シュバルツの不等式から，相関係数の絶対値は 1 以下であると分かる．さらに，相関係数の絶対値が 1 であるとき，二つの確率変数 X と Y には先ほどの関係 $aX + bY + c = 0$ が成り立っていると分かる．

最後に**イェンセンの不等式 (Jensen's inequality)** を紹介しよう．確率変数 X があるとする．連続な関数 $h(x)$ が下に凸であるとする．（下に凸な関数としては $h(x) = x^2$ や $h(x) = -\log(x)$ を思い浮かべればよい．）このとき次が成り立つ：

$$\mathrm{E}[h(X)] \geq h(\mathrm{E}[X]).$$

特に，関数 $h(x)$ が狭義の凸関数のとき，等号が成り立つのは，確率変数 X が確率 1 で定数に等しい（つまり平均に等しい）ときである．

ここで分散の性質を思い出してみよう：

$$\mathrm{V}[X] = \mathrm{E}\left[(X-\mathrm{E}[X])^2\right] = \mathrm{E}[X^2] - (\mathrm{E}[X])^2 \geq 0.$$

イェンセンの不等式において，$h(x) = x^2$ とおけば，$\mathrm{E}[X^2] \geq (\mathrm{E}[X])^2$ という性質が出てきて，これは分散の性質に対応している．分散において等号が成り立つとき ($\mathrm{V}[X] = 0$)，確率変数 X は確率 1 で定数に等しかった．この性質もイェンセンの不等式の等号が成り立つときに対応している．

イェンセンの不等式を証明しよう．証明には，もちろん凸関数の性質を使う必要があるのだが，ここでは，簡単のために，関数 $h(x)$ は二回微分可能であるとする．このとき，凸関数であるという条件は $h''(x) \geq 0$ であることと同値であり，狭義の凸関数であるという条件は $h''(x) > 0$ であることと同値である．いま $\mu = \mathrm{E}[X]$ とおく．すると $h''(x) \geq 0$ から次が成り立つ：

$$h(X) \geq h(\mu) + h'(\mu)(X - \mu).$$

両辺の期待値を取れば，求めたかった不等式 $\mathrm{E}[h(X)] \geq h(\mu) = h(\mathrm{E}[X])$ が得られる．特に，$h''(x) > 0$ のときには，等号が $X = \mu$ のときしか成り立たないので，確率変数 X が確率 1 で平均 μ に等しくなければ，イェンセンの不等式の等号は成り立たない．

本節では確率とモーメントに関連した不等式を三つ紹介した．この他にも本当に様々な不等式が存在する．必要となったときは他書を参考にして欲しい．

2.9 確率変数と確率分布と確率空間**

ここまでは，確率変数が何で確率分布が何なのか，などについて，ざっとイメージ的に説明してきた．ところで，確率の話をするときには，まずは確率空間 $(\Omega, \mathcal{A}, \mathrm{P})$ を用意することが数学的には厳密である，という話を第 1.8 節で行った．しかしながら，これまでは一度も確率空間との関係が提示されていない．つまり，これまでの話は，本質は十分に捉えているが，数学的には厳密ではない．本節では，確率変数と確率分布と確率空間の関係についての議論を行うことにする．

なお，そのような数学的な厳密さに興味がない読者は，この節を読み飛ばしてもよい．本節を読み飛ばしたとしても，本書の本筋を理解する上では問題ない．

まずはサイコロ投げに対する確率変数と確率分布から自然に誘導される確率空間を考えてみよう．標本空間は以前と同じように考えることにする：

$$\Omega = \{\omega_1, \omega_2, \omega_3, \omega_4, \omega_5, \omega_6\}.$$

後の話を分かりやすくするために，サイコロの目が x であるという標本点を ω_x で表すことにした．シグマ集合体も以前と同じように $\mathcal{A} = 2^{\Omega}$ とする．残る問題は，確率変数を使って表現した確率から，確率空間上での確率をどのように自然に誘導するかである．

最初に標本空間 Ω の六つの標本点に対して $X = 1, 2, 3, 4, 5, 6$ を対応させることにする：

$$X(\omega_x) = x \qquad (x = 1, 2, 3, 4, 5, 6).$$

次にサイココの目 x に対する事象を次で表現することにする：
$$A_x = \{\omega_x\} = \{\omega \in \Omega : X(\omega) = x\}.$$
つまり，これまで $X = x$ と象徴的に表してきた表現を，確率空間の上では，事象 A_x に対応させるわけである．すると，確率変数 X を使って表現した確率 $\mathrm{P}(X = x)$ は，次のように読み替えることができる：
$$\mathrm{P}(A_x) = \mathrm{P}(X = x) = 1/6 \qquad (x = 1, 2, 3, 4, 5, 6).$$
この段階でサイコロの目 x に対する事象 $A_x \in \mathcal{A}$ に対しては確率が定義されたことになる．

次に，そのほかの事象に対する確率を考えよう．例えば，偶数の目が出るという事象 $A_{2,4,6} \in \mathcal{A}$ に対しては，確率変数では $X = 2, 4, 6$ で表現されたが，$A_{2,4,6} = A_2 \cup A_4 \cup A_6$ と表現できるため，確率の公理が満たされるように，その事象の確率を以下で定義することにする：
$$\begin{aligned}\mathrm{P}(A_{2,4,6}) &= \mathrm{P}(A_2 \cup A_4 \cup A_6) = \mathrm{P}(A_2) + \mathrm{P}(A_4) + \mathrm{P}(A_6) \\ &= 1/6 + 1/6 + 1/6 = 1/2.\end{aligned}$$
このようにして，シグマ集合体 $\mathcal{A}$ に含まれるすべての事象に対する確率を，確率変数 X を使って用意された確率 $\mathrm{P}(X = x)$ から誘導することができる．最終的に得られる確率空間は，第 1.8 節で用意された確率空間と全く同じになる．

サイコロ投げの例では，確率変数に対して確率分布を定義しておくと，適当な誘導によって，きちんと確率空間が定義された．離散型の確率変数と確率分布に対しては，同じような誘導によって，常に確率空間を自然に想定することが可能である．なお，本書では，確率変数 X が可算個の離散値を取りうるときに，離散型であると呼ぶことにしたが，厳密には，対応する確率密度関数が揃っているときに初めて離散型であると呼ばれている．

ここまでは，確率変数に対する確率分布から，確率空間上の確率を誘導してみた．もちろん，その逆に，最初から適当な確率空間 $(\Omega, \mathcal{A}, \mathrm{P})$ が第 1.8 節のように用意されていて，確率変数 X は分かりやすい表現を与えたに過ぎないと考えることもできる．この話を膨らませていくと，確率変数と確率分布と確率空間の一般的な関係を表現することができる．

まずは適当な確率空間 $(\Omega, \mathcal{A}, \mathrm{P})$ が用意されていたとする．（この点について

は第 1.8 節と同様に深い議論は避ける.）標本点 $\omega \in \Omega$ に実数値を対応させる関数 $X : \Omega \to \mathbf{R}$ は，次をみたすときに確率変数であるという：

$$X^{-1}((-\infty, x]) = \{\omega : X(\omega) \leq x\} \in \mathcal{A} \qquad (x \in \mathbf{R}).$$

サイコロの例では，確率変数は離散値しか取らないので，$\{\omega : X(\omega) = x\}$ という集合だけを考えれば良かったが，一般には確率変数は連続値を取りうるので，それにも対応できるように，対象を区間 $(-\infty, x]$ にしている．確率変数が定義されると，対応する分布関数（つまり確率分布）を，確率空間上の確率に基づいて，次のように用意することができる：

$$\mathrm{P}\left(X^{-1}((-\infty, x])\right) = \mathrm{P}\left(\{\omega : X(\omega) \leq x\}\right).$$

演 習 問 題 A

[A2.1] （密度関数と分布関数の関係） 離散型確率変数 X の取りうる値が $\mathcal{X} = \{x_1, x_2, \ldots, x_n\}$ だとする．対応する密度関数と分布関数を $f(x)$ と $F(x)$ で表しておく．分布関数は密度関数によって次のように表現できることは簡単に分かる：$F(x) = \mathrm{P}(X \leq x) = \sum_{x_i \leq x} f(x_i)$. 逆に，密度関数は分布関数によって次のように表現できることを示せ：$f(x) = F(x) - F(x-)$. （集合 $\mathcal{X}$ が無限加算集合のときを演習問題 [B2.1] とする.）

[A2.2] （独立性の表現） 多次元確率変数 $(X_1, \ldots, X_k)$ は連続型であるとする．その密度関数と分布関数を $f(x_1, \ldots, x_k)$ と $F(x_1, \ldots, x_k)$ で表しておく．このとき，独立性を表す次の二つの表現が同値であることを証明せよ：

(i) $\quad f(x_1, \ldots, x_k) = f_1(x_1) \cdots f_k(x_k).$
(ii) $\quad F(x_1, \ldots, x_k) = F_1(x_1) \cdots F_k(x_k).$

[A2.3] （変数変換後の独立性） 二つの確率変数 X と Y が独立であるとする．いま適当な実数値連続関数 $g(x)$ と $h(y)$ を用意しておく．このとき，変換された二つの確率変数 $g(X)$ と $h(Y)$ も独立であることを，次の場合に応じて証明せよ：(i) 実数値連続関数が $g(x) = x + a$ と $h(y) = y + b$ の場合. (ii) 確率変数 X と Y がともに離散型の場合. (iii) 確率変数 X と Y がともに連続型の場合.

[A2.4] （独立と無相関） 二つの確率変数が独立であるならば無相関である．その逆は成り立たないことを示せ．（ヒント：$\mathrm{P}(X=0, Y=0) = \mathrm{P}(X=0, Y=1) = \mathrm{P}(X=0, Y=-1) = \mathrm{P}(X=1, Y=0) = \mathrm{P}(X=-1, Y=0) = 1/5$.）

[A2.5]　（回帰）　二つの確率変数 X と Y があるとする．実数値連続関数 $g(x)$ で変数変換された確率変数 $g(X)$ によって確率変数 Y を推し量ることを考えよう．このとき平均的な誤差 $E[\{Y-g(X)\}^2]$ を最小にする $g(X)$ は条件付平均 $E[Y\mid X]$ であることを示せ．

演 習 問 題 B

[B2.1]　（密度関数と分布関数の関係）　演習問題 [A2.1] を集合 $\mathcal{X}$ が無限加算集合のときに考える．特に，$\mathcal{X}=\{0,1,2,\ldots\}$ のときに，演習問題 [A2.1] を考え直せ．（一般の無限可算集合のときは面倒なので扱わない．）

[B2.2]　（相関係数）　二つの確率変数 X と Y の相関係数を ρ とする．いま $a,c>0$ とする．線形変換された確率変数 $aX+b$ と $cY+d$ の相関係数も同じ ρ であることを証明せよ．そしてこれが明らかであることをイメージせよ．

[B2.3]　（無相関）　二つの確率変数 X と Y があり，その分散は σ_x^2 と σ_y^2 であり，相関は ρ とする．このとき，確率変数 $Z=X-\rho(\sigma_x/\sigma_y)Y$ は確率変数 Y と無相関であることを示せ．

[B2.4]　（条件付による分散の分解）　二つの確率変数 X と Y があるとする．このとき次の関係式が成り立つことを示せ：
$$V[Y]=E_X\left[V_{Y\mid X}[Y\mid X]\right]+V_X\left[E_{Y\mid X}[Y\mid X]\right].$$

[B2.5]　（マルコフの不等式）　いま $h(X)\geq 0$ とする．このとき次の不等式を証明せよ：$P(h(X)\geq\varepsilon)\leq E[h(X)]/\varepsilon$．

第3章 いろいろな確率分布

CHAPTER 3

本章では，具体的に使われるいろいろな確率分布を紹介することにする．ここまで用意してきた抽象的な確率変数と具体的な確率分布との橋渡しの感覚を，この章でつかんで欲しい．

3.1 離散型確率分布

離散型確率変数に対する離散型確率分布は様々な状況に応じて本当にたくさんある．本節では，代表的な離散型確率分布のほんの一部を紹介することにする．平均と分散の計算については，面倒なので，後にまとめて行うことにしよう．

3.1.1 一様分布

サイコロ投げを考えよう．離散型確率変数 X は 1 から 6 までの値を等確率で取る．これをもう少し一般化してみる．離散型確率変数 X が $x_1, \ldots, x_n$ の値を等確率で取るとする：

$$f(x_i) = \mathrm{P}(X = x_i) = \frac{1}{n} \qquad (i = 1, \ldots, n).$$

このようなとき，離散型確率変数 X は**一様分布 (uniform distribution)** に従うといわれる．平均と分散は $\bar{x} = \sum_{i=1}^{n} x_i/n$ と $\sum_{i=1}^{n}(x_i - \bar{x})^2/n$ で与えられる．

3.1.2 ベルヌーイ分布

コイン投げをすると結果は表か裏である．このように，対応する離散型確率変数 X が，象徴的に 1 か 0 というような二値だけを取りうる場合を考えよう．

その確率として次を用意する：$\mathrm{P}(X=1) = \theta$, $\mathrm{P}(X=0) = 1-\theta$. もちろん $0 < \theta < 1$ とする．まとめて次のようにも表現できる：

$$f(x) = \mathrm{P}(X=x) = \theta^x (1-\theta)^{1-x} \qquad (x=0,1).$$

この密度関数をもつ確率変数 X は，**ベルヌーイ分布 (Bernoulli distribution)** に従うといわれる．特に $X=1$ となる確率 $\mathrm{P}(X=1) = \theta$ を生起確率という．平均と分散は θ と $\theta(1-\theta)$ である．

普通のコイン投げの場合は $\theta = 1/2$ である．歪んだコインであれば θ は歪み具合に応じた適当な値になるだろう．袋の中に赤玉が三つで白玉が七つ入っているとき，赤玉を取り出すという事象を $X=1$ で表し，白玉を取り出すという事象を $X=0$ で表したとする．このときは $\theta = 3/10$ である．そのほかにも，ベルヌーイ分布は，薬が効くか効かないか，ある状況で生存できるかできないか，内閣を支持するかどうか，などの二値で表現できる状況で広く使われている．

3.1.3 二 項 分 布

先ほどと同じコイン投げを考える．いまコイン投げを n 回行ったとする．このとき表が出る回数が x となる確率を考えよう．表が x 回出る組み合わせの数は ${}_nC_x = n!/(n-x)!x!$ であり，それぞれが起きる確率は $\theta^x(1-\theta)^{n-x}$ なので，確率変数 X の確率として以下を用意する：

$$f(x) = \mathrm{P}(X=x) = \frac{n!}{(n-x)!x!} \theta^x (1-\theta)^{n-x} \qquad (x=0,1,\ldots,n).$$

この密度関数をもつ確率変数 X は，**二項分布 (binomial distribution)** に従うといわれ，$X \sim B(n;\theta)$ と表される．この密度関数の形を図 3.1 で例示しておく．

二項分布は次の自然な解釈もできる．繰り返された n 回のコイン投げを，生起確率が θ である独立なベルヌーイ試行として，確率変数 $X_1,\ldots,X_n$ で表すことにする．その総和を $X = X_1 + \cdots + X_n$ で表すことにする．このとき，表が出る回数を表す確率変数 X は二項分布 $B(n;\theta)$ に従う．（この証明は第 4.2 節で行う．）特に $n=1$ のときはベルヌーイ分布に戻る．

平均と分散は $n\theta$ と $n\theta(1-\theta)$ である．二項分布が独立なベルヌーイ分布の和であると考えれば，これらの結果は自然である．

ところで，先ほどまでの一様分布とベルヌーイ分布では，確率変数の密度関

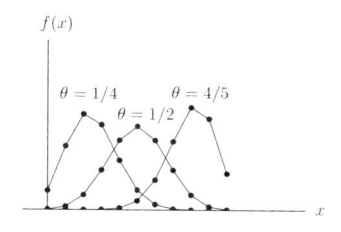

図 3.1 二項分布 $B(10;\theta)$ の密度関数 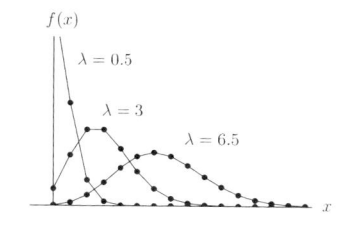 **図 3.2** ポアソン分布 $Po(\lambda)$ の密度関数

数がもつべき性質をきちんと確認していなかった．ここで少しきちんと整理しておこう．離散型確率変数 X が取りうる離散値の集合を $\mathcal{X}$ とおく．そのとき密度関数 $f(x)$ は次の性質をみたすべきであった：

$$f(x) > 0 \quad (x \in \mathcal{X}), \qquad \sum_{x \in \mathcal{X}} f(x) = 1.$$

最初の性質は自明であるが，後者の性質は確認すべき部分であろう．二項分布 $B(n;\theta)$ の密度関数については次のようにして確認できる：

$$\begin{aligned}\sum_{x \in \mathcal{X}} f(x) &= \sum_{x=0}^{n} f(x) = \sum_{x=0}^{n} \frac{n!}{(n-x)!x!}\theta^x(1-\theta)^{n-x} \\ &= \{\theta + (1-\theta)\}^n = 1.\end{aligned}$$

ここでは次の二項定理を利用した：

$$(a+b)^n = \sum_{x=0}^{n} \frac{n!}{(n-x)!x!}a^x b^{n-x}.$$

このようにして，すべての確率分布の密度関数に対して，総和（や総面積）が 1 となることを確認できる．その他の確率分布に対しては，本書には特に記さないが，読者自身の手で，ぜひ確認しておいて欲しい（演習問題 [A3.1]）．

3.1.4　ポアソン分布

コイン投げにおいて，表が出る確率はとても小さくて，でも，コイン投げの回数をものすごく多くして，それによって，表が出る回数はそこそこ存在しているとしよう．このときの表が出る回数に対応する確率変数 X の確率分布を考えてみよう．

まず，表が出る回数はそこそこ存在している，という状況に着目しよう．表が出る回数の期待値 $\mathrm{E}[X] = n\theta = \lambda$ が適当な値として存在するのであろう．さらに，コイン投げの回数 n はものすごく多くて，表の出る確率 θ はとても小さ

いと想定されている．これらを総合すると，

$$0 < n\theta = \lambda < \infty, \qquad n \to \infty, \qquad \theta \to 0,$$

と考えることができる．このとき，二項分布の密度関数の極限として以下が導出できる（演習問題 [A3.2]）：

$$f(x) = \mathrm{P}(X = x) = \frac{\lambda^x}{x!} e^{-\lambda} \qquad (x = 0, 1, \ldots).$$

この密度関数をもつ確率変数 X は，**ポアソン分布 (Poisson distribution)** に従うといわれ，$X \sim Po(\lambda)$ と表される．この密度関数の形を図 3.2 で例示しておく．平均と分散はともに λ である．

さて，ポアソン分布は二項分布の近似として紹介したが，特にどのようなときに二項分布よりも適当なのだろうか．例えば，先ほどの例でいえば，コイン投げの回数がとても多いのはすぐに分かるけれども，具体的に幾つかはとても数える気にならない（もしくは数えられない）ような状況である．この場合は，コイン投げの回数 n が分からないので二項分布をそのまま適用できない．ポアソン分布が最初に適用された例としてよく挙げられるのは，馬に蹴られて死んだ兵士の数，である．馬に蹴られた回数なんて観測していないだろう．なんとなく納得できる話である．そのほかの具体的な例としては，交通事故による死亡者数，大量生産による不良品の個数，突然変異が起こった回数，なども，生起確率 θ は非常に小さく n に対応するものが観測しにくいと考えられるので，ポアソン分布が適当であると考えられる．

3.2　連続型確率分布

連続型確率変数に対する連続型確率分布は様々な状況に応じて本当にたくさんある．本節では，代表的な連続型確率分布のほんの一部を紹介することにする．平均と分散の計算については，面倒なので，後にまとめて行うことにしよう．

3.2.1　一様分布

確率変数 X が区間 (a, b) の間で，一様にどれかの値を取る可能性があるという．そのときの密度関数は次で与えられる：

図 3.3 一様分布 $U(a,b)$ の密度関数

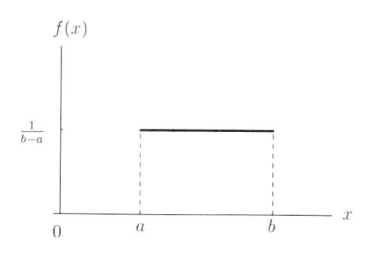

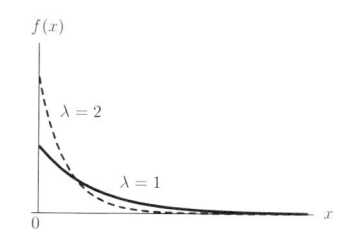

図 3.4 指数分布 $Ex(\lambda)$ の密度関数

$$f(x) = \frac{1}{b-a} \qquad (a < x < b).$$

この密度関数をもつ確率変数 X は，区間 (a,b) 上の一様分布に従うといわれ，$X \sim U(a,b)$ と表される．この密度関数の形を図 3.3 で示しておく．平均と分散は $(b+a)/2$ と $(b-a)^2/12$ である．

3.2.2 指 数 分 布

銀行の窓口にお客さんが到着する時間間隔の分布を考えよう．あるお客さんが来た後，次のお客さんが来るまでに x 分以上の時間間隔が空いたとして，さらに $x+y$ 分以上の時間間隔が空くという可能性は，最初から y 分以上の時間間隔が空くという可能性と変わらない，と考えてみよう．窓口に来るお客さんは前のお客さんとは関係ないのだからありえる想定である．

いま時間間隔を確率変数 X で表すことにする．そのとき，説明した状況を確率の言葉で書くと以下に対応させることができる（無記憶性といわれる）：

$$\mathrm{P}(X > x+y \,|\, X > x) = \mathrm{P}(X > y).$$

これをみたす密度関数のタイプはただ一つしか存在しない（演習問題 [A3.3]）．その密度関数は次になる：

$$f(x) = \lambda e^{-\lambda x} \qquad (x > 0).$$

ただし $\lambda > 0$ とする．この密度関数をもつ確率変数 X は，**指数分布 (exponential distribution)** に従うといわれ，$X \sim Ex(\lambda)$ と表される．平均と分散は $1/\lambda$ と $1/\lambda^2$ である．この密度関数の形を図 3.4 で例示しておく．

指数分布に従う例として，お客さんが来る時間間隔を考えたが，基本となる無記憶性が想定されるような例はほかにもある．災害が起こる時間間隔，突然

変異が起こる時間間隔，機械が突発的な理由で故障するまでの時間間隔，なども例として考えられるだろう．

3.2.3　正　規　分　布

連続型確率変数の確率分布として最も代表的な分布は，**正規分布 (normal distribution)** である．この分布に関しては，とりあえず天下り的に説明を始めよう．

確率変数 X が，次の密度関数をもつとき，正規分布に従うといわれ，$X \sim N(\mu, \sigma^2)$ と表される：

$$f(x) = \frac{1}{\sqrt{2\pi\sigma^2}} \exp\left\{-\frac{(x-\mu)^2}{2\sigma^2}\right\} \qquad (-\infty < x < \infty).$$

平均と分散は μ と σ^2 である．この密度関数の形を図 3.5 で例示しておく．

確率変数 X は，平均 μ の近辺の値を取りやすく，平均 μ から離れた値ほど取りにくくなる．また，密度関数の形は，σ の値が小さいほど尖り，大きくなるほど平たくなる．特に，標準化変数 $Z = (X-\mu)/\sigma$ は正規分布 $N(0,1)$ に従うことになり，それは**標準正規分布 (standard normal distribution)** と呼ばれる．（この証明は第 4.1 節で行う．）

もう少し標準正規分布の特徴を紹介しておこう．次の性質が成り立つ：

$$\mathrm{P}(|Z| \leq 2) = \mathrm{P}(\mu - 2\sigma \leq X \leq \mu + 2\sigma) \approx 0.9545.$$
$$\mathrm{P}(|Z| \leq 3) = \mathrm{P}(\mu - 3\sigma \leq X \leq \mu + 3\sigma) \approx 0.9973.$$

そのため，正規分布 $N(\mu, \sigma^2)$ に従う確率変数 X は，平均 μ から 2σ (3σ) の範囲におおよそ 95.45% (99.73%) が存在する．この逆として，$\mathrm{P}(|Z| \leq z) = 0.95\,(0.99)$ となる点 z^* を使うことも多く，おおよそ $z^* \approx 1.96\,(2.58)$ となる．この点 z^*

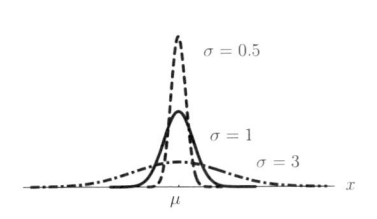

図 3.5　正規分布 $N(\mu, \sigma^2)$ の密度関数

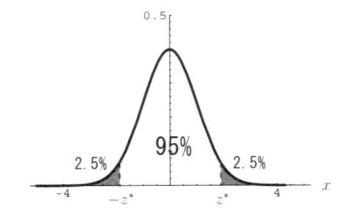

図 3.6　標準正規分布 $N(0,1)$ の両側 5% 点

は，P($|Z| \geq z^*$) = 0.05 (0.01) または P($Z \geq z^*$) = 0.025 (0.005) をみたすことから，標準正規分布に対する両側 5% (1%) 点または上側 2.5% (0.5%) 点と呼ばれている（図 3.6）．

世の中には様々な確率分布があるけれども，連続型確率変数に対して，正規分布ほど頻繁に採用される分布はない．計測誤差やノイズの分布にはしばしば正規分布が適用される．さらに，後に述べる中心極限定理（第 5.3 節）によって，その重要性と自然な導出過程が認識でき，なぜ正規と呼ばれるかが実感できるだろう．

3.2.4 ガンマ分布

とりあえず天下り的にガンマ分布を与えよう．確率変数 X は，次の密度関数をもつとき，**ガンマ分布 (gamma distribution)** に従うといわれ，$X \sim \Gamma(\alpha, \beta)$ と表される：

$$f(x) = \frac{\beta^\alpha}{\Gamma(\alpha)} x^{\alpha-1} e^{-\beta x} \quad (x > 0).$$

ただし $\alpha, \beta > 0$ とする．平均と分散は α/β と α/β^2 である．なお，ガンマ関数

$$\Gamma(\alpha) = \int_0^\infty x^{\alpha-1} e^{-x} dx$$

は，$\Gamma(\alpha+1) = \alpha \Gamma(\alpha)$，$\Gamma(1) = 1$，$\Gamma(1/2) = \sqrt{\pi}$，などの特徴をもっていることを注意しておく．特に自然数 n に対しては $\Gamma(n+1) = n!$ が成り立っている．

お客さんが来る時間間隔が指数分布 $Ex(\lambda)$ に従っているとき，お客さんが n 人来るまでの時間の分布を考えよう．それぞれのお客さんの時間間隔は独立で，それぞれを確率変数 $X_1, \ldots, X_n$ で表すことにすると，求める時間は確率変数の和 $X = X_1 + \cdots + X_n$ で表される．この確率変数 X はガンマ分布 $\Gamma(n, \lambda)$ に従う．（この証明は第 4.2 節で行う．）特にガンマ分布 $\Gamma(1, \lambda)$ は指数分布 $Ex(\lambda)$ に戻る．

3.2.5 カイ二乗分布と t 分布

確率変数 $X_1, \ldots, X_n$ が独立に標準正規分布に従うとする．その二乗和の確率変数 $X = X_1^2 + \cdots + X_n^2$ は，ガンマ分布 $\Gamma(n/2, 1/2)$ に従う．（この証明は第 4.2.2 項で行う．）この分布は特に自由度 n の**カイ二乗分布 (chi-squared**

図 3.7 カイ二乗分布 χ_n^2 の密度関数

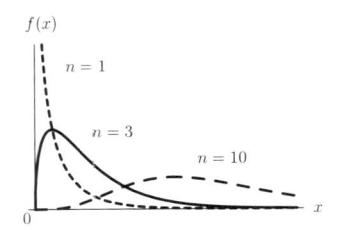

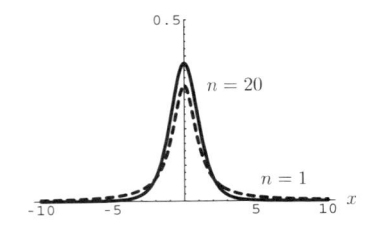

図 3.8 t 分布 t_n の密度関数

distribution) といわれ，$X \sim \chi_n^2$ と表される．この密度関数は次になる：

$$f(x) = \frac{1}{2^{n/2}\Gamma(n/2)} x^{n/2-1} e^{-x/2} \quad (x > 0).$$

平均と分散は n と $2n$ である．この密度関数の形を図 3.7 で例示しておく．

確率変数 X が標準正規分布に従っていて，確率変数 Y が自由度 n のカイ二乗分布に従っているとする．さらに二つの確率変数 X と Y は独立であるとする．このとき，確率変数 $T = X/\sqrt{Y/n}$ は次の密度関数をもつ：

$$f(t) = \frac{\Gamma((n+1)/2)}{\sqrt{n\pi}\Gamma(n/2)} \left(1 + \frac{t^2}{n}\right)^{-(n+1)/2} \quad (-\infty < t < \infty).$$

（この証明は第 4.4.2 項で行う．）この密度関数をもつ確率変数は，自由度 n の **t 分布 (t-distribution)** に従うといわれ，$T \sim t_n$ と表される．この密度関数の形を図 3.8 で例示しておく．もしも n が十分に大きければ，標準正規分布とほぼ同じである（第 7.4 節）．

これら二つの確率分布は，本書の後半で大活躍する．

3.3 多次元確率分布

3.3.1 多項分布

多項分布は，簡単に言ってしまえば，二項分布の多次元化である．コイン投げの代わりに，$1, \ldots, k$ までの数字が書かれたサイコロ投げを考えよう．それぞれの目が出る確率は $\theta_1, \ldots, \theta_k$ であったとする．もちろん $0 < \theta_i < 1$ $(i = 1, \ldots, k)$ かつ $\theta_1 + \cdots + \theta_k = 1$ とする．いまサイコロ投げを n 回行ったとする．それぞれの目が出た回数は $X_1, \ldots, X_k$ であるとする．その多次元確率変数 $\boldsymbol{X} = (X_1, \ldots, X_k)$ の密度関数として以下を用意する：

$$f(\boldsymbol{x}) = \mathrm{P}(\boldsymbol{X} = \boldsymbol{x}) = \frac{n!}{x_1! \cdots x_k!} \theta_1^{x_1} \cdots \theta_k^{x_k}$$
$$(x_i = 0, 1, \ldots, n;\ x_1 + \cdots + x_k = n).$$

この密度関数をもつ確率変数 $\boldsymbol{X}$ は**多項分布 (multinomial distribution)** に従うといわれ，$\boldsymbol{X} \sim M_k(n; \theta_1, \ldots, \theta_k)$ と表される．

平均ベクトルは $\boldsymbol{\mu} = \mathrm{E}[\boldsymbol{X}] = n(\theta_1, \ldots, \theta_k)$ であり，分散と共分散は $\mathrm{V}[X_i] = n\theta_i(1 - \theta_i)$ と $\mathrm{Cov}[X_i, X_j] = -n\theta_i\theta_j\ (i \neq j)$ となる．平均と分散は二項分布の一般化と考えると自然である．共分散は，$i \neq j$ に対して X_i が増えると X_j は減るので，共分散が負というのも納得がいく．

多次元確率変数 $\boldsymbol{X} = (X_1, \ldots, X_k)$ が多項分布 $M_k(n; \theta_1, \ldots, \theta_k)$ に従うとする．そのとき確率変数 X_1 の周辺確率分布は何になるだろうか．確率変数 X_1 だけを見れば，それは 1 と書かれている目が出る回数を表しているから，その周辺確率分布は二項分布 $B(n; \theta_1)$ であると予想される．これを簡単のために $k = 3$ の場合にだけ確認しておこう：

$$\begin{aligned}
f_1(x_1) &= \sum_{x_2, x_3} f(x_1, x_2, x_3) \\
&= \sum_{x_2=0}^{n-x_1} \frac{n!}{x_1! x_2! (n - x_1 - x_2)!} \theta_1^{x_1} \theta_2^{x_2} \theta_3^{n-x_1-x_2} \\
&= \frac{n!}{(n-x_1)! x_1!} \theta_1^{x_1} \sum_{x_2=0}^{n-x_1} \frac{(n-x_1)!}{x_2!(n-x_1-x_2)!} \theta_2^{x_2} \theta_3^{n-x_1-x_2} \\
&= \frac{n!}{(n-x_1)! x_1!} \theta_1^{x_1} (\theta_2 + \theta_3)^{n-x_1} \\
&= \frac{n!}{(n-x_1)! x_1!} \theta_1^{x_1} (1 - \theta_1)^{n-x_1}.
\end{aligned}$$

ゆえに確率変数 X_1 の周辺確率分布が二項分布 $B(n; \theta_1)$ であることが確認された．

3.3.2　多次元正規分布

多次元正規分布は，簡単に言ってしまえば，一次元正規分布の多次元化である．線形代数で一次元を多次元にするときの一般的考え方を知っていれば自然に出てくる．確率変数 $\boldsymbol{X} = (X_1, \ldots, X_k)$ が，次の密度関数をもつとき，**多次元正規分布 (multivariate normal distribution)** に従うといわれ，$\boldsymbol{X} \sim N_k(\boldsymbol{\mu}, \Sigma)$

と表される：
$$f(\boldsymbol{x}) = \frac{1}{(2\pi)^{k/2}|\Sigma|^{1/2}} \exp\left\{-\frac{1}{2}(\boldsymbol{x}-\boldsymbol{\mu})'\Sigma^{-1}(\boldsymbol{x}-\boldsymbol{\mu})\right\} \qquad (\boldsymbol{x} \in \boldsymbol{R}^k).$$
ただし Σ は対称で正定値な行列とする．平均ベクトルと共分散行列は $\boldsymbol{\mu}$ と Σ となる．多次元正規分布に関しての説明は第 3.5 節でまとめて扱う．

3.4　確率分布の平均と分散

これまでに挙げた確率分布の幾つかに対して，実際に平均と分散を確認する．たいへんだけれども，このくらいの計算は，すいすいとできるようになって欲しいものである．（残りの計算は演習問題 [A3.4] などによって読者自身で確認されたい．）

3.4.1　一 様 分 布
いま確率変数 X が $x_1,\ldots,x_n$ の値を等確率 $1/n$ で取るとする．このとき平均と分散は次のように計算できる．
$$\begin{aligned}\mu &= \sum_{i=1}^{n} x_i \frac{1}{n} = \frac{1}{n}\sum_{i=1}^{n} x_i, \\ \sigma^2 &= \sum_{i=1}^{n} (x_i-\mu)^2 \frac{1}{n} = \frac{1}{n}\sum_{i=1}^{n} (x_i-\bar{x})^2.\end{aligned}$$
いま確率変数 X が一様分布 $U(a,b)$ に従っているとする．平均は次のように計算できる：
$$\mu = \int xf(x)dx = \int_a^b x\frac{1}{b-a}dx = \left[\frac{x^2}{2(b-a)}\right]_{x=a}^b = \frac{b+a}{2}.$$
分散も同様に計算できる．

3.4.2　二 項 分 布
いま確率変数 X が二項分布 $B(n;\theta)$ に従っているとする．平均は次のように計算できる：
$$\begin{aligned}\mu &= \sum_{x=0}^{n} xf(x) = \sum_{x=1}^{n} x\frac{n!}{(n-x)!x!}\theta^x(1-\theta)^{n-x} \\ &= \sum_{x=1}^{n} \frac{n!}{(n-x)!(x-1)!}\theta^x(1-\theta)^{n-x}\end{aligned}$$

$$\begin{aligned}
&= \sum_{y=0}^{n-1} \frac{n!}{(n-1-y)!y!}\theta^{y+1}(1-\theta)^{n-1-y} \qquad (y=x-1)\\
&= n\theta \sum_{y=0}^{n-1} \frac{(n-1)!}{(n-1-y)!y!}\theta^{y}(1-\theta)^{n-1-y}\\
&= n\theta.
\end{aligned}$$

さて，分散も同様にダイレクトに計算してもよいが，ここでは少し簡便な流れで分散を計算することにしよう．まず以下を計算する：

$$\begin{aligned}
\mathrm{E}\left[X(X-1)\right] &= \sum_{x=0}^{n} x(x-1)f(x) = \sum_{x=2}^{n} x(x-1)\frac{n!}{(n-x)!x!}\theta^{x}(1-\theta)^{n-x}\\
&= \sum_{x=2}^{n} \frac{n!}{(n-x)!(x-2)!}\theta^{x}(1-\theta)^{n-x}\\
&= \sum_{y=0}^{n-2} \frac{n!}{(n-2-y)!y!}\theta^{y+2}(1-\theta)^{n-2-y} \qquad (y=x-2)\\
&= n(n-1)\theta^{2}\sum_{y=0}^{n-2} \frac{(n-2)!}{(n-2-y)!y!}\theta^{y}(1-\theta)^{n-2-y}\\
&= n(n-1)\theta^{2}.
\end{aligned}$$

よって分散は以下のように計算できる：

$$\begin{aligned}
\sigma^{2} &= \mathrm{E}\left[X^{2}\right]-\mu^{2} = \mathrm{E}\left[X(X-1)+X\right]-\mu^{2} = \mathrm{E}\left[X(X-1)\right]+\mu-\mu^{2}\\
&= n(n-1)\theta^{2}+n\theta-n^{2}\theta^{2} = n\theta(1-\theta).
\end{aligned}$$

3.4.3 正 規 分 布

いま確率変数 X が正規分布 $N(\mu,\sigma^{2})$ に従っているとする．平均は次のように計算できる：

$$\begin{aligned}
\mathrm{E}[X] &= \int_{-\infty}^{\infty} xf(x)dx = \int_{-\infty}^{\infty} x\frac{1}{\sqrt{2\pi\sigma^{2}}}\exp\left\{-\frac{(x-\mu)^{2}}{2\sigma^{2}}\right\}dx\\
&= \int_{-\infty}^{\infty} (y+\mu)\frac{1}{\sqrt{2\pi\sigma^{2}}}\exp\left\{-\frac{y^{2}}{2\sigma^{2}}\right\}dy \qquad (y=x-\mu)\\
&= \int_{-\infty}^{\infty} y\frac{1}{\sqrt{2\pi\sigma^{2}}}\exp\left\{-\frac{y^{2}}{2\sigma^{2}}\right\}dy + \mu\int_{-\infty}^{\infty} \frac{1}{\sqrt{2\pi\sigma^{2}}}\exp\left\{-\frac{y^{2}}{2\sigma^{2}}\right\}dy\\
&= \mu.
\end{aligned}$$

最後の等号では，奇関数 $h(x)=-h(-x)$ に対する一般的な性質 $\int_{-a}^{a}h(x)=0$

と，密度関数の全積分が 1 であるという性質を利用している．分散は次のように計算できる：

$$
\begin{aligned}
\mathrm{V}[X] &= \int_{-\infty}^{\infty} (x-\mu)^2 f(x) dx = \int_{-\infty}^{\infty} (x-\mu)^2 \frac{1}{\sqrt{2\pi\sigma^2}} \exp\left\{-\frac{(x-\mu)^2}{2\sigma^2}\right\} dx \\
&= \int_{-\infty}^{\infty} \sigma^2 y^2 \frac{1}{\sqrt{2\pi}} \exp\left\{-\frac{y^2}{2}\right\} dy \qquad \left(y = \frac{x-\mu}{\sigma}\right) \\
&= \sigma^2 \int_{-\infty}^{\infty} (-y) \left(\frac{1}{\sqrt{2\pi}} \exp\left\{-\frac{y^2}{2}\right\}\right)' dy \\
&= \sigma^2 \left[-y \frac{1}{\sqrt{2\pi}} \exp\left\{-\frac{y^2}{2}\right\}\right]_{y=-\infty}^{\infty} + \sigma^2 \int_{-\infty}^{\infty} \frac{1}{\sqrt{2\pi}} \exp\left\{-\frac{y^2}{2}\right\} dy \\
&= \sigma^2.
\end{aligned}
$$

最後の等号では $\lim_{y\to\infty} y \exp\{-y^2/2\} = 0$ を利用している．

3.4.4　ガンマ分布

いま確率変数 X がガンマ分布 $\Gamma(\alpha, \beta)$ に従っているとする．平均は次のように計算できる：

$$
\begin{aligned}
\mathrm{E}[X] &= \int_{-\infty}^{\infty} xf(x)dx = \int_{0}^{\infty} x \frac{\beta^\alpha}{\Gamma(\alpha)} x^{\alpha-1} e^{-\beta x} dx \\
&= \int_{0}^{\infty} \frac{\beta^\alpha}{\Gamma(\alpha)} x^{\alpha+1-1} e^{-\beta x} dx \\
&= \frac{\beta^\alpha}{\Gamma(\alpha)} \frac{\Gamma(\alpha+1)}{\beta^{\alpha+1}} = \frac{\alpha}{\beta}.
\end{aligned}
$$

最後の等号ではガンマ関数の性質である $\Gamma(\alpha+1) = \alpha\Gamma(\alpha)$ を利用している．分散も同様に計算できる．

3.5　多次元正規分布の性質

多次元正規分布は様々なきれいな性質をもっている．この節では，第 2 章で用意された様々な定義などに応じて，多次元正規分布の性質を調べていき，定義などの復習をするとともに，多次元正規分布の性質のきれいさを確認することにする．この節では簡単のために主に二次元正規分布（$k=2$）を考えることにする．（本節は少し難しいです．そのため，読み進めていて難しいなと感じた

3.5 多次元正規分布の性質

ら，とりあえずは本節を読み飛ばすという手もあります．いつか戻って読む必要はありますが．）

最初に二次元正規分布の密度関数を再提示しておく：

$$\phi(\boldsymbol{x}; \boldsymbol{\mu}, \Sigma) = \frac{1}{(2\pi)^{2/2}|\Sigma|^{1/2}} \exp\left\{-\frac{1}{2}(\boldsymbol{x}-\boldsymbol{\mu})'\Sigma^{-1}(\boldsymbol{x}-\boldsymbol{\mu})\right\}.$$

ここで，$\boldsymbol{x} = (x_1, x_2)'$, $\boldsymbol{\mu} = (\mu_1, \mu_2)'$,

$$\Sigma = \begin{pmatrix} \sigma_1^2 & \sigma_{12} \\ \sigma_{12} & \sigma_2^2 \end{pmatrix},$$

であり，また，

$$|\Sigma| = \sigma_1^2 \sigma_2^2 - \sigma_{12}^2, \qquad \Sigma^{-1} = \frac{1}{\sigma_1^2 \sigma_2^2 - \sigma_{12}^2} \begin{pmatrix} \sigma_2^2 & -\sigma_{12} \\ -\sigma_{12} & \sigma_1^2 \end{pmatrix},$$

である．

3.5.1 周辺確率分布

多次元確率変数 $\boldsymbol{X} = (X_1, \ldots, X_k)$ が正規分布 $N_k(\boldsymbol{\mu}, \Sigma)$ に従うとする．そのとき確率変数 X_i の周辺確率分布は何になるだろうか．おそらく一次元正規分布 $N(\mu_i, \sigma_i^2)$ になると予想される．これを $k=2$ で $i=1$ のときに確認してみよう．

まず，密度関数の指数関数の中は以下のように変形できる：

$$\begin{aligned}
&(\boldsymbol{x}-\boldsymbol{\mu})'\Sigma^{-1}(\boldsymbol{x}-\boldsymbol{\mu}) \\
&= \frac{1}{\sigma_1^2\sigma_2^2 - \sigma_{12}^2}\left[\sigma_2^2(x_1-\mu_1)^2 - 2\sigma_{12}(x_1-\mu_1)(x_2-\mu_2) + \sigma_1^2(x_2-\mu_2)^2\right] \\
&= \frac{1}{\sigma_1^2\sigma_2^2 - \sigma_{12}^2}\left[\sigma_1^2\left\{(x_2-\mu_2) - \frac{\sigma_{12}}{\sigma_1^2}(x_1-\mu_1)\right\}^2 \right. \\
&\qquad\qquad\qquad \left. + \left(\sigma_2^2 - \frac{\sigma_{12}^2}{\sigma_1^2}\right)(x_1-\mu_1)^2\right] \\
&= \frac{1}{\sigma_2^2 - \sigma_{12}^2/\sigma_1^2}\left\{(x_2-\mu_2) - \frac{\sigma_{12}}{\sigma_1^2}(x_1-\mu_1)\right\}^2 + \frac{1}{\sigma_1^2}(x_1-\mu_1)^2 \\
&= \frac{1}{\eta^2}(x_2 - \nu(x_1))^2 + \frac{1}{\sigma_1^2}(x_1-\mu_1)^2.
\end{aligned}$$

ただし，

$$\nu(x_1) = \mu_2 + \frac{\sigma_{12}}{\sigma_1^2}(x_1-\mu_1), \qquad \eta^2 = \sigma_2^2 - \sigma_{12}^2/\sigma_1^2.$$

とおいた．ここで $|\Sigma| = \sigma_1^2\eta^2$ に注意すると，密度関数は以下のように変形できる：

$$\begin{aligned}
\phi(\boldsymbol{x};\boldsymbol{\mu},\Sigma) &= \frac{1}{(2\pi)^{2/2}|\Sigma|^{1/2}}\exp\left\{-\frac{1}{2}(\boldsymbol{x}-\boldsymbol{\mu})'\Sigma^{-1}(\boldsymbol{x}-\boldsymbol{\mu})\right\} \\
&= \frac{1}{\sqrt{2\pi\eta^2}}\exp\left\{-\frac{(x_2-\nu(x_1))^2}{2\eta^2}\right\}\frac{1}{\sqrt{2\pi\sigma_1^2}}\exp\left\{-\frac{(x_1-\mu_1)^2}{2\sigma_1^2}\right\} \\
&= \phi(x_2;\nu(x_1),\eta^2)\,\phi(x_1;\mu_1,\sigma_1^2). \tag{3.1}
\end{aligned}$$

よって確率変数 X_1 の周辺密度関数は次で表現できる：

$$\begin{aligned}
f_1(x_1) &= \int \phi(\boldsymbol{x};\boldsymbol{\mu},\Sigma)dx_2 = \int \phi(x_2;\nu(x_1),\eta^2)\phi(x_1;\mu_1,\sigma_1^2)dx_2 \\
&= \phi(x_1;\mu_1,\sigma_1^2).
\end{aligned}$$

ゆえに確率変数 X_1 の周辺確率分布は $N(\mu_1,\sigma_1^2)$ であることが確認できた．

3.5.2　平均と共分散

多次元正規分布 $N_k(\boldsymbol{\mu},\Sigma)$ に従う確率変数 $\boldsymbol{X}$ の平均と共分散は，

$$\mathrm{E}[\boldsymbol{X}] = \boldsymbol{\mu}, \qquad \mathrm{V}[\boldsymbol{X}] = \Sigma,$$

と求められる．これを $k=2$ のときに確認しよう．

まず，確率変数 X_1 と X_2 の周辺確率分布がそれぞれ $N(\mu_1,\sigma_1^2)$ と $N(\mu_2,\sigma_2^2)$ であると第 3.5.1 項から分かっているので，平均と分散については既に確認済みである．残る問題は共分散の確認である．これは第 3.5.1 項の計算結果 (3.1) を利用して，以下のように確認できる：

$$\begin{aligned}
\mathrm{Cov}[X_1,X_2] &= \mathrm{E}[(X_1-\mu_1)(X_2-\mu_2)] \\
&= \int\int (x_1-\mu_1)(x_2-\mu_2)\phi(\boldsymbol{x};\boldsymbol{\mu},\Sigma)dx_1dx_2 \\
&= \int\int (x_1-\mu_1)(x_2-\mu_2)\phi(x_2;\nu(x_1),\eta^2)\phi(x_1;\mu_1,\sigma_1^2)dx_2dx_1 \\
&= \int (x_1-\mu_1)(\nu(x_1)-\mu_2)\phi(x_1;\mu_1,\sigma_1^2)dx_1 \\
&= \int \frac{\sigma_{12}}{\sigma_1^2}(x_1-\mu_1)^2\phi(x_1;\mu_1,\sigma_1^2)dx_1
\end{aligned}$$

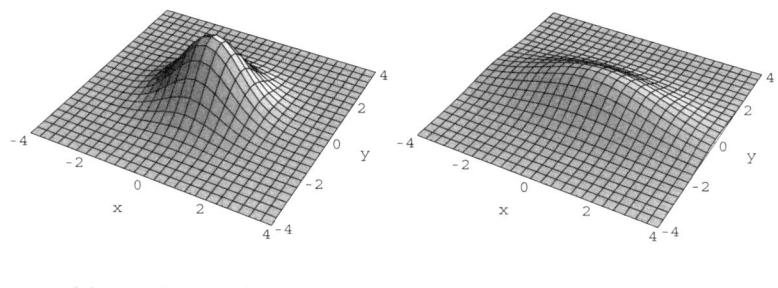

3.5 多次元正規分布の性質

(a) $\sigma_1 = 1$, $\sigma_2 = 1$, $\rho = 0$.

(b) $\sigma_1 = 2$, $\sigma_2 = 1$, $\rho = 0$.

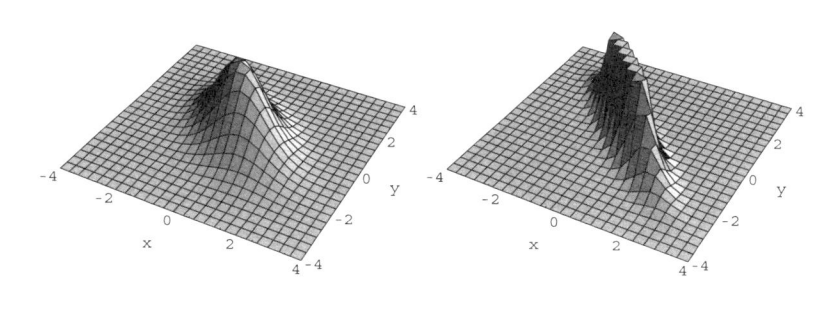

(c) $\sigma_1 = 1$, $\sigma_2 = 1$, $\rho = -0.5$.

(d) $\sigma_1 = 1$, $\sigma_2 = 1$, $\rho = -0.9$.

図 3.9 二次元正規分布 $N_2(\boldsymbol{\mu}, \Sigma)$ の密度関数
ただし $\boldsymbol{\mu} = (0,0)$ は共通である．図 (d) は上が切れているが本当はもっと上まである．

$= \sigma_{12}.$

3.5.3 密度関数のグラフ

二次元正規分布のもつイメージを密度関数のグラフとして捉えておこう．様々な場合における二次元正規分布の密度関数のイメージを図 3.9 に表している．確率変数 $\boldsymbol{X}$ は，$\boldsymbol{\mu}$ の周辺で値を取りやすく，$\boldsymbol{\mu}$ から離れた値ほど取りにくくなる．ただし取りにくさの傾向が共分散行列 Σ によって異なっている．また，図 3.10 は等高線を描いている．相関係数が高いほど，二つの確率変数の関係が線

(e) $\sigma_1 = 1$, $\sigma_2 = 1$, $\rho = 0$　　　(f) $\sigma_1 = 2$, $\sigma_2 = 1$, $\rho = 0$

(g) $\sigma_1 = 1$, $\sigma_2 = 1$, $\rho = 0.5$　　　(h) $\sigma_1 = 1$, $\sigma_2 = 1$, $\rho = 0.9$

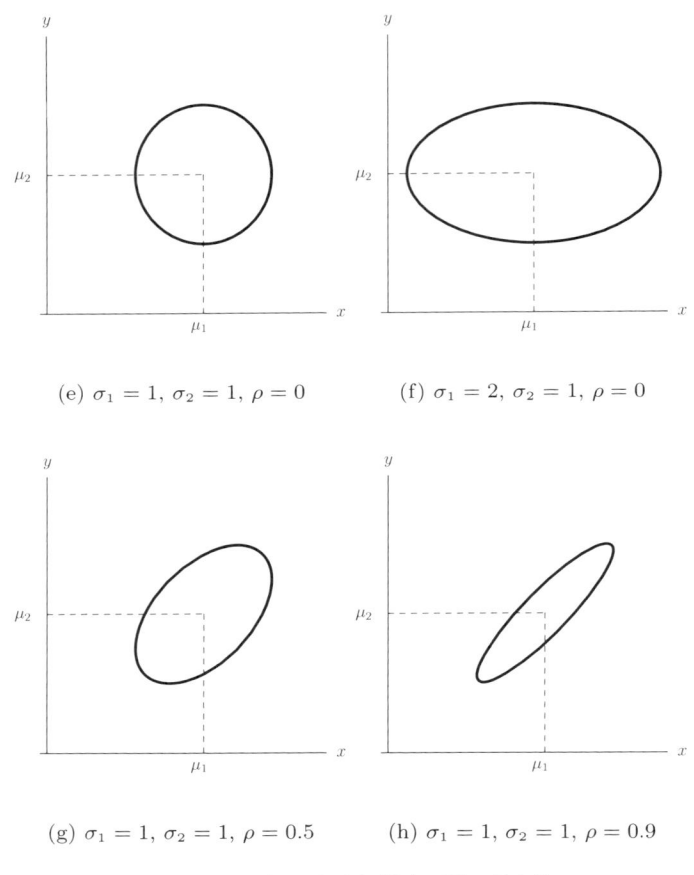

図 3.10 二次元正規分布 $N_2(\boldsymbol{\mu}, \Sigma)$ の等高線
等高線は $(\boldsymbol{x} - \boldsymbol{\mu})' \Sigma^{-1} (\boldsymbol{x} - \boldsymbol{\mu}) = 1$ を描いている.

形に近くなっているのが分かる.

3.5.4　独立性と条件付確率分布

　正規分布に従うかどうかに関係なく，二つの確率変数 X_1 と X_2 が独立ならば無相関でもある，ということは既に確認している．正規分布のときには，この逆も成り立つ．まず，無相関である，言い換えると，$\sigma_{12} = \mathrm{Cov}[X_1, X_2] = 0$ と仮定する．このとき，密度関数は以下のように変形できる：

$$\begin{aligned}
\phi(\boldsymbol{x};\boldsymbol{\mu},\Sigma) &= \frac{1}{(2\pi)^{2/2}|\Sigma|^{1/2}}\exp\left\{-\frac{1}{2}(\boldsymbol{x}-\boldsymbol{\mu})'\Sigma^{-1}(\boldsymbol{x}-\boldsymbol{\mu})\right\} \\
&= \frac{1}{(2\pi)^{2/2}(\sigma_1^2\sigma_2^2)^{1/2}}\exp\left\{-\frac{1}{2}\left(\frac{(x_1-\mu_1)^2}{\sigma_1^2}+\frac{(x_2-\mu_2)^2}{\sigma_2^2}\right)\right\} \\
&= \frac{1}{\sqrt{2\pi\sigma_1^2}}\exp\left\{-\frac{(x_1-\mu_1)^2}{2\sigma_1^2}\right\}\frac{1}{\sqrt{2\pi\sigma_2^2}}\exp\left\{-\frac{(x_2-\mu_2)^2}{2\sigma_2^2}\right\} \\
&= \phi(x_1;\mu_1,\sigma_1^2)\phi(x_2;\mu_2,\sigma_2^2).
\end{aligned}$$

よって，確率変数 $\boldsymbol{X}=(X_1,X_2)$ が二次元正規分布に従うとき，二つの確率変数 X_1 と X_2 が無相関ならば独立でもある，ということが確認された．この考え方と第 3.5.1 項の周辺確率分布の性質を利用すると次がすぐ分かる：

$X_1,\ldots,X_k$ が互いに独立． $X_j \sim N(\mu_j,\sigma_j^2)$ for $j=1,\ldots,k$.

$$\iff \boldsymbol{X}=(X_1,\ldots,X_k) \sim N_k\left(\begin{pmatrix}\mu_1 \\ \vdots \\ \mu_k\end{pmatrix}, \begin{pmatrix}\sigma_1^2 & & O \\ & \ddots & \\ O & & \sigma_k^2\end{pmatrix}\right).$$

条件付密度関数は，第 3.5.1 項の計算結果 (3.1) を利用して，以下のように求められる：

$$f_{X_2|X_1}(x_2\,|\,x_1) = \frac{f(x_1,x_2)}{f_1(x_1)} = \frac{\phi(\boldsymbol{x};\boldsymbol{\mu},\Sigma)}{\phi(x_1;\mu_1,\sigma_1^2)} = \phi(x_2;\nu(x_1),\eta^2).$$

よって，$X_1=x_1$ を与えたときの $X_2=x_2$ の条件付確率分布は，正規分布 $N(\nu(x_1),\eta^2)$ となる．つまり，同時確率分布が正規分布であれば，周辺確率分布のみならず条件付確率分布も正規分布となるのである．図 3.9 において $X_1=x_1$ という断面図を面積 1 に補正すると正規分布になるということでもある．

3.6　モーメント母関数

確率分布の性質は分布関数や密度関数によって表現されていた．ここでは別の表現として**モーメント母関数 (moment generating function)** を考える．この表現は，モーメントの計算，後に扱われる確率変数の和の分布の導出や中心極限定理の証明，などに便利である．

密度関数 $f(x)$ をもつ確率変数 X のモーメント母関数は次である：

$$\psi(t) = \mathrm{E}\left[e^{tX}\right] = \int e^{tx} f(x) dx.$$

特に $\psi(0) = 1$ である．モーメント母関数は密度関数と同様にしばしば簡単な表現をもつ（表 3.1; 演習問題 [A3.5]）．

表 3.1 モーメント母関数の例

分布	モーメント母関数
二項分布 $B(n;\theta)$	$\{(1-\theta)+\theta e^t\}^n$
ポアソン分布 $Po(\lambda)$	$\exp\{\lambda(e^t-1)\}$
正規分布 $N(\mu,\sigma^2)$	$\exp\{\mu t+\sigma^2 t^2/2\}$
ガンマ分布 $\Gamma(\alpha,\beta)$	$\beta^\alpha/(\beta-t)^\alpha$

ここでモーメント母関数の微分を考えてみよう．そのとき $\psi'(t) = \mathrm{E}[Xe^{tX}]$ である．ここで $t=0$ とおくと $\psi'(0) = \mathrm{E}[X]$ となる．つまり，平均がモーメント母関数の微分によって計算できる．さらにもう一回微分すると $\psi''(t) = \mathrm{E}[X^2 e^{tX}]$ なので，ここで $t=0$ とおくと $\psi''(0) = \mathrm{E}[X^2]$ となる．この関係は簡単に予想できるように一般のモーメントにまで拡張できる：

$$\mathrm{E}\left[X^k\right] = \psi^{(k)}(0).$$

いまモーメントを計算する問題を考えよう．第 3.4 節で見てきたように，平均や分散を計算するときでさえ，その定義から，総和や積分を経由する必要があり，それらの計算は必ずしも一筋縄ではない．さらに，三次以上のモーメントを計算しようとすると，その計算は単純ではあるが面倒である．しかしながら，いったんモーメント母関数を計算すると，あとは微分するだけであり，積分と違って微分は単純にできる．

まず，二項分布 $B(n;\theta)$ の場合を考えてみよう．そのモーメント母関数は次のように導出できる：

$$\begin{aligned}
\psi(t) &= \mathrm{E}\left[e^{tX}\right] = \sum_{x=0}^n e^{tx} \frac{n!}{(n-x)!x!} \theta^x (1-\theta)^{n-x} \\
&= \sum_{x=0}^n \frac{n!}{(n-x)!x!} (\theta e^t)^x (1-\theta)^{n-x} \\
&= \{(1-\theta)+\theta e^t\}^n.
\end{aligned}$$

いま $h(t) = (1-\theta)+\theta e^t$ とおき，モーメント母関数を $\psi(t) = h(t)^n$ と表現しなおしておく．ここで $h(0) = 1$ に注意しておく．関数 $h(t)$ の微分は $h^{(k)}(t) = \theta e^t$

となるので，よって $h^{(k)}(0) = \theta$ となる．ゆえに平均と二次モーメントと分散は次のように求められる：

$$\begin{aligned}
\mu &= \mathrm{E}[X] = \psi'(0) = nh(0)^{n-1}h'(0) = n\theta, \\
\mathrm{E}\left[X^2\right] &= \psi''(0) = n(n-1)h(0)^{n-2}\{h'(0)\}^2 + nh(0)^{n-1}h''(0) \\
&= n(n-1)\theta^2 + n\theta = n^2\theta^2 + n\theta(1-\theta), \\
\sigma^2 &= \mathrm{E}\left[X^2\right] - \mu^2 = \mathrm{E}\left[X^2\right] - (n\theta)^2 = n\theta(1-\theta).
\end{aligned}$$

確かに既に得たものと同じになっている．しかも計算は単純である．

次に正規分布 $N(\mu, \sigma^2)$ の場合を考えてみよう．そのモーメント母関数は次のように導出できる：

$$\begin{aligned}
\psi(t) &= \mathrm{E}\left[e^{tX}\right] = \int \exp(tx) \frac{1}{\sqrt{2\pi\sigma^2}} \exp\left\{-\frac{(x-\mu)^2}{2\sigma^2}\right\} dx \\
&= \int \frac{1}{\sqrt{2\pi\sigma^2}} \exp\left\{-\frac{x^2 - 2(\mu + t\sigma^2)x + \mu^2}{2\sigma^2}\right\} dx \\
&= \int \frac{1}{\sqrt{2\pi\sigma^2}} \exp\left\{-\frac{(x-(\mu+t\sigma^2))^2}{2\sigma^2}\right\} \exp\left\{\frac{(\mu+t\sigma^2)^2 - \mu^2}{2\sigma^2}\right\} dx \\
&= \exp\left\{\mu t + \frac{\sigma^2}{2}t^2\right\}.
\end{aligned}$$

モーメント母関数 $\psi(t)$ の微分として $\psi'(t) = (\mu + \sigma^2 t)\psi(t)$ が得られるので，平均値は $\mathrm{E}[X] = \psi'(0) = \mu$ となる．モーメント母関数 $\psi(t)$ の二回微分として $\psi''(t) = \sigma^2 \psi(t) + (\mu + \sigma^2 t)^2 \psi(t)$ が得られるので，二次モーメントは $\mathrm{E}[X^2] = \psi''(0) = \sigma^2 + \mu^2$ となり，分散は $\mathrm{V}[X] = \mathrm{E}[X^2] - \mu^2 = \sigma^2$ となる．これも確かに既に得たものと同じになっている．しかも計算は単純である．

ここでもう少し思考を進めておこう．密度関数が分かるとモーメント母関数は決まる．その逆はどうだろうか．モーメント母関数はすべてのモーメントを与えることができるので，もとの確率変数の情報をかなりもっていると考えられる．実は次のようなことは分かっている．確率変数 X と確率変数 Y のモーメント母関数が（$t=0$ の近傍で）一致するとき，二つの確率変数の確率分布は同じである．この考え方の便利さは確率変数の和の確率分布（第 4.2 節）を考えるときに重宝する．この証明は本書のレベルを超えるので省略する．

最後に一つ注意しておくべきことがある．実は確率分布によってはモーメン

ト母関数は必ずしも存在しない．この問題をクリアしたものに**特性関数 (characteristic function)** というものがある．それはモーメント母関数とほぼ同じだが，虚数 i を使って $\psi(t) = \mathrm{E}[e^{itX}]$ と定義される．表記上は単に t を it と書き換えただけである．特性関数はすべての確率分布に対して存在する．そのため数学的には特性関数に基づいて話を進める方が一般的である．しかしながら，そのためには複素関数論の知識が必要となるので，本書では不必要な混乱を避けるためにモーメント母関数で話を進める．

演 習 問 題 A

[A3.1] （密度関数の性質） それぞれの確率分布に対して密度関数がもつべき性質を確認せよ：(i) 一様分布（離散型と連続型）．(ii) ベルヌーイ分布．(iii) ポアソン分布．（ヒント：$e^\lambda = \sum_{x=0}^\infty \lambda^x/x!$．） (iv) 指数分布．(v) 正規分布．（ヒント：$\int e^{-x^2/2} dx = \sqrt{2\pi}$ と変数変換 $y = (x-\mu)/\sigma$．） (vi) ガンマ分布．

[A3.2] （二項分布とポアソン分布の関係） 二項分布 $B(n;\theta)$ は，条件 $0 < n\theta = \lambda < \infty$ をみたしながら $n \to \infty$ としたとき，ポアソン分布 $Po(\lambda)$ に近づくことを示せ．

[A3.3] （指数分布と無記憶性） 連続型確率変数 X が，正の値だけを取り，無記憶性 $\mathrm{P}(X > x+y \mid X > x) = \mathrm{P}(X > y)$ をみたすとき，X は指数分布に従うことを示せ．

[A3.4] （特別な確率分布の平均と分散） 次を示せ：(i) ポアソン分布 $Po(\lambda)$ の平均と分散はともに λ である．(ii) 指数分布 $Ex(\lambda)$ の平均と分散は $1/\lambda$ と $1/\lambda^2$ である．(iii) ガンマ分布 $\Gamma(\alpha,\beta)$ の分散は α/β^2 である．

[A3.5] （特別な確率分布のモーメント母関数） ポアソン分布とガンマ分布のモーメント母関数を確認せよ．

演 習 問 題 B

[B3.1] （対数正規分布） 確率変数 X が，次の密度関数 $f(x)$ をもつとき，対数正規分布に従うといわれる：
$$f(x) = \frac{1}{\sqrt{2\pi\sigma^2}\,x} \exp\left\{-\frac{(\log x - \mu)^2}{2\sigma^2}\right\} \qquad (x > 0).$$
これが密度関数になっていること，つまり，$\int f(x) dx = 1$ を示せ．さらに平均も

計算せよ．

[B3.2]　（コーシー分布）　確率変数 X が，次の密度関数 $f(x)$ をもつとき，コーシー分布に従うといわれる：
$$f(x) = \frac{1}{\pi} \frac{\nu}{\nu^2 + (x-\mu)^2} \qquad (\nu > 0).$$
これが密度関数になっていること，つまり，$\int f(x)dx = 1$ を示せ．さらに，この分布は，$\mathrm{E}[|X|]$ さえ存在しないことを示せ．

[B3.3]　（二項分布とポアソン分布の関係）　二つの確率変数 X と Y が独立にポアソン分布 $Po(\lambda)$ と $Po(\nu)$ に従うとする．いま $\theta = \lambda/(\lambda+\nu)$ とおく．このとき，$X+Y = n$ という条件の下での X の条件付確率分布が二項分布 $B(n;\theta)$ になることを示せ．（ヒント：$\mathrm{P}(X=x\,|\,X+Y=n)$ を計算する．）

[B3.4]　（ポアソン到着）　事象の発生間隔が指数分布 $Ex(\lambda)$ に従うとき，単位時間当たりの事象の発生回数はポアソン分布 $Po(\lambda)$ に従うことを証明せよ．（そのため，お客さんが来る時間間隔が指数分布に従うとき，その状況はポアソン到着といわれている．）

第4章
確率変数の変数変換

コイン投げの例を考えよう．コイン投げを n 回行ったとしよう．それぞれのコイン投げはベルヌーイ分布に従うが，コイン投げ全体から見て表が出る回数はどのような確率分布になるだろうか．このように，確率分布が既に分かっている確率変数のある種の変換によって得られる新しい確率変数の確率分布が何になるか，を本章では扱うことにする．このような発展によって，使えることになる確率分布のクラスは大きく広がることになる．

4.1 線形変換された確率変数の確率分布

まずは最も基本的な一次元の線形変換を考えよう．確率変数 X の分布関数と密度関数を $F_X(x)$ と $f_X(x)$ とする．線形変換は連続型のときに考えられることが多いので，ここでは確率変数は連続型であるとする．線形変換された確率変数 $Y = aX + b$ の分布関数は次のように表現できる（簡単のために $a > 0$ とした）：

$$F_Y(y) = \mathrm{P}(Y \leq y) = \mathrm{P}(aX+b \leq y) = \mathrm{P}\left(X \leq \frac{y-b}{a}\right) = F_X\left(\frac{y-b}{a}\right).$$

この微分を考えることで確率変数 Y の密度関数も得られる：

$$f_Y(y) = F_Y'(y) = f_X\left(\frac{y-b}{a}\right)\frac{1}{a}.$$

もちろん $a < 0$ の場合も同様に考えることができる（演習問題 [A4.1]）．結果的に，線形変換された確率変数 $Y = aX + b$ $(a \neq 0)$ の密度関数は次のように表現できる：

$$f_Y(y) = f_X\left(\frac{y-b}{a}\right)\frac{1}{|a|}.$$

ここで一つ注意をしておきたい．本書では，変数変換 $Y = aX + b$ を，線形変換と呼んでいる．本来は，アフィン変換と呼ぶべきなのだが，おそらく本書の読者は，この呼び名には慣れていないと思う．そのため，本書では，確率と統計で慣習的に使われることもある線形変換という呼び方を使うことにしている．以降も類似した変換は線形変換と呼ぶことにする．

さて，確率変数 X が，正規分布 $N(\mu, \sigma^2)$ に従っていたとしよう．このとき，線形変換された確率変数 $Y = aX + b$ $(a \neq 0)$ の密度関数は次のように導出できる：

$$\begin{aligned} f_Y(y) &= f_X\left(\frac{y-b}{a}\right)\frac{1}{|a|} = \frac{1}{\sqrt{2\pi\sigma^2}} \exp\left\{-\frac{((y-b)/a - \mu)^2}{2\sigma^2}\right\}\frac{1}{|a|} \\ &= \frac{1}{\sqrt{2\pi a^2 \sigma^2}} \exp\left\{-\frac{(y - (a\mu + b))^2}{2a^2\sigma^2}\right\}. \end{aligned}$$

これは正規分布 $N(a\mu + b, a^2\sigma^2)$ の密度関数である．ゆえに次が成り立っている：

$$X \sim N(\mu, \sigma^2) \implies Y = aX + b \sim N(a\mu + b, a^2\sigma^2).$$

つまり正規分布を線形変換しても正規分布になる．もちろん平均と分散は対応して少し変わる．特に，標準化された確率変数 $Z = (X - \mu)/\sigma$ の確率分布は，標準正規分布 $N(0, 1)$ になる．逆に，Z が標準正規分布 $N(0, 1)$ に従うとき，確率変数 $X = \mu + \sigma Z$ の確率分布は $N(\mu, \sigma^2)$ になる．

次に，多次元の線形変換を考えよう．いま n 次元確率変数 $\boldsymbol{X}$ の密度関数を $f_{\boldsymbol{X}}(\boldsymbol{x})$ とする．線形変換は連続型のときに考えられることが多いので，確率変数 $\boldsymbol{X}$ は連続型であるとする．ここで，逆行列が存在する n 次元正方行列 A と n 次元ベクトル $\boldsymbol{b}$ を用意する．このとき，線形変換された n 次元確率変数 $\boldsymbol{Y} = A\boldsymbol{X} + \boldsymbol{b}$ の密度関数は次のように表現できる：

$$f_{\boldsymbol{Y}}(\boldsymbol{y}) = f_{\boldsymbol{X}}(A^{-1}(\boldsymbol{y} - \boldsymbol{b}))\frac{1}{|\det(A)|}.$$

(この導出は第 4.4.1 項で行う．)

いま n 次元確率変数 $\boldsymbol{X}$ が n 次元正規分布 $N_n(\boldsymbol{\mu}, \Sigma)$ に従っていたとしよう．ここで n 次元正方行列 A と n 次元ベクトル $\boldsymbol{b}$ を先ほどと同様に用意する．このとき，先ほどの密度関数の変換公式を利用することで，線形変換された n 次元確率変数 $\boldsymbol{Y} = A\boldsymbol{X} + \boldsymbol{b}$ は n 次元正規分布 $N_n(A\boldsymbol{\mu} + \boldsymbol{b}, A\Sigma A')$ に従う，ということが簡単に分かる (演習問題 [A4.2])．さらに，証明は少し複雑になるけれど

も,階数が $m\ (\leq n)$ の $m \times n$ 行列 A と m 次元ベクトル $\boldsymbol{b}$ に対しても,線形変換された m 次元確率変数 $\boldsymbol{Y} = A\boldsymbol{X} + \boldsymbol{b}$ は m 次元正規分布 $N_m(A\boldsymbol{\mu}+\boldsymbol{b}, A\Sigma A')$ に従う,ということが証明できる(演習問題 [A4.2]).まとめて簡単に表現すると次になる:

$$\boldsymbol{X} \sim N(\boldsymbol{\mu}, \Sigma) \implies \boldsymbol{Y} = A\boldsymbol{X} + \boldsymbol{b} \sim N(A\boldsymbol{\mu}+\boldsymbol{b}, A\Sigma A').$$

4.2 独立な確率変数の和の確率分布

本節では,独立な確率変数 $X_1, \ldots, X_n$ に対して,その和 $X = X_1 + \cdots + X_n$ がどのような確率分布をもつかを考えることにする.

4.2.1 密度関数に基づいた和の確率分布の導出

コイン投げの例に戻ろう.コイン投げを n 回行ったとしよう.それぞれのコイン投げは生起確率 θ のベルヌーイ分布に従うとする.これを独立な確率変数 $X_1, \ldots, X_n$ で表すことにする.表か裏かは $X_i = 1$ と $X_i = 0$ で表される.それではコイン投げ全体から見て表が出る回数 $X = X_1 + \cdots + X_n$ はどのような確率分布になるだろうか.まず $X = x$ となる事象を以下で用意しておく:

$$\mathcal{X} = \{\boldsymbol{x} = (x_1, \ldots, x_n): \ x_i = 0, 1 \ (i=1, \ldots, n); \ x_1 + \cdots + x_n = x\}.$$

すると,確率変数の和 X の密度関数は次のように求められる:

$$\begin{aligned}
f(x) &= \mathrm{P}(X = x) = \sum_{\boldsymbol{x} \in \mathcal{X}} f(\boldsymbol{x}) = \sum_{\boldsymbol{x} \in \mathcal{X}} f_1(x_1) \cdots f_n(x_n) \\
&= \sum_{\boldsymbol{x} \in \mathcal{X}} \theta^{x_1}(1-\theta)^{1-x_1} \cdots \theta^{x_n}(1-\theta)^{1-x_n} \\
&= \sum_{\boldsymbol{x} \in \mathcal{X}} \theta^x (1-\theta)^{n-x} = \frac{n!}{(n-x)! x!} \theta^x (1-\theta)^{n-x}.
\end{aligned}$$

これは二項分布 $B(n; \theta)$ の密度関数である.既に第3.1.3項で述べたことを確認したことになっている.

このように,確率変数が離散型の場合は,確率変数の和の確率分布を,直接的に考えることができる.(和でない場合も同様に考えられる.)ところが,確率変数が連続型の場合は,連続型確率変数を定義したときのように,少しだけ直接的でない.ここからは確率変数が連続型の場合を考えることにしよう.

4.2 独立な確率変数の和の確率分布

連続型確率変数 $X_1, \ldots, X_n$ の和 $X = X_1 + \cdots + X_n$ の分布関数は以下で与えられる：

$$\begin{aligned} F(x) &= \mathrm{P}(X \leq x) = \int_{x_1 + \cdots + x_n \leq x} f(\boldsymbol{x}) d\boldsymbol{x} \\ &= \int_{-\infty}^{\infty} \cdots \int_{-\infty}^{\infty} \int_{-\infty}^{x - \sum_{i=2}^{n} x_i} f(x_1, x_2, \ldots, x_n) \, dx_1 dx_2 \cdots dx_n. \end{aligned}$$

ここで両辺を x で微分すると次が得られる：

$$f(x) = \int_{-\infty}^{\infty} \cdots \int_{-\infty}^{\infty} f\left(x - \sum_{i=2}^{n} x_i, x_2, \ldots, x_n\right) dx_2 \cdots dx_n.$$

これで確率変数の和の密度関数が得られたことになる．特に，確率変数が独立な場合は，

$$f(x) = \int_{-\infty}^{\infty} \cdots \int_{-\infty}^{\infty} f_1\left(x - \sum_{i=2}^{n} x_i\right) f_2(x_2) \cdots f_n(x_n) \, dx_2 \cdots dx_n.$$

と表現されて，**たたみ込み (convolution)** と呼ばれている．

いま，n 個の機械を並列に配線しておいて，一つの機械が壊れるたびにスイッチが切り替わって次の機械が動き始める，というシステムがあったとする．それぞれの機械の寿命を $X_1, \ldots, X_n$ で表し，それぞれが独立に同一の指数分布 $Ex(\lambda)$ に従っているとする．このとき，システム全体の寿命は，確率変数の和 $X = X_1 + \cdots + X_n$ によって考えることができる．この和の確率分布はガンマ分布 $\Gamma(n, \lambda)$ に従うことが知られている．

簡単のために $n = 2$ の場合に確認しよう．確率変数の和の密度関数は以下のように求められる：

$$\begin{aligned} f(x) &= \int_{-\infty}^{\infty} f_1(x - x_2) f_2(x_2) dx_2 = \int_0^x f_1(x - x_2) f_2(x_2) dx_2 \\ &\quad (\, f_1(x - x_2) f_2(x_2) > 0 \Leftrightarrow x - x_2 > 0, \, x_2 > 0 \Leftrightarrow 0 < x_2 < x \,) \\ &= \int_0^x \left(\lambda e^{-\lambda(x - x_2)}\right) \left(\lambda e^{-\lambda x_2}\right) dx_2 = \int_0^x \lambda^2 e^{-\lambda x} dx_2 = \lambda^2 x e^{-\lambda x}. \end{aligned}$$

これはガンマ分布 $\Gamma(2, \lambda)$ の密度関数である．一般の n の場合にも同様に考えることができて，確率変数の和 X の確率分布はガンマ分布 $\Gamma(n, \lambda)$ になる．

4.2.2 モーメント母関数に基づいた和の確率分布の導出

前項では，和の確率分布を，密度関数に基づいて導出した．本項では，和の

確率分布を，モーメント母関数に基づいて導出する．モーメント母関数を利用すると見通しが良いことが多い．

最初に一つ準備をしておく．確率変数 $X_1, \ldots, X_n$ が独立に密度関数 $f_1(x), \ldots, f_n(x)$ と対応するモーメント母関数 $\psi_1(t), \ldots, \psi_n(t)$ をもつとする．このとき，確率変数の和 $X = X_1 + \cdots + X_n$ のモーメント母関数 $\psi_X(t)$ は，独立性から以下のように変形できる：

$$\begin{aligned}\psi_X(t) &= \mathrm{E}[e^{tX}] = \mathrm{E}[e^{t(X_1+\cdots+X_n)}] = \mathrm{E}[e^{tX_1}\cdots e^{tX_n}] \\ &= \mathrm{E}[e^{tX_1}]\cdots\mathrm{E}[e^{tX_n}] = \psi_1(t)\cdots\psi_n(t).\end{aligned}$$

最初の例として，二項分布の場合を考える．確率変数 $X_1, \ldots, X_n$ が独立に二項分布 $B(m_1;\theta), \ldots, B(m_n;\theta)$ に従うとする．二項分布 $B(m;\theta)$ のモーメント母関数は $\psi(t) = \{(1-\theta)+\theta e^t\}^m$ と書ける．ゆえに，確率変数の和 $X = X_1 + \cdots + X_n$ のモーメント母関数は，以下のように求められる：

$$\begin{aligned}\psi_X(t) &= \psi_1(t)\cdots\psi_n(t) = \{(1-\theta)+\theta e^t\}^{m_1}\cdots\{(1-\theta)+\theta e^t\}^{m_n} \\ &= \{(1-\theta)+\theta e^t\}^{m_+}.\end{aligned}$$

ただし $m_+ = m_1 + \cdots + m_n$ とおいた．このモーメント母関数はもちろん二項分布 $B(m_+;\theta)$ のモーメント母関数である．よって確率変数の和 X は二項分布 $B(m_+;\theta)$ に従う．なお，$m_1 = \cdots = m_n = 1$ とすれば，もとの確率変数はそれぞれベルヌーイ分布となり，前項の問題になる．また，アバウトに言えば，もともと二項分布がベルヌーイ分布の和として生成されるので，二項分布の和はやはりベルヌーイ分布の和なので，二項分布の和が二項分布になるというのは納得のいく話である．

次の例として，ガンマ分布の場合を考える．確率変数 $X_1, \ldots, X_n$ が独立にガンマ分布 $\Gamma(m_1,\lambda), \ldots, \Gamma(m_n,\lambda)$ に従うとする．二項分布のときと同様な計算によって，確率変数の和 $X = X_1 + \cdots + X_n$ はガンマ分布 $\Gamma(m_+,\lambda)$ に従うことが確認できる（演習問題 [A4.3]）．なお，$m_1 = \cdots = m_n = 1$ とすれば，もとの確率変数はそれぞれ指数分布となり，前項の問題になる．また，アバウトに言えば，もともとガンマ分布が指数分布の和として生成されるので，ガンマ分布の和はやはり指数分布の和なので，ガンマ分布の和がガンマ分布になるというのは納得のいく話である．なお $m_1, \ldots, m_n$ は必ずしも自然数である必要

もない．

この性質を利用してカイ二乗分布 χ_n^2 についても考えておこう．確率変数 $X_1,\ldots,X_n$ が独立に標準正規分布に従うとする．このとき二乗和の確率変数 $X = X_1^2+\cdots+X_n^2$ はガンマ分布 $\Gamma(n/2,1/2)$ に従うというのが第 3.2.5 項の話であった．これは次のように確認できる．まず $n=1$ の場合に $X_1^2 \sim \Gamma(1/2,1/2)$ であることを具体的な計算で確認する（演習問題 [A4.4]）．すると先ほどの性質から $X = X_1^2+\cdots+X_n^2 \sim \Gamma(n/2,1/2)$ となるわけである．

最後の例として，正規分布の場合を考える．確率変数 $X_1,\ldots,X_n$ が独立に正規分布 $N(\mu_1,\sigma_1^2),\ldots,N(\mu_n,\sigma_n^2)$ に従うとする．正規分布 $N(\mu,\sigma^2)$ のモーメント母関数は $\psi(t) = \exp\{\mu t + (\sigma^2/2)t^2\}$ であった．よって，確率変数の和を含む線形結合 $X = a_1X_1+\cdots+a_nX_n$ のモーメント母関数は，以下のように求められる：

$$\begin{aligned}\psi_X(t) &= \mathrm{E}[e^{tX}] = \mathrm{E}[e^{t(a_1X_1+\cdots+a_nX_n)}] = \mathrm{E}[e^{ta_1X_1}]\cdots\mathrm{E}[e^{ta_nX_n}] \\ &= \exp\{\mu_1(ta_1)+(\sigma_1^2/2)(ta_1)^2\}\cdots\exp\{\mu_n(ta_n)+(\sigma_n^2/2)(ta_n)^2\} \\ &= \exp\{\mu_+ t+(\sigma_+^2/2)t^2\}.\end{aligned}$$

ただし $\mu_+ = a_1\mu_1+\cdots+a_n\mu_n$ と $\sigma_+^2 = a_1^2\sigma_1^2+\cdots+a_n^2\sigma_n^2$ とおいた．これは正規分布 $N(\mu_+,\sigma_+^2)$ のモーメント母関数である．よって確率変数の線形結合 X は正規分布 $N(\mu_+,\sigma_+^2)$ に従う．例えば，確率変数 $X_1,\ldots,X_n$ が独立に正規分布 $N(\mu,\sigma^2)$ に従うとき，算術平均 $\bar{X} = (X_1+\cdots+X_n)/n$ は正規分布 $N(\mu,\sigma^2/n)$ に従うことになる．

これまで，確率変数の和の確率分布がもとの確率変数の確率分布と同じタイプになっている例を扱ってきたが，このような性質を確率分布の**再生性 (reproductivity)** という．

4.3 確率変数の最大値と最小値の確率分布*

いま，第 1.7.2 項と同じように，n 台の機械を直列に並べたシステムと並列に並べたシステムがあるとする（図 4.1, 図 4.2）．第 1.7.2 項においては，このシステムの故障確率を考えたが，本節では，もう少し発展した問題として，システムの寿命を考えることにする．それぞれの機械の寿命を独立な確率変数

図 4.1 直列システム（図 1.6 の再掲）

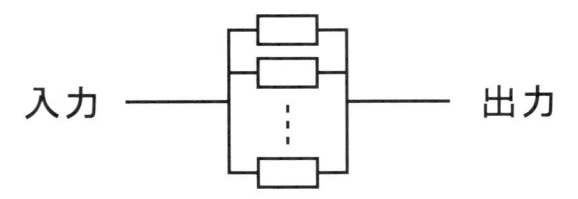

図 4.2 並列システム（図 1.7 の再掲）

$X_1,\ldots,X_n$ で表すことにする．それぞれの分布関数を $F_1(x),\ldots,F_n(x)$ で表しておく．

まず直列なシステムを考えよう．このシステムは一台でも壊れるとシステム全体がストップするから，システム全体の寿命は $X_{\min}=\min\{X_1,\ldots,X_n\}$ と考えられる．この確率分布を考えてみよう．システム全体の寿命の分布関数は，それぞれの機械の寿命の分布関数を利用して，以下のように計算できる：

$$\begin{aligned}\mathrm{P}(X_{\min}\leq x) &= 1-\mathrm{P}(X_{\min}>x)=1-\mathrm{P}(\min\{X_1,\ldots,X_n\}>x)\\ &= 1-\mathrm{P}(X_1>x,\ldots,X_n>x)\\ &= 1-\mathrm{P}(X_1>x)\cdots\mathrm{P}(X_n>x)\\ &= 1-(1-F_1(x))\cdots(1-F_n(x)).\end{aligned}$$

次に並列なシステムを考えよう．このシステムは一台でも動いていればシステムとして働いているので，システム全体の寿命は $X_{\max}=\max\{X_1,\ldots,X_n\}$ と考えられる．この確率分布を考えてみよう．システム全体の寿命の分布関数は，それぞれの機械の寿命の分布関数を利用して，以下のように計算できる：

$$\begin{aligned}\mathrm{P}(X_{\max}\leq x) &= \mathrm{P}(\max\{X_1,\ldots,X_n\}\leq x)=\mathrm{P}(X_1\leq x,\ldots,X_n\leq x)\\ &= \mathrm{P}(X_1\leq x)\cdots\mathrm{P}(X_n\leq x)=F_1(x)\cdots F_n(x).\end{aligned}$$

ところで，確率変数 $X_1,\ldots,X_n$ を小さい順に並び替えた確率変数 $X_{(1)},\ldots,X_{(n)}$ を**順序確率変数 (ordered random variables)** という．特に，$X_{(1)}=X_{\min}$

であり，$X_{(n)} = X_{\max}$ である．確率変数 $X_{(i)}$ に関する確率分布も同様にして考えることができる（演習問題 [A4.5]）．

4.4 変数変換された連続型確率変数の確率分布**

本節では，そこそこ一般的な変数変換が施された連続型確率変数の確率分布を考えることにする．そこから得られる汎用的な考え方を利用することで，t 分布の密度関数のような複雑な密度関数も導出することができる．

4.4.1 密度関数の変数変換公式**

まずは最も簡単な場合を考えることにする．確率変数 X は連続型であり密度関数 $f_X(x)$ をもつとする．また関数 $g(x)$ を狭義単調増加で連続微分可能な関数とする．もちろん関数 $g(x) = ax+b\,(a>0)$ は単純な例の一つである．このとき，変数変換された確率変数 $Y = g(X)$ の確率分布を表現することを考えよう．確率変数 $Y = g(X)$ の分布関数は次のように表現できる：

$$P(Y \leq y) = P(g(X) \leq y) = P(X \leq g^{-1}(y)) = \int_{-\infty}^{g^{-1}(y)} f_X(x)dx.$$

この微分を考えることで確率変数 $Y = g(X)$ の密度関数も得られる：

$$f_Y(y) = f_X(g^{-1}(y))\frac{d}{dy}g^{-1}(y).$$

もちろん関数 $g(x)$ が狭義単調減少の場合も同様に考えられる．結果的に，変数変換された確率変数 $Y = g(X)$ の密度関数は次のように表現できる：

$$f_Y(y) = f_X(g^{-1}(y))\left|\frac{d}{dy}g^{-1}(y)\right|.$$

特に $g(x) = ax+b\,(a \neq 0)$ のときは，$x = g^{-1}(y) = (y-b)/a$ なので，$dg^{-1}(y)/dy = 1/a$ となり，第 4.1 節で得られたものと同じ表現が得られる：

$$f_Y(y) = f_X\left(\frac{y-b}{a}\right)\frac{1}{|a|}.$$

多次元確率変数 $\boldsymbol{X} = (X_1,\ldots,X_n)$ は連続型であり密度関数 $f_{\boldsymbol{X}}(\boldsymbol{x})$ をもつとする．いま n 次元実数空間を $\boldsymbol{R}^n$ で表すことにする．ここで，関数 $\boldsymbol{g}(\boldsymbol{x})$ は，$\boldsymbol{R}^n$ から $\boldsymbol{R}^n$ への連続微分可能な関数で，ヤコビアン $J(\boldsymbol{g}(\boldsymbol{x})) = \det(\partial \boldsymbol{g}(\boldsymbol{x})/\partial \boldsymbol{x}')$ が 0 にならないとしよう．もちろん多次元関数 $\boldsymbol{g}(\boldsymbol{X}) = A\boldsymbol{X}+\boldsymbol{b}\,(\det(A) \neq 0)$ は

単純な例の一つである．このとき，変数変換された多次元確率変数 $Y = g(X)$ の確率分布を表現することを考えよう．確率変数 $Y = g(X)$ の分布関数は次のように表現できる：

$$\mathrm{P}(Y \leq y) = \mathrm{P}(g(X) \leq y) = \int_{g(x) \leq y} f_X(x) dx$$
$$= \int_{z \leq y} f_X(g^{-1}(z)) |J(g^{-1}(z))| dz \qquad (z = g(x)).$$

この微分を考えることで確率変数 $Y = g(X)$ の密度関数も得られる：

$$f_Y(y) = f_X(g^{-1}(y)) |J(g^{-1}(y))|.$$

特に $g(x) = Ax + b$ $(\det(A) \neq 0)$ のときは，$x = g^{-1}(y) = A^{-1}(y-b)$ なので，$\det(\partial g^{-1}(y)/\partial y') = \det(A^{-1}) = 1/\det(A)$ となり，第4.1節で得られたものと同じ表現が得られる：

$$f_Y(y) = f_X\left(A^{-1}(y-b)\right) \frac{1}{|\det(A)|}.$$

4.4.2 t 分布の密度関数の導出**

ここからは t 分布の密度関数を導出することを考えよう．つまり，$X_1 \sim N(0,1)$ かつ $X_2 \sim \chi_n^2$ とし，X_1 と X_2 は独立とし，このとき，$Y_1 = X_1/\sqrt{X_2/n}$ の密度関数を導出することを目指す．まず次の変数変換を考える：

$$y = (y_1, y_2)' = g(x) = \left(x_1/\sqrt{x_2/n}, x_2\right)'.$$

そして密度関数の変数変換公式を利用して確率変数 $Y = (Y_1, Y_2)' = g(X)$ の同時分布関数を導出する．その後に Y_1 の周辺分布関数を導出し，その微分によって Y_1 の周辺密度関数を導出するという方針で進むことにする．

変数変換 $y = g(x)$ の逆変数変換は $x = g^{-1}(y) = (y_1\sqrt{y_2/n}, y_2)'$ となる．このヤコビアンは次になる：

$$J(g^{-1}(y)) = \det\left(\frac{\partial g^{-1}(y)}{\partial y'}\right) = \det\begin{pmatrix} \sqrt{y_2/n} & * \\ 0 & 1 \end{pmatrix} = \sqrt{y_2/n}.$$

よって確率変数 $Y = g(X)$ の同時分布関数は次で表現される：

$$F_Y(y) = \mathrm{P}(Y \leq y) = \int_{z \leq y} f_X\left(g^{-1}(z)\right) |J(g^{-1}(z))| dz$$

$$\begin{aligned}
&= \int_{z \leq y} \frac{1}{\sqrt{2\pi}} \exp\left\{-\frac{x_1^2}{2}\right\} \frac{1}{2^{n/2}\Gamma(n/2)} \\
&\qquad x_2^{n/2-1} \exp\left\{-\frac{x_2}{2}\right\}\bigg|_{x=g^{-1}(z)} \sqrt{\frac{z_2}{n}}\, dz \\
&= \int_{z \leq y} \frac{1}{\sqrt{2\pi}} \exp\left\{-\frac{z_1^2 z_2/n}{2}\right\} \frac{1}{2^{n/2}\Gamma(n/2)} \\
&\qquad z_2^{n/2-1} \exp\left\{-\frac{z_2}{2}\right\} \sqrt{\frac{z_2}{n}}\, dz \\
&= \int_{z \leq y} \frac{1}{\sqrt{2n\pi}\, 2^{n/2}\Gamma(n/2)} z_2^{(n+1)/2-1} \exp\left\{-\frac{(1+z_1^2/n)z_2}{2}\right\} dz.
\end{aligned}$$

ゆえに確率変数 Y_1 の周辺分布関数は次で表現できる：

$$\begin{aligned}
F_1(y_1) &= \mathrm{P}(Y_1 \leq y_1) = \mathrm{P}(Y_1 \leq y_1, Y_2 \leq \infty) \\
&= \int_{z_1 \leq y_1} \int_0^\infty \frac{1}{\sqrt{2n\pi}\, 2^{n/2}\Gamma(n/2)} z_2^{(n+1)/2-1} \exp\left\{-\frac{(1+z_1^2/n)z_2}{2}\right\} dz_2\, dz_1 \\
&= \int_{z_1 \leq y_1} \frac{1}{\sqrt{2n\pi}\, 2^{n/2}\Gamma(n/2)} \frac{\Gamma((n+1)/2)}{\{(1+z_1^2/n)/2\}^{(n+1)/2}}\, dz_1 \\
&= \int_{z_1 \leq y_1} \frac{\Gamma((n+1)/2)}{\sqrt{n\pi}\,\Gamma(n/2)} \left(1+\frac{z_1^2}{n}\right)^{-(n+1)/2} dz_1.
\end{aligned}$$

最後から二番目の等号では $\int_0^\infty x^{\alpha-1} e^{-\beta x} dx = \Gamma(\alpha)/\beta^\alpha$ を利用している．周辺分布関数 $F_1(y_1)$ を微分することで t 分布の密度関数が得られる．

演 習 問 題 A

[**A4.1**] （線形変換後の密度関数） 確率変数 X を連続型とする．密度関数を $f_X(x)$ で表しておく．新しい確率変数 $Y = aX + b$ を考える．ただし $a \neq 0$ とする．このとき確率変数 Y の密度関数は $f_Y(y) = f_X((y-b)/a)/|a|$ となることを証明せよ．

[**A4.2**] （多次元正規分布の線形変換） いま n 次元確率変数 $\boldsymbol{X}$ が正規分布 $N_n(\boldsymbol{\mu}, \Sigma)$ に従っているとする．(i) 逆行列が存在する n 次元正方行列 A と n 次元ベクトル $\boldsymbol{b}$ を用意する．このとき，線形変換された n 次元確率変数 $\boldsymbol{Y} = A\boldsymbol{X} + \boldsymbol{b}$ は n 次元正規分布 $N_n(A\boldsymbol{\mu} + \boldsymbol{b}, A\Sigma A')$ に従うことを証明せよ． (ii) 階数が $m\ (\leq n)$ の $m \times n$ 行列 A と m 次元ベクトル $\boldsymbol{b}$ を用意する．このとき，線形変換された m 次元確率変数 $\boldsymbol{Y} = A\boldsymbol{X} + \boldsymbol{b}$ は m 次元正規分布 $N_m(A\boldsymbol{\mu} + \boldsymbol{b}, A\Sigma A')$ に従うことを

[A4.3]　（ガンマ分布に従う確率変数の和の分布）　確率変数 $X_1, \ldots, X_n$ が独立にガンマ分布 $\Gamma(m_1, \lambda), \ldots, \Gamma(m_n, \lambda)$ に従うとする．このとき，確率変数の和 $X = X_1 + \cdots + X_n$ はガンマ分布 $\Gamma(m_+, \lambda)$ に従うことを証明せよ．ただし $m_+ = \sum_{i=1}^n m_i$ である．

[A4.4]　（自由度1のカイ二乗分布の密度関数）　確率変数 X が標準正規分布に従うとする．このとき $X^2 \sim \Gamma(1/2, 1/2)$ であることを示せ．

[A4.5]　（順序統計量の分布）　いま $X_1, \ldots, X_n \sim_{i.i.d.} F(x)$ とする．このとき順序統計量 $X_{(k)}$ の分布関数は次になることを示せ：
$$\mathrm{P}\left(X_{(k)} \leq x\right) = \sum_{r=k}^n {}_nC_r F(x)^r \{1 - F(x)\}^{n-r}.$$

演 習 問 題 B

[B4.1]　（対数正規分布と正規分布）　確率変数 X は，対数正規分布に従っており，次の密度関数 $f(x)$ をもつとする：
$$f(x) = \frac{1}{\sqrt{2\pi\sigma^2} x} \exp\left\{-\frac{(\log x - \mu)^2}{2\sigma^2}\right\} \qquad (x > 0).$$
このとき，対数変換された確率変数 $Y = \log X$ は正規分布 $N(\mu, \sigma^2)$ に従うことを証明せよ．

[B4.2]　（長さと方向）　二次元確率変数 $\boldsymbol{X} = (X_1, X_2)$ が二次元標準正規分布に従っているとする．いま長さの二乗と方向を表す確率変数 Y_1 と Y_2 を次のように定義する：$Y_1 = \|\boldsymbol{X}\|^2 = X_1^2 + X_2^2$, $(\cos Y_2, \sin Y_2) = \boldsymbol{X}/\|\boldsymbol{X}\|$. このとき，$Y_1$ と Y_2 は独立であり，さらに，$Y_1 \sim \chi_2^2$, $Y_2 \sim U(0, 2\pi)$ であることを証明せよ．

[B4.3]　（ボックス・ミュラー法）　確率変数 U_1 と U_2 は独立に一様分布 $U(0,1)$ に従っているとする．このとき，次のように変数変換された二次元確率変数 $\boldsymbol{X} = (X_1, X_2)$ は二次元標準正規分布に従うことを証明せよ：
$$X_1 = \sqrt{-2\log(U_1)} \cos(2\pi U_2), \quad X_2 = \sqrt{-2\log(U_1)} \sin(2\pi U_2).$$

第5章
大数の法則と中心極限定理

コイン投げを繰り返していく．そのときの表の出る割合の挙動を考えてみよう．繰り返し数が十分に大きくなったら，表の出る割合は 1/2 に近い値になる可能性が高いだろう．これを一般的に整理したものを大数の法則という．このように繰り返し数が増えると安定した性質が得られる．さらに，表の出る割合が 1/2 に近づく様子もおおよそ捉えることができる．それを一般的に整理したものを中心極限定理という．

5.1 確率収束と分布収束

数列の収束は簡単だった．例えば，数列 $x_n = 1/n$ があったとき，その取る値は一通りである．その収束先は $x_\infty = 0$ と一つに決まる．ところが，コイン投げを繰り返した例を考えてみると，そう簡単ではない．いままでのようにコイン投げの i 回目に対応する確率変数を X_i で表すことにしよう．確率変数 X_i は 0 か 1 という二通りの値を取りうる．このとき n 回のコイン投げによる平均的な表が出る割合は $Y_n = (X_1 + \cdots + X_n)/n$ で表される．表が出る割合 Y_n は n が十分に大きいとき，1/2 に近いように思えるが，可能性は低いとしてもコイン投げ全部が表で $Y_n = 1$ という可能性はある．これが普通の数列とは違うところである．しかしながら，そのような可能性は 0 に近いだろうから，やはり Y_n は 1/2 の近くにいる可能性が高いと思われる．このような確率変数の収束を一般的にはどのように把握すればよいだろうか．

いま，確率変数 X_n が確率変数 X に収束すると考える．コイン投げの話を思い浮かべると，n が大きくなると，X_n は X の周辺にいて，周辺にいない確率は 0 になるだろう．そこで，確率変数の収束を次で定義する．任意の $\varepsilon > 0$ に

対して，

$$\lim_{n\to\infty} \mathrm{P}(|X_n - X| \geq \varepsilon) = 0 \qquad (\text{または } \lim_{n\to\infty} \mathrm{P}(|X_n - X| < \varepsilon) = 1)$$

が成り立つとき，確率変数 X_n は確率変数 X に**確率収束する (converge in probability)** という．この収束は $X_n \xrightarrow{P} X$ と表される．

確率収束よりも強い意味での概収束（または確率 1 収束）という収束もある．その定義は $\mathrm{P}(\lim_{n\to\infty} X_n = X) = 1$ であり，$X_n \xrightarrow{a.s.} X$（または $X_n \xrightarrow{wp1} X$）と表す．しかしながら，概収束をきちんと扱うことはたいへんなので，本書では原則として確率収束のみに焦点を絞る．

さて，確率変数の重要な性質である確率分布の収束も考えておこう．確率変数 X_n と X の分布関数をそれぞれ $F_n(x) = \mathrm{P}(X_n \leq x)$ と $F(x) = \mathrm{P}(X \leq x)$ で表しておく．もし

$$\lim_{n\to\infty} F_n(x) = F(x) \qquad (\text{ただし } x \text{ は } F(x) \text{ の連続点})$$

が成り立つならば，確率変数 X_n は確率変数 X に**分布収束する (converge in distribution)** という．この収束は $X_n \xrightarrow{d} X$ や $X_n \xrightarrow{d} F(x)$ と表される．また，**法則収束する (converge in law)** ともいわれ，$X_n \xrightarrow{L} X$ や $X_n \xrightarrow{L} F(x)$ と表されることもある．本書では前者の言い方と記号を用いることにする．収束先の分布が標準正規分布 $N(0,1)$ やカイ二乗分布 χ_p^2 などのときは，$X_n \xrightarrow{d} N(0,1)$ や $X_n \xrightarrow{d} \chi_p^2$ などと表されることもある．

5.2 大数の法則

コイン投げを繰り返した例をまた思い出してみよう．対応する確率変数を $X_1, \ldots, X_n$ とおく．それぞれの確率変数 X_i は 0 か 1 という二通りの値を取りうる．このとき，表の出る割合 $\bar{X} = (X_1 + \cdots + X_n)/n$ は，その平均である $1/2$ に確率収束するだろう．これを以下のように一般的に整理してみよう．

確率変数 X は平均が $\mu = \mathrm{E}[X]$ で分散が $\sigma^2 = \mathrm{V}[X]$ であったとする．確率変数 $X_1, \ldots, X_n$ は独立に同一の分布に従っているとする．その分布は確率変数 X と同じであるとする．（この状況は既に現れたように $X_1, \ldots, X_n \sim_{i.i.d.} X$ を意味する．）このとき，次の確率収束が成り立つ：

$$\bar{X} = \frac{X_1 + \cdots + X_n}{n} \xrightarrow{P} \mu \quad (n \to \infty).$$

これを**大数の法則 (law of large numbers)** という．(実は，$\bar{X} \xrightarrow{a.s.} \mu$ という概収束も成り立つのだけれども，前述したように，本書では原則として確率収束のみに焦点を絞る．)

大数の法則の驚くべきところは，たとえもとの確率変数 X の確率分布が何であっても，繰り返し実験を行えば，算術平均 $\bar{X}$ は真の平均 μ に確率収束する，というところである．チェビシェフの不等式を使うと大数の法則は以下のように簡単に証明できる：

$$P\left(|\bar{X} - \mu| \geq \varepsilon\right) = P\left(|\bar{X} - E[\bar{X}]| \geq \varepsilon\right) \leq \frac{V[\bar{X}]}{\varepsilon^2} = \frac{\sigma^2}{n\varepsilon^2} \to 0 \quad (n \to \infty).$$

ここでは第 2.6 節で用意した $E[\bar{X}] = \mu$ と $V[\bar{X}] = \sigma^2/n$ を利用している．

5.3 中心極限定理

大数の法則の証明の鍵となったのは，確率変数 $\bar{X}$ を中心化した確率変数 $\bar{X} - \mu$ の分散が σ^2/n であり，その極限が 0 になることだった．では，中心化された確率変数を調整して，その分散の極限が 0 にならずに一定値に落ち着く場合は，調整された確率変数の挙動はどうなるのであろうか．具体的には次のように考える．まず，確率変数 $\bar{X}$ を標準化した確率変数を用意する：

$$Z_n = \frac{\bar{X} - \mu}{\sqrt{\sigma^2/n}} = \frac{1}{\sqrt{\sigma^2/n}} \frac{1}{n} \sum_{i=1}^{n} (X_i - \mu) = \frac{1}{\sqrt{n}} \sum_{i=1}^{n} \frac{X_i - \mu}{\sigma}.$$

この確率変数 Z_n は平均が $E[Z_n] = 0$ で分散が $V[Z_n] = 1$ である．さて，確率変数 Z_n は n が十分に大きくなったときにどのような挙動をもつのであろうか．

大数の法則のときと同じ設定を用意しよう．確率変数 X は平均が $\mu = E[X]$ で分散が $\sigma^2 = V[X]$ であったとする．確率変数 $X_1, \ldots, X_n$ は独立に同一の分布に従っているとする．その分布は確率変数 X と同じであるとする．天下り的ではあるが，実は次が成り立つ：

$$Z_n \xrightarrow{d} N(0, 1) \quad \left(\lim_{n \to \infty} P(Z_n \leq z) = \int_{-\infty}^{z} \frac{1}{\sqrt{2\pi}} \exp\left(-\frac{x^2}{2}\right) dx \right).$$

これを**中心極限定理 (central limit theorem)** という．

大数の法則と同様に中心極限定理の驚くべきところは，たとえもとの確率変

数 X の確率分布が何であっても，繰り返し実験を行えば，標準化された確率変数 Z_n の確率的挙動を正規分布だけで捉えられる，というところである．ここに正規分布の重要性が滲み出ている．

以下では中心極限定理の証明の概略を紹介する．標準化確率変数 Z_n は確率変数の和が基本になっているので，モーメント母関数の利用が便利だと思われる．もとの確率変数 X を標準化した $Y=(X-\mu)/\sigma$ のモーメント母関数を $\phi(t)=\mathrm{E}[e^{tY}]$ とおく．すると，$\phi(0)=1, \phi'(0)=\mathrm{E}[Y]=0, \phi''(0)=\mathrm{E}[Y^2]=1$ が成り立つ．また，$Y_i=(X_i-\mu)/\sigma$ とおくと，$Z_n=(Y_1+\cdots+Y_n)/\sqrt{n}$ と表せる．よって，標準化確率変数 Z_n のモーメント母関数に対して，テイラー展開を利用することで，以下のような計算ができる：

$$\begin{aligned}\phi_{Z_n}(t) &= \mathrm{E}[e^{tZ_n}] = \mathrm{E}\left[e^{t(Y_1+\cdots+Y_n)/\sqrt{n}}\right] = \mathrm{E}\left[e^{(t/\sqrt{n})Y_1}\right]\cdots\mathrm{E}\left[e^{(t/\sqrt{n})Y_n}\right] \\ &= \{\phi(t/\sqrt{n})\}^n = \{\phi(0)+\phi'(0)(t/\sqrt{n})+\phi''(0)(t/\sqrt{n})^2/2+o(1/n)\}^n \\ &= \{1+(t^2/2n)+o(1/n)\}^n \to e^{t^2/2} \quad (n\to\infty).\end{aligned}$$

($o(1/n)$ の意味を知らない読者は，$o(1/n)$ は非常に小さい値で無視できると思い込めばよい．）収束先が $N(0,1)$ のモーメント母関数なので，標準化確率変数 Z_n は $N(0,1)$ に分布収束する．

中心極限定理を数式ではなくイメージで捉えてみることにしよう．いま確率変数 $X_1,\ldots,X_n$ は独立に自由度1のカイ二乗分布に従っているとする．そのとき確率変数の和 $Y_n=X_1+\cdots+X_n$ は自由度 n のカイ二乗分布に従うことを既に知っている．その平均と分散は $\mathrm{E}[Y_n]=n$ と $\mathrm{V}[Y_n]=2n$ であった．そのため標準化変数は次で表現できる：

$$Z_n = \frac{Y_n-n}{\sqrt{2n}}.$$

これは確率変数 Y_n の線形変換なので，その密度関数は密度関数の変換公式を使って求めることができる．まず確率変数 Y_n の密度関数を $f_Y(y)$ と表すことにしよう．変数変換 $z=(y-n)/\sqrt{2n}$ の逆変数変換は $y=n+z\sqrt{2n}$ となる．そのため確率変数 Z_n の密度関数は次になる：

$$\begin{aligned}f_Z(z) &= f_Y\left(n+z\sqrt{2n}\right)\sqrt{2n} \quad (z>-\sqrt{n/2}) \\ &= \frac{1}{2^{n/2}\Gamma(n/2)}\left(n+z\sqrt{2n}\right)^{n/2-1}e^{-(n+z\sqrt{2n})/2}\sqrt{2n}.\end{aligned}$$

5.3 中心極限定理

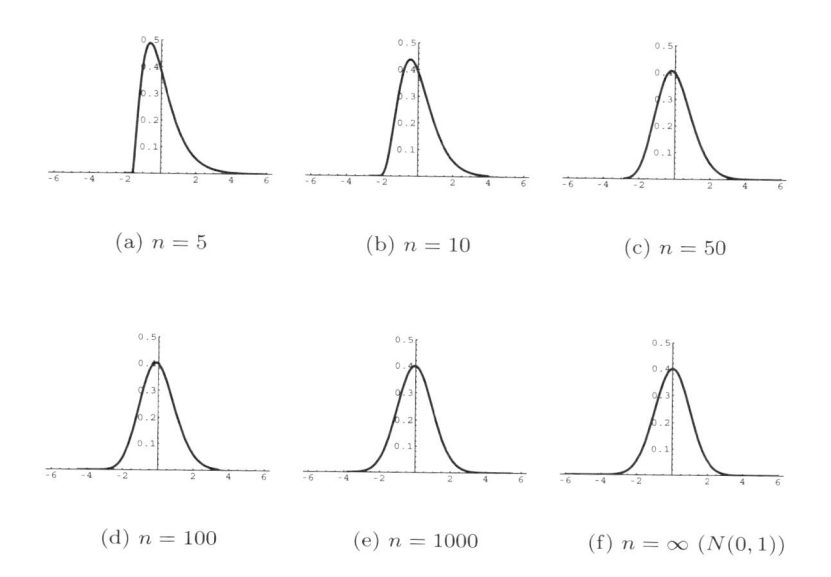

(a) $n = 5$ (b) $n = 10$ (c) $n = 50$

(d) $n = 100$ (e) $n = 1000$ (f) $n = \infty$ ($N(0,1)$)

図 5.1 自由度 n のカイ二乗分布に従う確率変数の標準化変数の密度関数

この密度関数 $f_Z(z)$ の $n = 5, 10, 50, 100, 1000$ の場合を図 5.1 に表してみた．繰り返し数 n が大きくなるにつれて，標準化変数 Z_n の密度関数が標準正規分布の密度関数に近くなっていく様子が見て取れる．もちろんであるが，密度関数 $f_Z(z)$ の極限は，標準正規分布の密度関数になる（演習問題 [A5.1]）．

ところで，いま，確率変数 Y_n は自由度 n のカイ二乗分布であったが，二項分布 $B(n;\theta)$ のときも同様の議論ができる．そのときに，中心極限定理に対応するものは，特に，**ド・モアブル・ラプラスの定理 (de Moivre-Laplace theorem)** といわれる．

ところで，繰り返し数 n が無限大のときを漸近的といい，対応する理論を総称して**漸近論 (asymptotic theory)** という．また，確率変数 X_n が，漸近的に正規分布に従うときは，漸近正規性をもつといわれる．

5.4 発　　展**

　大数の法則や中心極限定理に限らず，漸近論は本当に様々な拡張の可能性を
もっている．漸近論なしには理論や応用の大きな発展はないといっても過言で
はない．本節では，漸近論の発展の可能性について少し触れておきたい．なお，
そのような漸近論の発展の可能性に興味がない読者は，この節を読み飛ばすの
も本書を読む選択肢の一つである．

　いま確率変数 X_n が確率変数 X に確率収束するとしよう．さらに実数値連続
関数 $h(x)$ があるとしよう．このとき次は成り立つに決まっている：

$$h(X_n) \xrightarrow{P} h(X) \qquad (n \to \infty).$$

このくらいは成り立ってもらわなくては困る．数列の収束のときと同様に，確
率収束と分布収束については，たいていのことは想像通りに成り立つ．ただし
証明は必ずしも簡単ではない．

　次に大数の法則について考えよう．確率変数 $X_1, \ldots, X_n$ が独立に確率変数
X と同一な分布に従うとする．確率変数 X の平均と分散が μ と σ^2 であったと
する．このとき大数の法則は $\bar{X} \xrightarrow{P} \mu \ (n \to \infty)$ を示していた．いま実数値連
続関数 $h(x)$ があるとする．先ほどの話から $h(\bar{X}) \xrightarrow{P} h(\mu) \ (n \to \infty)$ の成立は
分かる．ところで次は成り立つのだろうか：

$$\frac{1}{n} \sum_{i=1}^{n} h(X_i) \xrightarrow{P} \mathrm{E}[h(X)] \qquad (n \to \infty).$$

もちろん普通は成り立つに決まっている．記号の変換をするともっとはっきり
する．まずは $Y = h(X)$ とおく．確率変数 Y の平均と分散を μ_Y と σ_Y^2 とす
る．先ほどの性質は次のように書き換えられる：$\bar{Y} \xrightarrow{P} \mu_Y \ (n \to \infty)$．

　さらに中心極限定理について考えてみよう．大数の法則のときと同じ状況と
する．確率変数 $Y = h(X)$ に対する中心極限定理はもう書くまでもないだろう．
ただし中心極限定理については，次の本質的に進歩した命題を考えることもで
きる．いま確率変数 $h(\bar{X})$ は $h(\mu)$ に確率収束する．これを次のようにテイラー
近似をしてみる：

$$\sqrt{n}\left\{h(\bar{X}) - h(\mu)\right\} = h'(\tilde{\mu})\sqrt{n}\left(\bar{X} - \mu\right).$$

ただし $\tilde{\mu}$ は $\bar{X}$ と μ の間にある.大数の法則から $\bar{X} \xrightarrow{P} \mu \ (n \to \infty)$ なので,$\tilde{\mu} \xrightarrow{P} \mu \ (n \to \infty)$ も十分に想像できる.すると中心極限定理から次が想像できる:

$$\sqrt{n}\left\{h(\bar{X}) - h(\mu)\right\} \xrightarrow{d} N\left(0, \sigma^2\{h'(\mu)\}^2\right).$$

この命題はきちんと証明することができる.このような考え方は**デルタ法 (delta method)** と呼ばれている.

ここまでは独立同一分布の場合を考えてきた.独立性は成り立っていても同一分布という仮定が壊れた場合はどうなるのだろうか.これについては**リンデベルグ・フェラーの定理 (Lindeberg-Feller's theorem)** に詳しい.

まだまだ漸近論には様々な拡張があるし,本当に使える理論である.機会があったら,さらに漸近論を学ぶことをお勧めしたい.手足が飛躍的に伸びること請け合いである.

演 習 問 題 A

[A5.1] （中心極限定理） 第 5.3 節の密度関数 $f_Z(z)$ が標準正規分布の密度関数に収束することを証明せよ.（ヒント： スターリングの公式を使う： $h(x) = -x + (x - 1/2)\log x + (1/2)\log(2\pi)$. $\lim_{x \to \infty} \log \Gamma(x)/h(x) = 1$. ）

第6章
乱数とシミュレーション*

これまでは確率変数に基づく確率現象を理論的に捉えてきた．しかしながら，問題が複雑になると，確率現象を理論だけで把握していくには限界がある．そこで，確率変数の動きを模倣する乱数に基づいてシミュレーションを行い，確率現象の性質を数値的に捉える，ということがしばしば行われる．理論では手が届きにくい確率現象をシミュレーションによって開拓していくという方法は魅力的である．

6.1 乱　　数*

乱数 (random number) とはでたらめな数である．乱数列とはでたらめな数の系列である．例えば次のような数の系列は0と1だけを取りうる乱数列である．

$$1, 0, 0, 1, 0, 1, 1, 0, 1, 0, 0, 1, 0, 0, 0, 0, \ldots$$

次に乱数をどうやって作り出すかを考えよう．例えば0か1しか取らない乱数を作るのであればコインを投げればよい．ただし，もっと複雑な乱数であれば，コインやサイコロだけでは足りなくなる．たくさんの乱数を発生させたいときは面倒でもある．そこでコンピュータを利用して擬似的に乱数を作り出すことが多い．このような乱数を擬似乱数という．普通は乱数というと擬似乱数のことである．本書でも乱数と書いたら普通は擬似乱数のことを意味する．

ここまで読んで，乱数の厳密な定義は何だ，擬似的にというのはどういうレベルの話だ，などと深いツッコミを入れたくなるかもしれない．以下でも少しずつ疑問をもつことがあるだろう．それらの話については，どうか乱数に関す

6.1 乱　　数*

る専門書を見て欲しい．本書は確率と統計の本なので，乱数そのものに関する専門的な部分は他書に任せて，確率と統計に関係のある部分だけを記すことにする．

ここで確率変数の話に移ろう．一様乱数といわれているものがある．それは，0 から 1 までの値を取る乱数であって，しかも，その乱数列の頻度分布が一様分布 $U(0,1)$ に近くなるような乱数のことである．例えば表 6.1 はコンピュータに発生させた一様乱数列である．この程度では一様乱数という感じはつかめないかもしれないけれども，まあこんなものか，という感じはつかめるであろう．

表 6.1 30 個の一様乱数

0.262996	0.716701	0.883288	0.85618	0.850904	0.0544317	0.0283718
0.508251	0.256853	0.789654	0.37123	0.0686142	0.536055	0.378195
0.558621	0.800938	0.283543	0.440045	0.467231	0.912584	0.54489
0.181093	0.113604	0.0885057	0.281894	0.464392	0.230316	0.232325
0.43099	0.40996	(以下続く).				

さて，乱数列の頻度分布が標準正規分布に近い（標準）正規乱数などは，どうやって発生させるとよいのだろうか．より一般的にいうと，確率変数 X に対応する乱数を発生させるには，どのようにすればよいのであろうか．

確率変数 U は一様分布 $U(0,1)$ に従っているとする．確率変数 X の分布関数を $F_X(t)$ とする．簡単のために，分布関数は連続で狭義単調増加であるとする．すると，新しい確率変数として，$Y = F_X^{-1}(U)$ を用意できる．このとき，確率変数 Y の分布関数 $F_Y(t)$ は，面白いことに，確率変数 X の分布関数 $F_X(t)$ と一致する：

$$F_Y(t) = P(Y \leq t) = P(F_X^{-1}(U) \leq t) = P(U \leq F_X(t)) = F_X(t).$$

ゆえに，一様乱数 u を変換した $F_X^{-1}(u)$ を確率変数 X の乱数とみなすことにしよう．もちろん，一様乱数列 $u_1, \ldots, u_M$ に対して作られる乱数列 $F_X^{-1}(u_1), \ldots, F_X^{-1}(u_M)$ の頻度分布は，確率変数 X の確率分布に近い．結果的に，一様乱数さえあれば，確率変数 X に対しても，関連する乱数を作ることができるということになる．（分布関数が連続で狭義単調増加でない場合は，適当に逆変換 $Y = F_X^{-1}(U)$ を定義する．）

ただし，変数変換 $F_X^{-1}(U)$ によって乱数を生成する考え方は，逆関数を必要

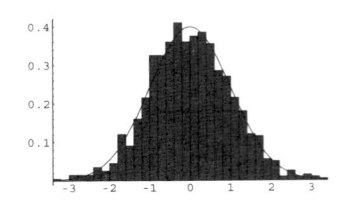

図 6.1 1000 個の正規乱数の頻度分布と標準正規分布の密度関数

とするため，しばしば高速に乱数を発生できない．そのため，よく使われる乱数では，その乱数に合わせた乱数生成方法が考えられている．例えば正規乱数に対してはボックス・ミュラー法（第 4 章・演習問題 [B4.3]）が有名である．

最後に乱数の感覚をもう少し具体的に確認しておくことにしよう．正規乱数を例に取ることにする．正規乱数を 1000 個発生させて頻度分布を図 6.1 に表してみた．その頻度分布は標準正規分布の密度関数に近い．正規乱数は確かに標準正規分布の傾向をつかんでいることが見て取れる．

6.2　モンテカルロ積分*

確率変数 X が標準正規分布 $N(0,1)$ に従っていたとする．いま関数 $h(x) = 1/(1+e^{2+3x})$ を用意してみる．このとき，変数変換された確率変数 $h(X)$ の期待値 $\mathrm{E}[h(X)]$ は幾つだろうか：

$$\mathrm{E}[h(X)] = \int h(x)f(x)dx.$$

期待値 $\mathrm{E}[h(X)]$ は複雑なため，いままでのように簡単に計算することはできない．そこで数値的に近似値を導出することを考える．よく知られている方法の一つは台形公式などによる数値積分である．もう一つの方法が乱数列を使った**モンテカルロ積分 (Monte Carlo integration)** である．先ほどの例では，大数の法則を思い浮かべて，次のように近似する：

$$\mathrm{E}[h(X)] \approx \frac{1}{M}\sum_{m=1}^{M} h(x_m).$$

ただし，M は十分大きな数で，$x_1,\ldots,x_M$ は正規乱数列である．

乱数と大数の法則に基づいた期待値の数値近似を具体的に例示しておこう．

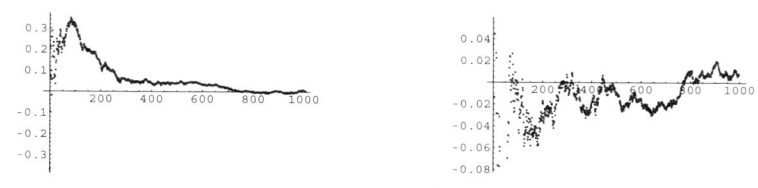

図 6.2 乱数の系列数 M と算術平均 $\sum_{m=1}^{M} x_m/M$ との関係（二回分）

横軸は乱数の系列数．縦軸は算術平均．右図の方が上下に暴れているように見えるが，縦軸の縮尺が右図の方がかなり小さいことに注意すること．

簡単のために期待値 $\mathrm{E}[X] = 0$ への数値近似がどのようになるかを扱った．具体的な M の値ごとに算術平均 $\sum_{m=1}^{M} x_m/M$ の値を図 6.2 にプロットしてみた．正規乱数に基づいて計算された算術平均は，系列数 M が大きいとき真の平均 0 に近い，という様子が分かる．

ところで，確率は期待値でも表現できるので，確率をモンテカルロ積分を利用して数値近似することができる．例えば，確率変数 X が閾値 c 以下になる確率 $\mathrm{P}(X \leq c)$ は，次のように近似することができる：

$$\begin{aligned}\mathrm{P}(X \leq c) &= \int_{x \leq c} f(x)dx = \int 1(x \leq c)f(x)dx = \mathrm{E}[1(X \leq c)] \\ &\approx \frac{1}{M} \sum_{m=1}^{M} 1(x_m \leq c).\end{aligned}$$

ここで $1(x \leq c)$ は定義関数であり，$x \leq c$ が正しければ $1(x \leq c) = 1$ で，間違っていれば $1(x \leq c) = 0$ である．

6.3 シミュレーション*

シミュレーション (simulation) とは単に模擬実験のことを示す．そのため，借金返済シミュレーションとか地球温暖化シミュレーションとか流体シミュレーションなど，シミュレーションという言葉は様々なところで使われている．先ほどのモンテカルロ積分もある種のシミュレーションの結果である．ここでは，確率に関係した二つの簡単な例を説明することによって，シミュレーションとはこんなものであるということを感じてもらうことにする．

6.3.1 生態系*

非常に簡単な生態系の動きを考えてみる（図 6.3）．生態系には生物がタイプ A とタイプ B の二種類だけいるとする．表記を簡単にするために，前者を生物 A と呼び，後者を生物 B と呼ぶことにする．いま二つの隣り合ったマスにだけ着目する．ここに生物 A と生物 B がいたとする．生物 A と生物 B はお互いに相手を食べるつもりがある．どちらかがどちらかを食べてしまったとする．食べられた方のマスが空く．空いたマスにはどちらかのタイプの生物がやってくる．同じタイプの生物がいたときには共食いはせず，餌がないため適当な時間が経過すると死亡する．簡単のために右側のマスの生物だけが死ぬとしよう．またマスが空く．この生態系をシミュレーションで観察してみよう．

```
(A,B)  →  B が A を食べる                        : (*,B)
       →  空いたマスに B がやって来る             : (B,B)
       →  餌がなくて右側のマスの生物だけが死ぬ    : (B,*)
       →  空いたマスに A がやって来る             : (B,A)
       →  A が B を食べる                        : (*,A)
       →  …
```
図 6.3 生態系の動き

生物 A が生物 B を 1 秒後に食べる確率を $\theta_1 = 2/3$ としよう．その逆の確率は $1-\theta_1 = 1/3$ となる．生物 A は生物 B よりも幾らかは強いという感じである．空っぽになったマスに生物 A が来る確率を $\theta_2 = 1/5$ とし，生物 B が来る確率を $1-\theta_2 = 4/5$ としよう．弱い生物 B の方がたくさんいるという感じである．同じタイプの生物だけのとき，右側のマスの生物だけが $X+1$ 秒後に死ぬとして，確率変数 X はポアソン分布 $Po(2)$ に従うとしよう．餌がなくなると意外と早く死ぬという感じの設定である．これだけの想定を行うとシミュレーションが実行できる．

まずはパラメータ $\theta_1 = 2/3$ をもつベルヌーイ分布から乱数 u_1 を発生させる．その乱数が $u_1 = 1$ ならば生物 A が生物 B を食べる．その乱数が $u_1 = 0$ ならば逆である．マスが空く．今度はパラメータ $\theta_2 = 1/5$ をもつベルヌーイ分布から乱数を発生させる．その乱数が $u_2 = 1$ ならば空いたマスに生物 A がやってくる．その乱数が $u_2 = 0$ ならば空いたマスに生物 B がやってくる．結果として違うタイプの生物が存在したときには同じルーチンを考えればよい．同じタイプの生物が存在したときには，ポアソン分布から乱数 x を発生させ，$x+1$

秒後に右側のマスの生物だけを死亡させる．またマスが空く．このようにしてシミュレーションを実行することができる（図 6.4）．

(A,B)	→	$u_1 = 0$. B が A を食べる	: (*,B)
	→	$u_2 = 0$. 空いたマスに B がやって来る	: (B,B)
	→	$x = 2$. 餌がなくて 3 秒後に右側のマスの生物だけが死ぬ	: (B,*)
	→	$u_2 = 0$. 空いたマスに B がやって来る	: (B,B)
	→	$x = 0$. 餌がなくて 1 秒後に右側のマスの生物だけが死ぬ	: (B,*)
	→	$u_2 = 1$. 空いたマスに A がやって来る	: (B,A)
	→	$u_1 = 1$. A が B を食べる	: (*,A)
	→	$\cdots$	

図 **6.4** 生態系のシミュレーション

実際には，マスの数は非常に多いだろうし，生物のタイプも多いだろうし，移動することもあるだろうし，マスがすぐに埋まらないこともあるだろうし……と，いろいろな複雑な条件が考えられる．しかし，複雑な設定であっても，基本的には上記の考え方を拡張することができる場合は，シミュレーションは実現可能である．しかしながら，そのような複雑な設定での生態系の挙動を理論的に追うのは，普通はほとんど不可能である．

6.3.2　正規近似の妥当性*

確率変数 X の平均と分散が μ と σ^2 であったとする．独立な確率変数 $X_1, \ldots, X_n$ があって，それらの確率分布は X の確率分布と同じであるとする．中心極限定理を思い出そう．算術平均 $\bar{X}$ の標準化変数 $Z_n = (\bar{X} - \mu)/\sqrt{\sigma^2/n}$ の確率分布は，n が十分に大きいときは標準正規分布 $N(0,1)$ で近似できる．この事実は標準正規分布に従う確率変数を Z で表したときは次で表現できた：

$$\mathrm{P}(Z_n \leq z) \to \mathrm{P}(Z \leq z) \qquad (n \to \infty).$$

ではどの程度の n があれば正規分布による近似（正規近似）は十分とみなせるのだろうか．このテーマを理論だけで突き詰めるのはたいへんであるが，シミュレーションを使うことで，ある程度は楽に検証することができる．

ここでは正規近似の妥当性を確率変数 X の確率分布が自由度 3 のカイ二乗分布 χ_3^2 のときに検証してみる．平均と分散は $\mu = 3$ と $\sigma^2 = 6$ である．そして簡単のために上側 5%点だけを考えることにする．つまり，閾値 c を $\mathrm{P}(Z \leq c) = 0.95$ となるように決めたとき，次の偏差 d が 0 に近ければ正規近似が十分に成り立っ

ていると考えることする:

$$d = \mathrm{P}(Z_n \leq c) - \mathrm{P}(Z \leq c) = \mathrm{P}(Z_n \leq c) - 0.95.$$

既に知っているように確率の値はシミュレーション（厳密にはモンテカルロ積分）で近似値を出すことができる．未知の n を適当に設定することで，偏差 d はシミュレーションに基づいて近似値を出すことができる．以下では $n = 20, 50, 100, 500$ の場合を考える．まずは $\boldsymbol{x} = (x_1, \ldots, x_n)$ とおく．シミュレーションの回数は $M = 10000$ にしておこう．各シミュレーションにおける乱数に基づく値を $\boldsymbol{x}_m = (x_{m1}, \ldots, x_{mn})$ で表現することにする．ここで x_{mi} はカイ二乗分布 χ_3^2 からの乱数である．このとき標準化変数の値は $z_m = (\bar{x}_m - \mu)/\sqrt{\sigma^2/n}$ で表せる．ただし $\bar{x}_m = \sum_{i=1}^n x_{mi}/n$ である．結果的に偏差 d は次で近似できる:

$$d \approx \frac{1}{M} \sum_{m=1}^M 1(z_m \leq c) - 0.95.$$

シミュレーションを行って偏差 d の近似値を計算した．その結果を表 6.2 にまとめている．誤差を 0.005 程度まで許容できるのであれば，繰り返し数が $n = 100$ もあれば近似は十分であろうと見て取れる．

表 6.2　シミュレーションに基づいて計算された偏差 d の値

n	20	50	100	500
d	-0.017	-0.006	-0.0047	-0.0025

ところで偏差 d はすべて負の値を取っている．これはカイ二乗分布 χ_3^2 の山が左側にあり（図 3.7 参照）正規分布のような対称性をもっていないことに起因している．このような偏りは**バイアス補正 (bias correction)** という手法によって改良できる．また，正規近似の精度を上げる一般的な手法としては，**漸近展開 (asymptotic expansion)** がある．

第 7 章
標本と統計的推測

ここからは統計の話（厳密に言うと統計的推測の話）を始めることにしよう．確率の部分では，ある確率変数があったとして，その平均とか分散とか変数変換された後の確率分布などを見てきた．つまり，ある確率変数があったとして，そこから我々は何を見ることができるのか，という方向の観点であった．統計の部分では逆の方向を考える．目の前に見られたものに基づいて，もとの確率変数のことを推測するのである．本章では，統計の本格的な話を進める前に，幾つかの準備を行うことにする．

7.1 標本とパラメータ

統計の話を進める前に，確率の話を進める前と同様に，基本的な用語と記号の準備から始めよう．確率と統計では，同じことを少し違う用語で表現することがあるので注意してほしい．当面はサイコロ投げを例として話を進めることにする．

サイコロの出る目の全体，一般的には，考える対象とする集団のことを**母集団 (population)** という．サイコロの目の現れ方は確率的な挙動によって決められる．母集団の確率的な挙動を表す確率分布を**母集団分布 (population distribution)** ともいう．サイコロを母集団とした場合の母集団分布は多項分布である．

サイコロを振ると1から6までの値が現れる．そのような具体的に現れる値を**標本値 (sample value)** という．標本値はしばしば小文字 x で表される．その標本値 x の背後に想定される確率変数 X を**標本 (sample)** という．

なお，本来は，何らかの母集団があって，そこから取り出されたものを標本

という．つまり標本という名前の付け方には必ずしも確率は必要ない．これが一般的な概念としての標本の捉え方である．ただし，本書の中では，統計の中でも特に統計的推測を考えるので，標本に確率変数という意味づけを行い，この見方を採用することで，標本から母集団の様子をうまく推測することを可能にする．まあ，このような抽象的な説明は，この辺でやめておこう．おいおいと具体的な話が進められていく中で，この抽象的な説明の意味が見えていくことになるだろう．とりあえずは用語と記号の準備をまだまだ続けよう．

サイコロを n 回振って得られると想定される標本 $X_1, \ldots, X_n$ があったとしよう．サイコロの場合は，それぞれの標本は無作為に得られるのが普通であり，そのように標本を得る方法を**無作為抽出 (random sampling)** といい，得られる標本を**無作為標本 (random sample)** という．確率変数の言葉でいうと，確率変数 $X_1, \ldots, X_n$ が母集団（の確率的な挙動）を表す確率変数 X と同一の分布に従っていて独立である，ということである：

$$X_1, \ldots, X_n \sim_{i.i.d.} X.$$

なお，以下では，記号の簡略化のために，$\boldsymbol{X} = (X_1, \ldots, X_n)$ という表現も用いることにする．

ベルヌーイ分布は生起確率 θ によって決定される．正規分布は平均 μ と分散 σ^2 によって決定される．このように母集団を特徴づける変数を**パラメータ (parameter)** もしくは母数と呼んでいる．本書ではパラメータという用語を用いることにする．なお，平均や分散を特に平均パラメータや分散パラメータと呼ぶこともあるが，本書では面倒なので，しばしば単に，平均や分散もしくはパラメータと呼ぶことにする．

もちろんパラメータは必ずしも一次元ではない．例えば，正規分布 $N(\mu, \sigma^2)$ においては，平均 μ と分散 σ^2 を同時に二次元パラメータとして扱うこともある．ただし，本書では，記述の簡略化のために，誤解のない限り，パラメータは一次元であると想定して，しばしば象徴的に θ で表記する．たいていの場合は，パラメータが一次元の場合の記述を，ある意味で自然に多次元に拡張することが可能である．

いま母集団がパラメータ θ によって特徴づけられるとしよう．このとき，母集団の（確率的な挙動を表す）密度関数 $f(x)$ を，パラメータ θ によって特徴づ

けられるという意味を明示するために，$f(x;\theta)$ と表すこともある．さらに，期待値 $\mathrm{E}[\cdot]$ も，パラメータ θ に依存して決まることを明示するために，添字に θ をおいて次のような表現を用いることもある：

$$\mathrm{E}_\theta[g(X)] = \int g(x)f(x;\theta)dx.$$

本書では，誤解のない限り，原則としてパラメータの表記はしないけれども，必要に応じてパラメータへの依存を明示することにする．

ところで，想定されている集団が具体的なとき，母集団を特徴づけているパラメータ θ には，何らかの真値 θ^* が存在しているだろう．例えば，コイン投げの場合は，表の出る確率を θ と表したとき，実際にはコインの歪み具合に応じて真値 θ^* が決まっている．例えば $\theta^* = 1/3$ であったり $\theta^* = 11/20$ であったありするかもしれない．しかしながら，普通は，パラメータと真値を区別しなくても誤解は少ないし，区別する必要がないことも多いので，本書では，慣例に従って，真値を明示した方が分かりやすいと思われるところにだけ，真値を明示することにする．

7.2 統計的推測

確率の部分では次のような流れで話を進めた．例えば，確率変数 X の分布が正規分布 $N(\mu, \sigma^2)$ であったとしよう．確率変数 X の平均と分散は μ と σ^2 であり，その線形変換 $Y = aX+b$ は同じように正規分布に従うが，平均と分散は $a\mu+b$ と $a^2\sigma^2$ であり，ちょっと変化していて，確率変数 X と同一分布に従う独立な確率変数 $X_1,\ldots,X_n$ が用意されると，$\bar{X}$ の分布は $N(\mu, \sigma^2/n)$ であり，また，$\bar{X}$ は大数の法則から μ に確率収束する，といった感じである．

ちょっと長い説明であったが，結局は，確率の部分では，ある確率変数があったとして，そこから我々は何を見ることができるのか，という方向の観点であったことが分かる．統計の部分では逆の方向を考える．目の前に得られる標本に基づいて，もとの確率変数（つまり母集団）のことを推測するのである．この立場を**統計的推測 (statistical inference)** という．

適当に歪められたコインを例として統計的推測の話をしてみよう．表が出るか裏が出るかを $X = 1$ と $X = 0$ で表すことにしよう．表が出る確率をパラ

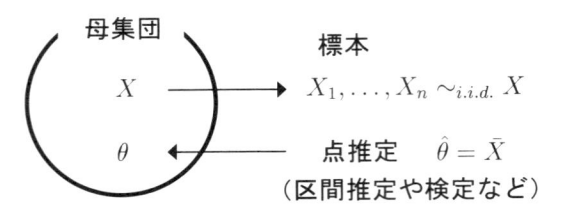

```
       母集団                    標本
         X        ──→    $X_1, \ldots, X_n \sim_{i.i.d.} X$
         θ        ←──    点推定   $\hat{\theta} = \bar{X}$
                         (区間推定や検定など)
```

図 7.1 統計的推測

メータ θ で表すことにする．適当に歪めたので，表が出る確率は分からない．ただし，比喩的表現を用いれば，神様だけは表が出る確率を知っている，はずである．神様だけが知っているパラメータ θ を，何とかして推し量ることを考えよう．いま無作為標本 $X_1, \ldots, X_n$ があるとする．このとき，$\bar{X}$ によってパラメータ θ を推し量ることは，一つの妥当な考えであろう．具体的には，コインを 100 回振って，標本値 $x_1, \ldots, x_{100}$ が得られたとする．表が 36 回だったとする．結果的に平均値 $\bar{x} = 0.36$ が得られる．その平均値によってパラメータ θ を推し量るのである．このような考え方を点推定という（図 7.1）．

点推定は最も基本的な統計的推測である．もちろん，統計的推測はこんな簡単な話だけでは終わらない．点推定は本当に奥が深いし，ほかにも，区間推定とか検定などいろいろとある．本書の後半では，このような統計的推測について考えていくことにする．

7.3 標本平均と標本分散

いま無作為標本 $X_1, \ldots, X_n$ があったとしよう．**標本平均 (sample mean)** と**標本分散 (sample variance)** は次で定義される：

$$\bar{X} = \frac{1}{n} \sum_{i=1}^{n} X_i, \qquad S^2 = \frac{1}{n-1} \sum_{i=1}^{n} (X_i - \bar{X})^2.$$

標本平均はこれまでにもよく出てきた算術平均と同じである．標本平均と標本分散はとても単純な式である．しかしながら決してこれだけかと思うなかれ．標本平均と標本分散の式が暗に表している重要性は，ひしひしと分かっていくことであろう．特に，標本分散は，本書の確率の部分では全く出てこなかった

が，本書の統計の部分では大活躍する．本節では，後のために，標本平均と標本分散の性質を説明する．なお，標本平均や標本分散のように，標本だけによって定義される量を**統計量 (statistic)** という．

母集団の平均と分散を μ と σ^2 とする．標本平均 $\bar{X}$ の平均と分散は μ と σ^2/n である（第 2.6 節）．標本分散 S^2 の平均もここで計算しておくことにしよう．まず次の変形を行っておく：

$$\begin{aligned} S^2 &= \frac{1}{n-1} \sum_{i=1}^n (X_i - \bar{X})^2 = \frac{n}{n-1} \frac{1}{n} \sum_{i=1}^n (X_i - \bar{X})^2 \\ &= \frac{n}{n-1} \frac{1}{n} \sum_{i=1}^n \left\{ (X_i - \mu) - (\bar{X} - \mu) \right\}^2 \\ &= \frac{n}{n-1} \frac{1}{n} \sum_{i=1}^n \{ (X_i - \mu)^2 + (\bar{X} - \mu)^2 - 2(X_i - \mu)(\bar{X} - \mu) \} \\ &= \frac{n}{n-1} \left\{ \frac{1}{n} \sum_{i=1}^n (X_i - \mu)^2 - (\bar{X} - \mu)^2 \right\}. \end{aligned}$$

最後の等号では次を利用した：$(1/n) \sum_{i=1}^n (X_i - \mu) = \bar{X} - \mu$．ゆえに標本分散 S^2 の平均は次のように計算できる：

$$\begin{aligned} \mathrm{E}[S^2] &= \frac{n}{n-1} \left\{ \frac{1}{n} \sum_{i=1}^n \mathrm{E}[(X_i - \mu)^2] - \mathrm{E}[(\bar{X} - \mu)^2] \right\} \\ &= \frac{n}{n-1} \left\{ \sigma^2 - \frac{\sigma^2}{n} \right\} = \sigma^2. \end{aligned}$$

また，大数の法則より，$n \to \infty$ のとき，$\bar{X} \xrightarrow{P} \mu$ であり，加えて，$S^2 \xrightarrow{P} \sigma^2$ も次のように示せる：

$$\begin{aligned} S^2 &= \frac{n}{n-1} \left\{ \frac{1}{n} \sum_{i=1}^n (X_i - \mu)^2 - (\bar{X} - \mu)^2 \right\} \\ &\xrightarrow{P} 1 \left\{ \mathrm{E}[(X - \mu)^2] - 0 \right\} = \sigma^2. \end{aligned}$$

(この漸近的な性質の証明には，現段階までの知識では，ほんの少しだけギャップがあるのだけれども，はっきり言って細かいことなので，本書では，今後も，漸近的な性質を証明するときには，細かいことは気にしないことにしよう．漸近論を学ぶとギャップをきちんと埋めることができる．)

ところで，母集団分布が正規分布 $N(\mu, \sigma^2)$ であったとする．既に知っているように，標本平均 $\bar{X}$ は正規分布 $N(\mu, \sigma^2/n)$ に従う（第 4.2.2 項）．このように，統計量が内在している確率分布を，**標本分布 (sample distribution)** という．

つまり，標本平均 $\bar{X}$ の標本分布は正規分布 $N(\mu,\sigma^2/n)$ である，ともいう．では，標本分散 S^2 の標本分布は何であろうか．実はカイ二乗分布で説明できる：
$$(n-1)S^2/\sigma^2 \sim \chi^2_{n-1}.$$
また標本平均 $\bar{X}$ と標本分散 S^2 は独立である．

以下では，面倒だけれども，残っている証明をすることにしよう．細かい証明に興味がない読者は，本節の残りを読み飛ばしてもよいだろう．特に，行列演算に慣れていない読者には，少し難解かもしれない．

まずは n 次元ベクトル $\boldsymbol{j}=(1,\ldots,1)'$ とノルムを1にしたベクトル $\boldsymbol{a}=\boldsymbol{j}/\sqrt{n}$ を用意しよう．すると標本平均は次のように表現できる：
$$\bar{X} = \frac{1}{n}\sum_{i=1}^{n} X_i = \frac{1}{n}\boldsymbol{j}'\boldsymbol{X} = \frac{1}{\sqrt{n}}\boldsymbol{a}'\boldsymbol{X}.$$
次に n 次直交行列 $A=(\boldsymbol{a},A_2)$ を用意しておこう．また $n-1$ 次元ベクトル $\boldsymbol{0}=(0,\ldots,0)'$ を用意しておく．直交行列の性質から次が成り立つ：
$$A'A = AA' = I_n, \qquad A_2'\boldsymbol{a} = \boldsymbol{0}.$$
そして新しい確率変数 $\boldsymbol{Y}=(Y_1,\ldots,Y_n)'=A'\boldsymbol{X}$ を用意しよう．また，確率変数 $\boldsymbol{X}$ の分布が，多次元正規分布 $N_n(\mu\boldsymbol{j},\sigma^2 I_n)$ で表せることを思い出そう（第3.5.4項）．まず次を計算しておく：
$$A'\boldsymbol{j} = \begin{pmatrix} \boldsymbol{a}'\boldsymbol{j} \\ A_2'\boldsymbol{j} \end{pmatrix} = \begin{pmatrix} \boldsymbol{a}'\sqrt{n}\boldsymbol{a} \\ A_2'\sqrt{n}\boldsymbol{a} \end{pmatrix} = \begin{pmatrix} \sqrt{n} \\ \boldsymbol{0} \end{pmatrix}.$$
すると，確率変数 $\boldsymbol{Y}$ は確率変数 $\boldsymbol{X}$ の線形変換なので，次が分かる（第4.1節）：
$$\boldsymbol{Y} = A'\boldsymbol{X} \sim N_n(\mu A'\boldsymbol{j},\sigma^2 A'A) \stackrel{d}{=} N_n((\sqrt{n}\mu,0,\ldots,0)',\sigma^2 I_n).$$
ここで，記号 $\stackrel{d}{=}$ は，両辺の確率分布が等しいという意味である．（なお，この記号は，一般的に世の中で使われている記号ではないのだけれども，意味がつかみやすいので，本書では採用することにした．）結果的に，確率変数 $Y_1=\boldsymbol{a}'\boldsymbol{X}=\sqrt{n}\bar{X}$ は $N(\sqrt{n}\mu,\sigma^2)$ に従い，残りの確率変数 $Y_2,\ldots,Y_n$ は $N(0,\sigma^2)$ に従い，確率変数 $Y_1,\ldots,Y_n$ は互いに独立である，ということが分かった．

ここで標本平均と標本分散を確率変数 $\boldsymbol{Y}$ で表現してみよう：
$$\bar{X} = Y_1/\sqrt{n},$$
$$(n-1)S^2 = \sum_{i=1}^{n}(X_i - \bar{X})^2 = \sum_{i=1}^{n} X_i^2 - n\bar{X}^2 = \boldsymbol{X}'\boldsymbol{X} - n\bar{X}^2$$

$$= \boldsymbol{Y}'\boldsymbol{Y} - Y_1^2 = Y_2^2 + \cdots + Y_n^2.$$

結果的に，標本平均 $\bar{X}$ と標本分散 S^2 は互いに独立と分かる．さらに，標本平均 $\bar{X}$ の標本分布は $N(\sqrt{n}\mu, \sigma^2)/\sqrt{n} \stackrel{d}{=} N(\mu, \sigma^2/n)$ であることがあらためて確認でき，標本分散 S^2 は，その変換である $(n-1)S^2/\sigma^2$ が，標準正規分布 $N(0,1)$ に従う互いに独立な $n-1$ 個の確率変数 $Y_2/\sigma, \ldots, Y_n/\sigma$ の二乗和で表現されているので，自由度 $n-1$ のカイ二乗分布に従っていると確認できる．

7.4 標準化とスチューデント化

母集団の平均と分散を μ と σ^2 とする．母集団からの無作為標本を $X_1, \ldots, X_n$ とする．確率の部分では，標準化された変数 Z_n が登場したが，統計の部分では，**スチューデント化 (studentization)** された変数 T_n もしばしば登場する：

$$Z_n = \frac{\bar{X} - \mu}{\sqrt{\sigma^2/n}}. \qquad T_n = \frac{\bar{X} - \mu}{\sqrt{S^2/n}}.$$

(一般的には，スチューデント化された変数とは，標準化された変数の中で，分散 σ^2 の部分を，その値に確率収束する確率変数で置き換えた変数のことをいう．) 本節では，後のために，これらの変数の性質を整理しておくことにする．

母集団分布が正規分布であったとしよう．このとき，標準化変数 Z_n は，標準正規分布 $N(0,1)$ に従う．スチューデント化変数 T_n は，自由度 $n-1$ の t 分布に従うことが分かる：

$$\begin{aligned}T_n &= \frac{\bar{X}-\mu}{\sqrt{S^2/n}} = \frac{\bar{X}-\mu}{\sqrt{\sigma^2/n}} \frac{1}{\sqrt{S^2/\sigma^2}} = \frac{Z_n}{\sqrt{\{(n-1)S^2/\sigma^2\}/(n-1)}} \\ &\stackrel{d}{=} \frac{N(0,1)}{\sqrt{\chi^2_{n-1}/(n-1)}} \stackrel{d}{=} t_{n-1}.\end{aligned}$$

母集団分布が不明なときを考えよう．標準化変数 Z_n は，中心極限定理から，漸近的には標準正規分布 $N(0,1)$ に従う．スチューデント化変数 T_n も，次のようにして，漸近的には標準正規分布 $N(0,1)$ に従うことが分かる：

$$T_n = \frac{\bar{X}-\mu}{\sqrt{\sigma^2/n}} \frac{1}{\sqrt{S^2/\sigma^2}} \stackrel{d}{\longrightarrow} N(0,1) \times 1 \stackrel{d}{=} N(0,1).$$

第 8 章
点 推 定

CHAPTER 8

　あなたは内閣を支持しますか支持しませんか．このアンケートに Yes か No で答えてもらって，Yes の割合が 40% だったとする．ここから内閣支持率は 40% 程度だろうと想定する．これが点推定である．このくらいならば何も勉強しなくても使える基本的な点推定である．この考え方を，少しずつきちんと整理して発展させて，点推定の世界を覗いていくことにしよう．

8.1　推　定　量

　適当に歪められたコインを例として話を進めることにする．表が出る確率をパラメータ θ で表すことにする．適当に歪めたので，表が出る確率は分からない．ただし，比喩的表現を用いれば，神様だけは表が出る確率を知っている，はずである．神様だけが知っているパラメータ θ を，何とかして手持ちの標本から推し量ることを考えよう．このような考えを**推定 (estimation)** という．

　いま母集団分布がパラメータ θ のベルヌーイ分布であったとする．つまり母集団の平均は θ である．母集団からの無作為標本 $X_1, \ldots, X_n$ があるとする．このとき，標本平均 $\bar{X}$ によってパラメータ θ を推定することは，一つの妥当な考えであろう．このように，適当な統計量 $T(\boldsymbol{X})$ によってパラメータ θ を推定することを，特に**点推定 (point estimation)** ともいい，その統計量 $T(\boldsymbol{X})$ を**推定量 (estimator)** という．その標本値である $T(\boldsymbol{x})$ は**推定値 (estimate)** と呼ばれる．パラメータ θ に対する推定量や推定値は，しばしば $\hat{\theta}$（シータ・ハット）のように表現される．厳密には，推定の枠組みの一つに点推定があるわけだが，慣習的には，誤解のない限り，点推定のことを単に推定と呼んでいる．本書でも誤解のない限りその慣習に従うことにする．

8.1 推定量

標本平均 $\bar{X}$ の平均は θ である．つまり $\mathrm{E}[\bar{X}] = \theta$ である．これは標本平均がパラメータ θ を平均的にはうまく推し量っているということである．ある意味では望ましい性質といえるであろう．このような性質を**不偏性 (unbiasedness)** といい，このような不偏性をもつ推定量を**不偏推定量 (unbiased estimator)** という．

また，標本平均 $\bar{X}$ は，大数の法則から，母集団の平均 θ に確率収束する．このような性質を**一致性 (consistency)** といい，このような一致性をもつ推定量を**一致推定量 (consistent estimator)** という．

サイコロ投げではない例も考えてみよう．母集団の平均と分散が μ と σ^2 であるとする．このとき，標本平均 $\bar{X}$ と標本分散 S^2 の平均は次であった（第 7.3 節）：

$$\mathrm{E}[\bar{X}] = \mu, \qquad \mathrm{E}[S^2] = \sigma^2.$$

ゆえに，標本平均 $\bar{X}$ と標本分散 S^2 は，パラメータ μ と σ^2 の不偏推定量である．また，標本平均 $\bar{X}$ と標本分散 S^2 は，パラメータ μ と σ^2 の一致推定量でもある（第 7.3 節）．

ここで，後のために，不偏性の性質をもう少し一般的にきちんと整理しておこう．母集団がパラメータ θ によって特徴づけられているとする．推定しようとするパラメータは，単に θ とは限らず，より一般的にパラメータ変換された $g(\theta)$ であるとしよう．このパラメータ $g(\theta)$ の推定量として $T(\boldsymbol{X})$ があるとする．この推定量 $T(\boldsymbol{X})$ は次の性質を満たすときに $g(\theta)$ の不偏推定量であるといわれる：

不偏性：任意の θ に対して $\mathrm{E}_\theta[T(\boldsymbol{X})] = g(\theta)$ である．

なお，不偏性の尺度として，$\mathrm{E}_\theta[T(\boldsymbol{X})] - g(\theta)$ を**バイアス (bias)** と呼び，不偏推定量であればバイアスは 0 である．

ところで，不偏性の定義には，「任意の」という部分がなぜ必要なのだろうか．パラメータ θ には真値 θ^* が存在する．そうすると不偏性の定義は任意の θ に対してではなく，$\theta = \theta^*$ のときだけでよいような気がする．しかしながら，我々はパラメータ θ の真値 θ^* を知らないから推定しようという立場にいるので，たとえ背後にあるパラメータ θ がどんな値であったとしても妥当に推し量りたい，という意図が不偏性の定義には含まれているわけである．

8.2 推定量の作り方

さて，推定量とは何であるか，そして，推定量がもっていると好ましい性質として，不偏性と一致性を述べてきた．ところで，具体的には，不偏性や一致性をもつ推定量はどうやって作ればよいのだろうか．以下では例を通じて考えてみよう．母集団を表す確率変数は X もしくは (X,Y) であるとする．

まずは平均 $\mu = \mathrm{E}[X]$ の推定を考えよう．前節でも考えたように，すぐに考えつくのは，標本平均 $\bar{X}$ を平均 μ の推定量として使うことである．この推定量は不偏性と一致性を併せもっていた．平均 μ の推定は普通は標本平均 $\bar{X}$ で十分だろう：

$$\mu = \mathrm{E}[X] \text{ の推定} \quad \leftarrow \quad \hat{\mu} = \bar{X} = \frac{1}{n}\sum_{i=1}^{n} X_i.$$

ところで，もし二次のモーメント $\tau = \mathrm{E}[X^2]$ を推定して欲しいと言われたらどうするだろうか．平均 $\mu = \mathrm{E}[X]$ の推定から類推すると，二次のモーメント $\tau = \mathrm{E}[X^2]$ は次のように推定すればよいと気づくであろう：

$$\tau = \mathrm{E}[X^2] \text{ の推定} \quad \leftarrow \quad \hat{\tau} = \frac{1}{n}\sum_{i=1}^{n} X_i^2 \quad \left(= \overline{X^2}\right).$$

この推定量は，もちろん不偏性をもつし，一致性も併せもつ．さらに k 次のモーメント $\mathrm{E}[X^k]$ も同じように考えればよい．とても当たり前の基本的な類推であるが，非常に重要な考え方である．

次に分散 $\sigma^2 = \mathrm{E}[(X-\mu)^2]$ の推定を考えよう．もし平均 μ が既知であれば，先ほどの場合と同様の考えで，分散 σ^2 の推定量としては次を提案するであろう：

$$\tilde{\sigma}^2 = \frac{1}{n}\sum_{i=1}^{n}(X_i - \mu)^2.$$

この推定量は，もちろん不偏性をもつし，一致性も併せもつ．しかしながら，一般には平均 μ は未知である．そのようなときは，$\tilde{\sigma}^2$ は未知のパラメータ μ を含んでいるので，そのままでは推定量としては使えない．そこで平均 μ の推定量として $\hat{\mu} = \bar{X}$ を知っていることを思い出そう．これを代入することによって分散 σ^2 の推定量を提案できる：

$$\tilde{\sigma}^2 = \frac{1}{n}\sum_{i=1}^{n}(X_i - \bar{X})^2.$$

この考えを**プラグイン (plug-in)** という．ただし，そのままでは不偏推定量ではない．最後に不偏性を簡単に調整することにしよう（演習問題 [A8.1]）．結果的に，分散 σ^2 の推定量として，標本分散 S^2 が現れるのである：

$$\hat{\sigma}^2 = \frac{1}{n-1} \sum_{i=1}^{n} (X_i - \bar{X})^2 = S^2.$$

さらに共分散 $\sigma_{xy} = \mathrm{E}[(X-\mu_x)(Y-\mu_y)]$ の推定を考えてみよう．いま母集団からの無作為標本 $(X_1, Y_1), \ldots, (X_n, Y_n)$ があるとする．分散の推定と同じように考えていくと次の推定量が得られる：

$$\hat{\sigma}_{xy} = \frac{1}{n-1} \sum_{i=1}^{n} (X_i - \bar{X})(Y_i - \bar{Y}) = S_{xy}.$$

この標本共分散 S_{xy} は不偏性と一致性を併せもつ（演習問題 [A8.2]）．では相関係数 $\rho_{xy} = \sigma_{xy}/\sqrt{\sigma_x^2 \sigma_y^2}$ の推定はどうすればよいだろうか．まず分散 σ_x^2 と σ_y^2 の推定量を用意しておこう：

$$S_x^2 = \frac{1}{n-1} \sum_{i=1}^{n} (X_i - \bar{X})^2, \quad S_y^2 = \frac{1}{n-1} \sum_{i=1}^{n} (Y_i - \bar{Y})^2.$$

いままでの考え方を基本にすると，次の推定量が得られる：

$$\hat{\rho}_{xy} = \frac{S_{xy}}{\sqrt{S_x^2 S_y^2}}.$$

この標本相関係数 $\hat{\rho}_{xy}$ は，残念ながら不偏性は失っているけれども，一致性を保っている．これまでのような推定量の作り方は**モーメント法 (moment method)** と呼ばれている．

パラメータが簡単な期待値で表現できるときは，モーメント法によって，十分に妥当な推定量を提案することができるであろう．ただし，すべてのパラメータが，簡単な期待値で表現できるとは限らない．また，期待値の形に応じて推定量を作っていくのは，それなりの良さもあるのだけれども，やや場当たり的な気もする．もっと汎用的な推定量の構築方法はないだろうか．それが最尤推定と呼ばれる方法である．最尤推定については第 8.4 節で述べることになる．

8.3 推定量の良さ

母集団を表す確率変数を X とする．母集団の平均と分散を $\mu = \mathrm{E}[X]$ と $\sigma^2 = \mathrm{V}[X]$ とおく．その母集団からの無作為標本 $X_1, \ldots, X_n$ があるとする．

ここで平均 μ の推定をあらためて考えることにしよう．

平均 μ の最も妥当そうな推定量は標本平均 $\bar{X}$ である．直感的には推定量としては標本平均しか思いつかないだろう．ところが，最初の標本だけ使った X_1 を，推定量として提案することはできる．ここまで明らかに非効率であれば，例えば，一致性がないと言えば，この推定量を否定することができる．では，別の少し変わった推定量として，最初と最後を除いた標本平均を提案してみよう：$T_2 = \sum_{i=2}^{n-1} X_i/(n-2)$．この推定量 T_2 は不偏性と一致性を併せもつ．しかしながら，この推定量 T_2 は，どう考えても標本平均 $\bar{X}$ に劣るはずである．では，その信念を，どのようにして見せればよいのだろうか．ここで，推定量の良さを見せるための何かが必要だと気づく．

パラメータ θ の推定量として $T = T(\boldsymbol{X})$ があったとする．このとき，乖離の度合いを，$\mathrm{E}[(T-\theta)^2]$ で測ることにしよう．この尺度は**平均二乗誤差 (mean square error)** と呼ばれている．そして，平均二乗誤差が小さいほど，推定量としては良いと考えることにしよう．なお，平均二乗誤差は，次のように，分散部分とバイアス部分に分解できる：

$$\begin{aligned}
\mathrm{E}[(T-\theta)^2] &= \mathrm{E}[\{(T-\mathrm{E}[T])+(\mathrm{E}[T]-\theta)\}^2] \\
&= \mathrm{E}[(T-\mathrm{E}[T])^2 + (\mathrm{E}[T]-\theta)^2 + 2(T-\mathrm{E}[T])(\mathrm{E}[T]-\theta)] \\
&= \mathrm{E}[(T-\mathrm{E}[T])^2] + (\mathrm{E}[T]-\theta)^2 \\
&= \mathrm{V}[T] + (\mathrm{E}[T]-\theta)^2.
\end{aligned}$$

最後から二番目の等号では $E[T-E[T]] = E[T] - E[T] = 0$ を利用している．そのため，推定量 T が不偏であるとき，つまり，$\mathrm{E}[T] = \theta$ であるときは，平均二乗誤差と分散は一致することを指摘しておこう．そのため，不偏推定量を扱う限りは，平均二乗誤差が小さいということと分散が小さいということは同値である．

さて，標本平均 $\bar{X} = \sum_{i=1}^{n} X_i/n$ と推定量 $T_2 = \sum_{i=2}^{n-1} X_i/(n-2)$ は，ともに平均 μ の不偏推定量である．それぞれの分散は σ^2/n と $\sigma^2/(n-2)$ であることが既に知られている．ゆえに平均二乗誤差を比較すると以下のようになる：

$$\mathrm{E}[(\bar{X}-\mu)^2] = \mathrm{V}[\bar{X}] = \frac{\sigma^2}{n} < \frac{\sigma^2}{n-2} = \mathrm{V}[T_2] = \mathrm{E}[(T_2-\mu)^2].$$

結果的に，平均二乗誤差を小さくするという意味では，標本平均 $\bar{X}$ は推定量 T_2

よりも優れているといえる．

より一般的に，平均 μ を，線形不偏推定量 $T_w = \sum_{i=1}^n w_i X_i$ によって推定することを考えてみよう．このとき，平均二乗誤差を最小にする線形不偏推定量 T_w は標本平均 $\bar{X}$ である，ということも証明できる（演習問題 [A8.3]）：

$$\mathrm{E}[(\bar{X}-\mu)^2] \leq \mathrm{E}[(T_w-\mu)^2] \qquad \left(T_w = \sum_{i=1}^n w_i X_i,\ \mathrm{E}[T_w] = \mu\right).$$

このように，線形不偏推定量の中で平均二乗誤差を最小にする推定量は，**最良線形不偏推定量 (best linear unbiased estimator, BLUE)** と呼ばれている．

ところで，推定量の良さを測る尺度は平均二乗誤差であるべきだろうか．結論から言えば，目的に応じて別の尺度を使うこともしばしばある．しかしながら，平均二乗誤差は，直感的に分かりやすい，という意味と，計算がしやすい，という二点から，標準的な尺度として使われている．

8.4 最尤推定

いま標本 $\boldsymbol{X} = (X_1, \ldots, X_n)$ が観測されるとする．その密度関数が $f(\boldsymbol{x}; \theta)$ であったとする．パラメータ θ は，平均かもしれないし分散かもしれないが，特に制限は設けない．このような状況下でパラメータ θ をどのように推定すれば良いだろうか．このような汎用的な設定において強力な方法が最尤推定である．

8.4.1 尤度

最尤推定の説明を簡単にするために，まずは尤度という概念について説明しておこう．いまから少し記号のトリックのような説明を始めることになるが，少しずつ納得しながら進んでほしい．

まずは，関数 $f(\boldsymbol{x}; \theta)$ が密度関数と呼ばれているときには，$\boldsymbol{x}$ は特別な値を表していない，ということを納得してほしい．例えば指数分布の密度関数を考えてみよう：

$$f(x; \lambda) = \lambda e^{-\lambda x} \qquad (x > 0).$$

ここでの x は正の実数値であれば何でもよいという程度の意味しかない．極端なことを言えば，密度関数を $f(\boldsymbol{x}; \theta)$ と表現したとき，$\boldsymbol{x}$ の部分は単なる飾り

であり，別に $f(z;\theta)$ や $f(\cdot;\theta)$ と表現しても意味に大差はない．説明のために，ここでは，密度関数を $f(\cdot;\theta)$ とも表現することにしよう．

いま標本値が x であったとする．例えば，サイコロの例で言えば，次のような標本値が考えられる：

$$x = (1, 3, 5, 2, 6, \ldots, 2).$$

このように，ここからは，x は飾りではなくて適当な標本値であるとする．その標本値 x を密度関数 $f(\cdot;\theta)$ に代入した $f(x;\theta)$ は，特別に**尤度 (ゆうど, likelihood)** もしくは**尤度関数 (likelihood function)** と呼ばれている．標本値の代わりに標本 X が代入された $f(X;\theta)$ も同様に尤度と呼ばれている．

ここで「尤度」という名前の意図を説明しておこう．説明を簡単にするために標本値は離散型であるとする．標本値を代入した密度関数は，観測された標本値が出現する同時確率である．それは標本値のある意味の尤も（もっとも）らしさの度合いを表している．そのため「尤度」と呼んでいるわけである．

ところで，$f(x;\theta)$ が密度関数と呼ばれているときは，x が主要な変数であったが，尤度と呼ばれているときは，x は観測された標本値として固定されているので，主要な変数はパラメータ θ となっている．主要な変数がパラメータ θ であることを明示的に表すために，$f(x;\theta)$ を $L(\theta;x)$ や $L(\theta)$ と表すこともある．

8.4.2 最尤推定の定義

ここから最尤推定の具体的な話に入ろう．少し難解な説明が続くけれども，一つ一つじっくりと噛み締めながら進んで欲しい．最尤推定にはそれだけの価値がある．

まずは，母集団が離散型であり，標本値 x を観測した，という想定の下で話を進めよう．その標本値 x を観測する同時確率は，離散型なので次のように表せる：

$$\mathrm{P}(X = x) = f(x;\theta) = L(\theta;x).$$

ここで，その標本値 x を観測したのは，その標本値 x を観測する確率が高かったからだ，と考えることはそこそこ妥当だろう．さらに一歩進めて，その標本値 x を観測したのは，その標本値 x を観測する確率が最大だったからだ，と考えてみよう．つまり，パラメータ θ の真値 θ^* は，その標本値 x を観測する同

時確率（つまり尤度）を最大にする値だったのだと想定しよう．この考え方は離散型以外にも拡張できる．そこで次のようにして推定値 $\hat{\theta}$ を提案しよう：

$$\hat{\theta} = \hat{\theta}(\boldsymbol{x}) = \arg\max_\theta f(\boldsymbol{x}; \theta) = \arg\max_\theta L(\theta; \boldsymbol{x}).$$

この推定値を**最尤推定値 (maximum likelihood estimate)** という．標本値 $\boldsymbol{x}$ を標本 $\boldsymbol{X}$ で置き換えたものを**最尤推定量 (maximum likelihood estimator)** という．このような推定法を**最尤推定 (maximum likelihood estimation)** という．「最尤（さいゆう）」の名前の由来は，言うまでもなく「尤度の最大」でもあるし，よりくだけて言えば「最も尤もらしい」でもある．

最尤推定値を具体的に導出するときには，上記の定義よりも，上記の定義に対数変換を施したものを使う方が，普通は計算が楽である：

$$\hat{\theta} = \arg\max_\theta \log f(\boldsymbol{x}; \theta) = \arg\max_\theta \log L(\theta; \boldsymbol{x}) = \arg\max_\theta l(\theta; \boldsymbol{x}).$$

なお，尤度 $L(\theta; \boldsymbol{x}) = f(\boldsymbol{x}; \theta)$ の対数 $l(\theta; \boldsymbol{x}) = \log L(\theta; \boldsymbol{x}) = \log f(\boldsymbol{x}; \theta)$ は，**対数尤度 (log-likelihood)** と呼ばれている．

最尤推定値はしばしば臨界値である．そのため，最尤推定値 $\hat{\theta}$ を方程式 $dl/d\theta = 0$ の解として探すことも多い．この方程式を**尤度方程式 (likelihood equation)** という．

さて，標本 $\boldsymbol{X} = (X_1, \ldots, X_n)$ は，しばしば無作為標本 $X_1, \ldots, X_n$ をもとにしている．そして母集団の密度関数が $f(x; \theta)$ で表現できていたとしよう．（これ以降はそう想定する．）いま $l(\theta; x) = \log f(x; \theta)$ とおく．このときの最尤推定値は次のようにも表現できる：

$$\begin{aligned}\hat{\theta} &= \arg\max_\theta l(\theta; \boldsymbol{x}) = \arg\max_\theta \log f(\boldsymbol{x}; \theta) = \arg\max_\theta \log \prod_{i=1}^n f(x_i; \theta) \\ &= \arg\max_\theta \sum_{i=1}^n \log f(x_i; \theta) = \arg\max_\theta \sum_{i=1}^n l(\theta; x_i).\end{aligned}$$

なお，定義から簡単に分かることであるが，パラメータ θ の代わりに，一対一変換された $\eta = h(\theta)$ を新しいパラメータとみなしたとき，このパラメータに対する最尤推定量は $\hat{\eta} = h(\hat{\theta})$ になる．つまり，最尤推定量は，パラメータ変換に対して不変である．

8.4.3 最尤推定の例

最尤推定は十分に妥当な気がする．まずは例によって確認しておこう．

最初に母集団分布がパラメータ θ をもつベルヌーイ分布の場合を考えよう．このとき対数尤度は以下のように表現できる：

$$\begin{aligned} l(\theta; \boldsymbol{x}) &= \sum_{i=1}^n \log f(x_i; \theta) = \sum_{i=1}^n \{x_i \log \theta + (1-x_i)\log(1-\theta)\} \\ &= n\{\bar{x}\log\theta + (1-\bar{x})\log(1-\theta)\}. \end{aligned}$$

よって尤度方程式は次になる：

$$0 = \frac{dl}{d\theta} = n\left\{\frac{\bar{x}}{\theta} - \frac{1-\bar{x}}{1-\theta}\right\} = n\frac{\bar{x}-\theta}{\theta(1-\theta)}.$$

この方程式の解は $\hat{\theta} = \bar{x}$ であり，それは対数尤度を最大にしている．よって最尤推定値は $\hat{\theta} = \bar{x}$ である．これは妥当である．

次に母集団分布がポアソン分布 $Po(\lambda)$ の場合を考えよう．このとき対数尤度は以下のように表現できる：

$$\begin{aligned} l(\lambda; \boldsymbol{x}) &= \sum_{i=1}^n \log f(x_i; \lambda) = \sum_{i=1}^n \{x_i \log\lambda - \lambda - \log(x_i!)\} \\ &= n\{\bar{x}\log\lambda - \lambda\} - \sum_{i=1}^n \log(x_i!). \end{aligned}$$

いま次の関数を考えることにする：

$$g(z; a, b) = a\log z - bz \qquad (a > 0,\, b > 0,\, z > 0).$$

この関数 $g(z; a, b)$ は $z = a/b$ で最大化される．ゆえに対数尤度 $l(\lambda; \boldsymbol{x})$ は $\lambda = \bar{x}$ で最大化される．（本当は $\bar{x} = 0$ で場合分けが必要だが面倒なので省略する．）よって最尤推定値は $\hat{\lambda} = \bar{x}$ である．これも妥当である．

最後に母集団分布が正規分布 $N(\mu, \sigma^2)$ の場合を考えよう．このとき対数尤度は以下のように表現できる：

$$\begin{aligned} l(\mu, \sigma^2; \boldsymbol{x}) &= \sum_{i=1}^n \log f(x_i; \mu, \sigma^2) \\ &= \sum_{i=1}^n \left\{-\frac{1}{2}\log(2\pi) - \frac{1}{2}\log\sigma^2 - \frac{1}{2\sigma^2}(x_i-\mu)^2\right\} \\ &= \sum_{i=1}^n \left\{-\frac{1}{2}\log(2\pi) - \frac{1}{2}\log\sigma^2 - \frac{1}{2\sigma^2}\{(x_i-\bar{x}) + (\bar{x}-\mu)\}^2\right\} \end{aligned}$$

$$= -\frac{n}{2}\log(2\pi) + \frac{n}{2}\log\left(\frac{1}{\sigma^2}\right) - \frac{1}{2\sigma^2}\sum_{i=1}^{n}(x_i - \bar{x})^2 - \frac{n}{2\sigma^2}(\bar{x} - \mu)^2$$

$$= -\frac{n}{2}\log(2\pi) + g\left(\frac{1}{\sigma^2}; \frac{n}{2}, \frac{1}{2}\sum_{i=1}^{n}(x_i - \bar{x})^2\right) - \frac{n}{2\sigma^2}(\bar{x} - \mu)^2.$$

最後から二番目の等号では $\sum_{i=1}^{n}(x_i - \bar{x}) = n\bar{x} - n\bar{x} = 0$ を利用している．パラメータ μ に関しては $\mu = \bar{x}$ のときに対数尤度は最大化される．そして，関数 $g(z)$ の性質を考え合わせると，対数尤度全体は，$\mu = \bar{x}$ かつ $\sigma^2 = \sum_{i=1}^{n}(x_i - \bar{x})^2/n$ のときに最大化されることが分かる．（先ほどと同様に細かい場合分けなどは省略する．）これらが最尤推定値である．分散の推定値が，これまでに使っていた標本分散値 $\sum_{i=1}^{n}(x_i - \bar{x})^2/(n-1)$ とほんの少しだけ異なるけれども，普通は標本数 n はそこそこ大きいので，実際上は大差がない．

基本的な確率分布に対しては最尤推定は妥当そうであると納得できたと思う．しかしながら，これだけの例だと，汎用性という観点からの面白みが足りないと感じる読者もいるかもしれない．最尤推定が本当に真価を発揮するような少し複雑な例に関しては，第 8.5.3 項で紹介することにする．

8.4.4 最尤推定量の漸近的性質

まずは天下り的に最尤推定量 $\hat{\theta}$ の漸近的性質を以下で述べることにしよう．いま密度関数に関して適当な**正則条件 (regurality condition)**（詳細は第 9.5.2 項）が成り立っているとする．そのとき，最尤推定量 $\hat{\theta}$ は，次の一致性と漸近正規性をもっている：

(i) $\hat{\theta} \xrightarrow{P} \theta^*$.

(ii) $\sqrt{n}\left(\hat{\theta} - \theta^*\right) \xrightarrow{d} N\left(0, I(\theta^*)^{-1}\right)$.

ここで $I(\theta)$ は**フィッシャー情報量 (Fisher information)** と呼ばれる量である：

$$I(\theta) = \mathrm{E}_\theta\left[-\frac{d^2}{d\theta^2}\log f(X;\theta)\right] = \int\left\{-\frac{d^2}{d\theta^2}\log f(x;\theta)\right\}f(x;\theta)\,dx.$$

前者が大数の法則に対応するもので，後者が中心極限定理に対応するものである．つまり，最尤推定量は，標本平均に似て，漸近的にきれいな性質をもつということである．

さらに別の推定量 $\tilde{\theta}$ も一致性と漸近正規性をもつとしよう．このとき普通は

次の性質が成り立つ：

$$\lim_{n\to\infty} n\mathrm{V}[\check{\theta}] \geq I(\theta^*)^{-1} = \lim_{n\to\infty} n\mathrm{V}[\hat{\theta}].$$

つまり，最尤推定量は，ある意味で，漸近的な分散は最小になり，推定量としてベストである，ということになる．（なお，この性質に関連したフィッシャー情報量の推定における役割は，さらに第 9.3.1 項でも現れることになる．）

つまりこういうことである．最尤推定量は汎用的に使える推定量である．最尤推定量は一致性や漸近正規性というきれいな性質をもつ．最尤推定量は漸近的にはある意味でベストである．ということで，標本数が十分に大きくて最尤推定量が使える状況においては，最尤推定量を使うのが統計ではかなり標準になっている．

もちろん，世の中にはいろいろな母集団があり，最尤推定と相性が悪い場合もあるので，母集団に応じていろいろな工夫がされた推定量があることは言うまでもない．しかしながら，とにもかくにも，最尤推定量は，とりあえずの標準としての地位を確立している．

ところで，正則条件について，少し説明を加えておこう．もちろん，普通の密度関数に対しては，そのような正則条件はみたされている．ただし，自分で本格的にデータを解析しようとして，標準的でない密度関数を構築したような場合には，本当に最尤推定量が使える状況であるかを，その正則条件と照らし合わせてチェックすべきだろう．しかしながら，本書では，これまでと同様に，本筋でない部分はあまり気にせずに，先に進むことにする．

なお，最尤推定量の一致性と漸近正規性の証明は，厳密に行おうとすると，非常にたいへんである．ただし，そこで使われる根本的な証明のテクニックは，漸近論において様々な拡張性をもつので，本書では，だいたいの証明を第 9.5 節で与えることにする．

8.5　例

8.5.1　職場環境の満足度を調べる

社員に「あなたは職場環境に満足していますか」と聞くアンケートを行った．答えは Yes か No である．そして，Yes の割合で満足度を知ることができると

考えたのだが，どうも実際よりもかなり高い満足度が観測されている気がする．個人が特定されるのを恐れて，No であっても Yes と答えている社員が多い気がする．その乖離を抑える手段はいろいろとあるだろうが，ここでは以下の簡単な方法を考えてみよう．

社員に，アンケートに答える前にサイコロを振ってもらって，1 と 2 の目が出たら本当の答えを言ってもらって，それ以外の目が出たら逆の答えを言ってもらう．ただし，サイコロは他人から見られないところで勝手に振ってもらうことにする．そうすることで個人が言い逃れができる状況を作り出しておくのだ．そうすれば本当のことを答えてくれる可能性はかなり高いだろう．ここでは，サイコロを振ってもらうことで，必ず本当のことを言ってくれるという前提で話を進める．しかし，こんなことをして標本を得たとして，満足度をきちんと推定できるのだろうか．これが統計的推定の面白さの一つでもある．

表 8.1 サイコロを振ることによる答えの変化

本当の答え		サイコロを振る		実際の答え
Yes	→	1,2	→	Yes
		3,4,5,6	→	No
No	→	1,2	→	No
		3,4,5,6	→	Yes

問題をきちんと整理しよう．職場環境に満足しているか満足していないかを $X=1$ と $X=0$ で表すことにしよう．そして満足度のパラメータを $\theta = P(X=1)$ で表しておこう．このパラメータ θ を推定したいのである．

サイコロを振って 1 か 2 の目が出る状況を $Y=1$ で表し，それ以外の状況を $Y=0$ で表すことにしよう．このとき $P(Y=1) = 1/3$ である．以降ではわざと $a = 1/3$ と表しておく．この方が計算の見えが良い．もちろんであるが X と Y は独立とする．そして実際に社員が Yes または No で答える状況を $Z=1$ と $Z=0$ で表すことにしよう．

表 8.2 サイコロを振ることによる答えの対応

	サイコロを振った結果	
	$Y=1$（真実を言う）	$Y=0$（ウソを言う）
$X=1$	$Z=1$	$Z=0$
$X=0$	$Z=0$	$Z=1$

得られる無作為標本は $Z_1, \ldots, Z_n$ と表現する．もちろんであるが，標本平均 $\bar{Z}$ は，そのままでは満足度 θ の妥当な推定量にはなっていない．ここで，実際に Yes が観測される確率 $\eta = \mathrm{P}(Z = 1)$ を調べておこう：

$$\begin{aligned}\eta &= \mathrm{P}(Z=1) = \mathrm{P}(X=1, Y=1) + \mathrm{P}(X=0, Y=0) \\ &= \mathrm{P}(X=1)\mathrm{P}(Y=1) + \mathrm{P}(X=0)\mathrm{P}(Y=0) = \theta a + (1-\theta)(1-a) \\ &= (2a-1)\theta + (1-a).\end{aligned}$$

標本平均 $\bar{Z}$ はパラメータ η の妥当な推定量であることは間違いない．そこで，パラメータ θ の推定量を，$\bar{Z} = (2a-1)\theta + (1-a)$ の解として提案することにしよう：

$$\hat{\theta} = \frac{\bar{Z} - (1-a)}{2a - 1}.$$

推定量 $\hat{\theta}$ は不偏推定量でもあるし一致推定量でもあるし最尤推定量でもある（演習問題 [A8.4]）．つまり，サイコロを振って歪んだはずの標本から，適当に歪みを取ることで，満足度 θ の妥当な推定を行うことができるのである．少し付け足すと，最初から最尤推定を考えておけば，自動的に妥当な推定量が得られていたということでもある．

ところで，$a = 1/2$ としてみると，$\eta = 1/2$ となって θ が消える．つまりパラメータ θ が推定できなくなっている．なぜだろうか．例えば，本当の答えは Yes の人が，サイコロを振って $a = 1/2$ の状況で答えるとすると，その答えが Yes であれ No であれ，背後の本当の答えが Yes と No のどちらの可能性が高いかという可能性さえも見えなくなっているからである．つまり，サイコロ投げにおいて，偏りをもたせておくことが重要なのである．例えば，$a = 1/3$ のときは，ウソを言う可能性が高いので，Yes という答えはウソで本当は No である可能性が高いと思えるわけである．あとは確率をきちんと計算することで，その可能性の程度もきちんと測ることができて，妥当な推定ができるというからくりである．

さて，こう考えていくと，a が $1/2$ に近くなるほど推定が悪くなる気がするのだが，それはどのように示せるであろうか．もちろん平均二乗誤差の意味で示すことができる（演習問題 [A8.5]）．逆に a が 1 または 0 に近くなるほど平均二乗誤差が小さくなって嬉しいわけだが，そうすると，サイコロを振っても

振らなくても，そのまま答えるのと大差がなくなってくるので，サイコロ投げによる心理的負担を減らすという当初の目的が達成できなくなってしまう．現実問題としては微妙なところである．

8.5.2 どちらの面積推定が優れているのか

ある長方形の面積を測る問題を考えてみよう．縦と横の長さが μ_x と μ_y であったとする．つまり面積は $S = \mu_x \mu_y$ である．縦と横の長さが分からなかったため，縦と横の長さを計測して，その値を利用して面積を推定することにした．長さを測るときは計測誤差が伴うため，縦と横の長さを n 回ずつ測ることにした．その長さの組を $(X_1, Y_1), \ldots, (X_n, Y_n)$ で表すことにしよう．A さんは，一回あたりの面積は $X_i Y_i$ と表現できるため，面積の推定量として面積の標本平均である $S_A = \sum_{i=1}^n X_i Y_i / n$ を提案した．B さんは，まずは縦と横の長さを標本平均 $\bar{X} = \sum_{i=1} X_i/n$ と $\bar{Y} = \sum_{i=1} Y_i/n$ で推定して，面積の推定量として $S_B = \bar{X}\bar{Y}$ を推定することにした．さて，どちらが良いのだろうか．

$$S_A = \frac{1}{n} \sum_{i=1}^n X_i Y_i. \qquad S_B = \bar{X}\bar{Y}.$$

次のような設定で考えてみよう．縦と横の長さの母集団を象徴的に確率変数 (X, Y) で表しておき，X と Y の平均と分散を (μ_x, σ_x^2) と (μ_y, σ_y^2) であるとする．ここで $(X_1, Y_1), \ldots, (X_n, Y_n)$ は無作為標本であるとする．さらに X と Y は独立であるとしておこう．そして二つの推定量 S_A と S_B の比較を平均二乗誤差で測ることとしよう．

まず $Z = XY$ とおく．二つの確率変数 X と Y は独立なので次が成り立つ：

$$\mathrm{E}[Z] = \mathrm{E}[XY] = \mathrm{E}[X]\mathrm{E}[Y] = \mu_x \mu_y = S.$$

さらに $Z_i = X_i Y_i$ とおく．すると推定量 S_A は次のように表現できる：

$$S_A = \frac{1}{n} \sum_{i=1}^n X_i Y_i = \frac{1}{n} \sum_{i=1}^n Z_i = \bar{Z}.$$

ゆえに推定量 S_A は面積 $S = \mathrm{E}[Z]$ の不偏推定量であることが確認できる．また $Z = XY$ の分散は次のように計算できる：

$$\begin{aligned}
\mathrm{V}[Z] &= \mathrm{E}[(Z-S)^2] = \mathrm{E}[Z^2] - S^2 = \mathrm{E}[X^2 Y^2] - \mu_x^2 \mu_y^2 \\
&= \mathrm{E}[X^2]\mathrm{E}[Y^2] - \mu_x^2 \mu_y^2 = (\mu_x^2 + \sigma_x^2)(\mu_y^2 + \sigma_y^2) - \mu_x^2 \mu_y^2
\end{aligned}$$

$$= \mu_x^2\sigma_y^2 + \mu_y^2\sigma_x^2 + \sigma_x^2\sigma_y^2.$$

そのため，推定量 S_A の平均二乗誤差は，次のように計算できる：

$$\begin{aligned}\mathrm{E}[(S_A - S)^2] &= \mathrm{E}[(\bar{Z} - \mathrm{E}[Z])^2] = \frac{1}{n}\mathrm{V}[Z] \\ &= \frac{1}{n}(\mu_x^2\sigma_y^2 + \mu_y^2\sigma_x^2 + \sigma_x^2\sigma_y^2).\end{aligned}$$

さらに $Z^* = \bar{X}\bar{Y}$ とおいてみよう．推定量 S_B は簡単に $S_B = Z^*$ と表現できる．確率変数 Z^* は，$Z = XY$ と比較すると，単に X と Y を $\bar{X}$ と $\bar{Y}$ で置き換えたものになっている．そのため，幾つかの性質は同様に導かれる．例えば，

$$\mathrm{E}[S_B] = \mathrm{E}[Z^*] = \mathrm{E}[\bar{X}\bar{Y}] = \mathrm{E}[\bar{X}]\mathrm{E}[\bar{Y}] = \mu_x\mu_y = S$$

となり，推定量 S_B は面積 S の不偏推定量であることが確認できる．確率変数 X と $\bar{X}$ の分散がそれぞれ σ_x^2 と σ_x^2/n と表されることから，推定量 S_B の平均二乗誤差は次のように計算できる：

$$\begin{aligned}\mathrm{E}[(S_B - S)^2] &= \mathrm{E}[(Z^* - \mathrm{E}[Z^*])^2] = \mathrm{V}[Z^*] \\ &= \mu_x^2\frac{\sigma_y^2}{n} + \mu_y^2\frac{\sigma_x^2}{n} + \frac{\sigma_x^2}{n}\frac{\sigma_y^2}{n} \\ &= \frac{1}{n}\left(\mu_x^2\sigma_y^2 + \mu_y^2\sigma_x^2 + \frac{1}{n}\sigma_x^2\sigma_y^2\right).\end{aligned}$$

以上から，推定量 S_B の方が，推定量 S_A よりも，平均二乗誤差の意味で優れていることが分かる．もしも母集団分布が正規分布であるとすると，実は S_B は最尤推定量でもある（演習問題 [A8.6]）．また，X と Y が無相関でない場合には，S_B は一致推定量ではあるけれども（不偏推定量ではない），S_A は一致推定量でさえなくなる（演習問題 [A8.7]）．

8.5.3 隠れた因子の相対頻度を推定する

よく知られている血液型は A,B,AB,O であるが，本来は，その背後に，因子によって表現される血液型が存在する．ここでは因子型と呼ぶことにしよう．例えば，因子型が aa や ao であれば，よく知られている血液型の分類としては A 型になる，といった話である．血液型の頻度が分かっていたときに，その背後にある隠れた因子の相対頻度を推定する問題を考えることにしよう．

まずは血液型と因子型の関係を整理する．観測される血液型は A,B,AB,O で

ある．背後には，三つの因子 a,b,o が存在して，因子 a と b が優性である．その関係は表 8.3 のようになる．

表 8.3 血液型と因子型の関係

血液型	A	B	AB	O
因子型	aa,ao	bb,bo	ab	oo

観測される血液型 A,B,AB,O の相対頻度を p_A, p_B, p_{AB}, p_O で表し，因子 a,b,o の相対頻度を $\theta_a, \theta_b, \theta_o$ で表そう．もちろん $p_A + p_B + p_{AB} + p_O = 1$ かつ $\theta_a + \theta_b + \theta_o = 1$ である．集団遺伝学で知られているハーディー・ワインベルグ平衡が成立していると仮定しよう．平たく言えば，A 型の人が B 型の人を好むとかいう偏りが集団に存在していない，という仮定である．すると次の関係式が成り立つ：

$$p_A = \theta_a^2 + 2\theta_a\theta_o, \quad p_B = \theta_b^2 + 2\theta_b\theta_o, \quad p_{AB} = 2\theta_a\theta_b, \quad p_O = \theta_o^2.$$

実際に観測される血液型 A,B,AB,O の人数を $\boldsymbol{X} = (X_A, X_B, X_{AB}, X_O)$ で表すことにしよう．ここで $n = X_A + X_B + X_{AB} + X_O$ とおいておく．標本 $\boldsymbol{X}$ が多項分布 $M(n; p_A, p_B, p_{AB}, p_O)$ に従っていると想定されたとき，背後に想定されている因子の相対頻度 $\boldsymbol{\theta} = (\theta_a, \theta_b, \theta_o)$ をどうやって推定すればよいであろうか．このような複雑な推定問題のときには最尤推定が便利である．

対数尤度は次のように表現される：

$$\begin{aligned}
l(\boldsymbol{\theta}; \boldsymbol{x}) &= \log f(\boldsymbol{x}; \boldsymbol{\theta}) = \log\left(\frac{n!}{x_A! x_B! x_{AB}! x_O!} p_A^{x_A} p_B^{x_B} p_{AB}^{x_{AB}} p_O^{x_O}\right) \\
&= x_A \log p_A + x_B \log p_B + x_{AB} \log p_{AB} + x_O \log p_O \\
&\quad + \log \frac{n!}{x_A! x_B! x_{AB}! x_O!} \\
&= x_A \log(\theta_a^2 + 2\theta_a\theta_o) + x_B \log(\theta_b^2 + 2\theta_b\theta_o) + x_{AB} \log(2\theta_a\theta_b) \\
&\quad + x_O \log \theta_o^2 + \log \frac{n!}{x_A! x_B! x_{AB}! x_O!}.
\end{aligned}$$

これを最大にする $\boldsymbol{\theta} = (\theta_a, \theta_b, \theta_o)$ が最尤推定値 $\hat{\boldsymbol{\theta}} = (\hat{\theta}_a, \hat{\theta}_b, \hat{\theta}_o)$ となる．具体的には，標本値は以下であったとしよう：

$$x_A = 43, \quad x_B = 12, \quad x_{AB} = 6, \quad x_O = 39.$$

実際に計算機を使って最尤推定値を求めさせてみると，因子の相対頻度のおおよその推定値として，次が得られた：

$$\hat{\theta}_a = 0.285, \quad \hat{\theta}_b = 0.094, \quad \hat{\theta}_o = 0.621.$$

この推定値をもとにして計算できる標本の期待値の推定値はおおよそ次になる：

$$\mathrm{E}[X_A]|_{\boldsymbol{\theta}=\hat{\boldsymbol{\theta}}} = n\hat{p}_A = 43.5, \quad \mathrm{E}[X_B]|_{\boldsymbol{\theta}=\hat{\boldsymbol{\theta}}} = n\hat{p}_B = 12.6,$$
$$\mathrm{E}[X_{AB}]|_{\boldsymbol{\theta}=\hat{\boldsymbol{\theta}}} = n\hat{p}_{AB} = 5.4, \quad \mathrm{E}[X_O]|_{\boldsymbol{\theta}=\hat{\boldsymbol{\theta}}} = n\hat{p}_O = 38.5.$$

これらの値は実際に標本値に近い値になっている．

演 習 問 題 A

[A8.1] （不偏性の調整）　第 8.2 節において，パラメータ σ^2 に対するプラグイン型の推定量 $\tilde{\sigma}^2$ が不偏性をもつように調整せよ．

[A8.2] （標本共分散）　母集団を表す確率変数を (X,Y) とする．母集団からの無作為標本を $(X_1,Y_1),\ldots,(X_n,Y_n)$ と表しておく．共分散 $\sigma_{xy} = \mathrm{Cov}[X,Y]$ に対する標本共分散 S_{xy} が不偏推定量でもあり一致推定量でもあることを示せ．

[A8.3] （最良線形不偏推定量）　母集団の平均を μ とする．母集団からの無作為標本を $X_1,\ldots,X_n$ とする．パラメータ μ に対する線形不偏推定量 $T_w = \sum_{i=1}^n w_i X_i$ が，平均二乗誤差を最小にするのは，標本平均 $\bar{X}$ のときであることを示せ．

[A8.4] （標本の歪みを取る）　第 8.5.1 項において，提案された推定量 $\hat{\theta}$ が，不偏推定量であり一致推定量であり最尤推定量であることを示せ．

[A8.5] （標本の歪みと平均二乗誤差の関係）　第 8.5.1 項において，推定量 $\hat{\theta}$ の平均二乗誤差は，$|a-1/2|$ が増えると減少することを示せ．

[A8.6] （最尤推定量）　第 8.5.2 項において，母集団が正規分布のときに，S の最尤推定量が S_B であることを示せ．

[A8.7] （一致推定量）　第 8.5.2 項において，X と Y が無相関でないときに，S_B は S の一致推定量ではあるけれども，S_A は S の一致推定量でさえないことを示せ．

演 習 問 題 B

[B8.1] （ガンマ分布のパラメータのモーメント法による推定）　母集団を表す確率変数を X とする．母集団分布をガンマ分布 $\Gamma(\alpha,\beta)$ とする．いま，$\mathrm{E}[X] = \alpha/\beta$ と $\mathrm{E}[X^2] = \alpha(\alpha+1)/\beta^2$ を利用して，パラメータ α と β のモーメント推定量を作れ．

[B8.2] （相関のある標本に基づく推定）　いま n 個の標本 $X_1,\ldots,X_n$ があるとす

る．それぞれの平均と分散は μ と σ^2 とする．このとき標本平均 $\bar{X}$ はパラメータ μ の不偏推定量である．標本間の相関が 0 のときは一致推定量であることも既に知っている．ところで，相関が，$\mathrm{Corr}[X_i, X_j] = \rho^{|i-j|}$ ($|\rho| < 1$) と書けたとしよう．つまり，添字 i が一つずれるたびに相関が ρ ずつかかっていって，添字が遠いほど相関は小さくなっていく感じである．このときも標本平均 $\bar{X}$ がパラメータ μ の一致推定量であることを示せ．

[B8.3] （**実験計画**） ある天秤がある．この天秤で重さを量るとき，少し誤差があって，真の重さが μ であるときに，その近似値として X を提示するという．その確率的挙動が $N(\mu, \sigma^2)$ であるとする．いま二つの物体 A と物体 B があるとする．さらに物体 A が重いとする．天秤を二回使って物体の重さを量るときに次のどちらの方法が優れているのだろうか：

(i) まずは物体 A を量って，次に物体 B を量る．

(ii) 二つの物体を同時に量ったときの重さを S とする．二つの物体を右と左に載せて天秤で二つの物体の差を量ったときの重さを $D > 0$ とする．このとき，物体 A の重さを $(S+D)/2$ とし，物体 B の重さを $(S-D)/2$ とする．

平均二乗誤差の観点から二つの方法を比較せよ．

[B8.4] （**ポートフォリオ**） 二種類の株 A と株 B がある．それぞれの株価の確率的挙動を X と Y で表しておく．それぞれの平均的な儲けに関しては同じであり（$\mathrm{E}[X] = \mathrm{E}[Y] = \mu$），ばらつきに関しても同じであるとする（$\mathrm{V}[X] = \mathrm{V}[Y] = \sigma^2$）．このときは，200 万円の資産を，すべて株 A に投資するよりも，100 万円ずつ株 A と株 B に分散投資した方が，分散（リスク）の観点からは得である．その理由を述べよ．

[B8.5] （**不偏推定量の改良**） 母集団を表す確率変数を X とする．母集団はパラメータ θ によって特徴づけられているとする．母集団からの無作為標本を $X_1, \ldots, X_n$ で表しておく．いまパラメータ θ の不偏推定量として $\hat{\theta}(X_1)$ があったとする．このとき，次の推定量は，推定量 $\hat{\theta}(X_1)$ よりも平均二乗誤差の意味で優れていることを示せ：
$$\check{\theta} = \frac{1}{n} \sum_{i=1}^{n} \hat{\theta}(X_i).$$
では，$\hat{\theta}(X_1, X_2)$ という不偏推定量があった場合は，どうすれば改良推定量が作れるのか．

[B8.6] （**分散が異なる場合の平均の推定**） いま n 個の独立な標本 $X_1, \ldots, X_n$ があるとする．そして $X_i \sim N(\mu, \sigma_i^2)$ であったとする．さらに $\sigma_1^2, \ldots, \sigma_n^2$ は既知とする．そしてパラメータ μ の推定を考える．最良線形不偏推定量も最尤推定量

も次になることを示せ：
$$\hat{\mu} = \sum_{i=1}^{n} w_i X_i, \qquad w_i = (1/\sigma_i^2) \Big/ \sum_{i=1}^{n} (1/\sigma_i^2).$$
(つまり，ばらつきの具合に応じて，標本の重みを変えて，標本平均を取るとよい．)

[**B8.7**] （**フィッシャー情報量**） 次の確率分布に対してフィッシャー情報量を計算せよ：(i) パラメータ p をもつベルヌーイ分布．(ii) 指数分布 $Ex(\lambda)$．(iii) 正規分布 $N(\mu,\sigma^2)$．(a) σ^2 が既知の場合．(b) σ^2 が未知の場合．

第 9 章
点推定（発展）**

前章では点推定の基本を扱った．本章では点推定に関連した発展的な話題を扱うことにしよう．かなり数学的なので，興味のない読者は，読み飛ばしてもよいだろう．しかしながら，数学的な部分に強い興味のある読者は，ぜひ読んで欲しいと思う．

9.1 指数型分布族**

本節では，ある特殊な密度関数の型を紹介しよう．この型の密度関数は，いろいろと便利な性質をもっていて，本章では，しばしば登場することになる．

密度関数は，次のような表現をもつときに，（標準形の）**指数型 (exponential type)** であるといわれる：

$$f(x;\theta) = \exp\{\theta\, t(x) - \psi(\theta) + b(x)\}.$$

もちろん $\int f(x;\theta)dx = 1$ とする．さらに普通は $\psi''(\theta) > 0$ を想定する．（厳密には，そのほかにも，いろいろと付け加えるべき性質はあるのだけれども，小さいことなので，このまま先へ進むことにしよう．）そして，密度関数が指数型である分布は指数型分布といわれ，指数型分布の族 $\{f(x;\theta) : \theta \in \Theta\}$ は**指数型分布族 (exponential family)** と呼ばれている．

本当に多くの密度関数が指数型である（演習問題 [A9.1]）．ここではポアソン分布と正規分布の場合に確認しておこう．まずはポアソン分布 $Po(\lambda)$ の場合を考えてみる．密度関数は次のように表現できる：

$$\log f(x) = x\log\lambda - \lambda - \log x! = \theta\, t(x) - \psi(\theta) + b(x),$$
$$\theta = \log\lambda,\ t(x) = x,\ \psi(\theta) = \lambda = e^\theta,\ b(x) = -\log x!.$$

次に正規分布 $N(\mu,\sigma^2)$ の場合を考えてみる．まずは分散 σ^2 を既知として平均 μ だけがパラメータであるとする．密度関数は次のように表現できる：

$$\begin{aligned}\log f(x) &= -\frac{1}{2}\log(2\pi\sigma^2)-\frac{(x-\mu)^2}{2\sigma^2}\\ &= -\frac{1}{2}\log(2\pi)-\frac{1}{2}\log\sigma^2-\frac{1}{2\sigma^2}x^2+\frac{\mu}{\sigma^2}x-\frac{\mu^2}{2\sigma^2}\\ &= \theta\,t(x)-\psi(\theta)+b(x),\end{aligned}$$

$$\theta=\frac{\mu}{\sigma^2},\quad t(x)=x,\quad \psi(\theta)=\frac{\mu^2}{2\sigma^2}=\frac{\sigma^2}{2}\theta^2,$$
$$b(x)=-\frac{1}{2}\log(2\pi)-\frac{1}{2}\log\sigma^2-\frac{1}{2\sigma^2}x^2.$$

分散 σ^2 もパラメータの場合を考えることにしよう．この場合は，パラメータの数が二つなので，先ほどの表現を少し拡張して考えればよい：

$$\log f(x) = \theta_1 t_1(x)+\theta_2 t_2(x)-\psi(\theta_1,\theta_2)+b(x),$$

$$\theta_1=\frac{\mu}{\sigma^2},\quad t_1(x)=x,\quad \theta_2=-\frac{1}{2\sigma^2},\quad t_2(x)=x^2,$$
$$\psi(\theta_1,\theta_2)=\frac{1}{2}\log\sigma^2+\frac{\mu^2}{2\sigma^2}=-\frac{1}{2}\log(-2\theta_2)-\frac{\theta_1^2}{4\theta_2},$$
$$b(x)=-\frac{1}{2}\log(2\pi).$$

ここで，基本となる統計量 $t(X)$ に対する考察を，もう少しだけ進めておこう．実は次の性質が成り立つ：

$$\mathrm{E}_\theta[t(X)]=\psi'(\theta)\quad(=\eta(\theta)\text{ とおく}).\qquad \mathrm{V}_\theta[t(X)]=\psi''(\theta)=I(\theta).$$

この証明は次のように行える．密度関数なので次が成り立っている：

$$1=\int\exp\{\theta\,t(x)-\psi(\theta)+b(x)\}\,dx.$$

両辺を θ で微分すると次が得られる：

$$\begin{aligned}0 &= \int\{t(x)-\psi'(\theta)\}\exp\{\theta\,t(x)-\psi(\theta)+b(x)\}\,dx\\ &= \int\{t(x)-\psi'(\theta)\}f(x;\theta)dx=\mathrm{E}_\theta[t(X)]-\psi'(\theta).\end{aligned}$$

ゆえに $\mathrm{E}_\theta[t(X)]=\psi'(\theta)$ が成り立つ．さらに θ で微分してみる：

$$0 = \int\left[-\psi''(\theta)+\{t(x)-\psi'(\theta)\}^2\right]\exp\{\theta\,t(x)-\psi(\theta)+b(x)\}\,dx$$

$$= -\psi''(\theta) + V_\theta[t(X)].$$

ゆえに $V_\theta[t(X)] = \psi''(\theta)$ が成り立つ．そして次も成り立つ：

$$\begin{aligned} I(\theta) &= E_\theta\left[-\frac{d^2}{d\theta^2}\log f(X;\theta)\right] = E_\theta\left[-\frac{d^2}{d\theta^2}\{\theta\,t(X) - \psi(\theta) + b(X)\}\right] \\ &= \psi''(\theta). \end{aligned}$$

9.2 十分統計量**

9.2.1 十分統計量の定義**

母集団分布がパラメータ θ をもつベルヌーイ分布である場合を考えよう．その母集団からの無作為標本 $X_1,\ldots,X_n$ があるとする．このとき，標本 $\boldsymbol{X} = (X_1,\ldots,X_n)$ の同時密度関数は次になる：

$$\begin{aligned} f_n(\boldsymbol{x};\theta) &= \prod_{i=1}^n f(x_i;\theta) = \prod_{i=1}^n \theta^{x_i}(1-\theta)^{1-x_i} \\ &= \theta^s(1-\theta)^{n-s} \quad \left(s = S(\boldsymbol{x}) = \sum_{i=1}^n x_i\right). \end{aligned}$$

同時密度関数は s だけに依存している．そのため，同じ標本値 s をもつ標本値 $\boldsymbol{x}$ は，パラメータ θ の値に関わりなく，同じ確率をもつわけである．そのため，統計量 $S = S(\boldsymbol{X}) = \sum_{i=1}^n X_i$ には，何らかの役割があると考えられる．それを考えてみよう．

統計量 $S = \sum_{i=1}^n X_i$ は二項分布 $B(n;\theta)$ に従う．ここで，統計量 S を与えた下での $\boldsymbol{X}$ の条件付密度関数を，次のように表現してみよう：

$$f(\boldsymbol{x}\,|\,S=s;\theta) = \frac{f_n(\boldsymbol{x};\theta)}{f_S(s;\theta)} = \frac{\theta^s(1-\theta)^{n-s}}{{}_nC_s\theta^s(1-\theta)^{n-s}} = \frac{1}{{}_nC_s}.$$

条件付密度関数はパラメータ θ に依存していない．つまり，統計量 S が与えられると，標本 $\boldsymbol{X}$ の条件付確率分布は，パラメータ θ に依存しなくなるということである．

いまの話を一般的に整理することにしよう．母集団がパラメータ θ によって特徴づけられているとする．母集団からの標本 $\boldsymbol{X} = (X_1,\ldots,X_n)$ に対して，ある統計量 $S = S(\boldsymbol{X})$ を与えた下での標本 $\boldsymbol{X}$ の条件付確率分布が，パラメータ θ に依存しないときに，統計量 S を，パラメータ θ に対する**十分統計量 (sufficient** statistic) という．

9.2.2 分解定理**

さて，ある統計量が十分統計量であることを，先ほどの定義に従わずに，最初に提示したベルヌーイ分布のときのイメージのように，条件付密度関数などを経由せずに，もっと簡単にチェックすることはできないだろうか．実は，より緩やかな条件によって，ある統計量が十分統計量であることを，簡単にチェックできる．それが**分解定理 (factorization theorem)** である．

母集団がパラメータ θ によって特徴づけられているとする．母集団からの標本 $\boldsymbol{X} = (X_1, \ldots, X_n)$ があるとする．統計量 $S = S(\boldsymbol{X})$ がパラメータ θ に対する十分統計量であるための必要十分条件は，標本 $\boldsymbol{X}$ の同時密度関数 $f_n(\boldsymbol{x}; \theta)$ に対して，次のような表現が可能になることである：

$$f_n(\boldsymbol{x}; \theta) = g(S(\boldsymbol{x}); \theta)\, h(\boldsymbol{x}) \qquad (g(S(\boldsymbol{x}); \theta) \geq 0,\ h(\boldsymbol{x}) \geq 0).$$

分解定理のありがたいところは，統計量 S に関わる密度関数や条件付密度関数を，事前に明示的に得ていなくても，統計量 S が十分統計量かどうかを判断できる点である．

さらに，分解定理から，すぐに想像できることだけれども，十分統計量を一対一変換した統計量も，また，十分統計量になる．例えば，第 9.2.1 項のベルヌーイ分布の例において，和の統計量 $S = \sum_{i=1}^n X_i$ は十分統計量であったが，標本平均 $\bar{X} = S/n$ も十分統計量になる．

さて，分解定理を証明することにしよう．まずは標本が離散型であったとする．十分性から証明しよう．いま $s = S(\boldsymbol{x})$ とおく．統計量 S がパラメータ θ に対する十分統計量であることから，条件付密度関数は，パラメータ θ に依存しない形で表現できる：$f(\boldsymbol{x} \mid S = s; \theta) = f_n(\boldsymbol{x}; \theta)/f_S(s; \theta) = h(\boldsymbol{x})$. あとは $f_S(s; \theta) = g(s; \theta)$ とおけば $f_n(\boldsymbol{x}; \theta) = g(S(\boldsymbol{x}); \theta)\, h(\boldsymbol{x})$ が得られる．次に必要性を証明しよう．統計量 S の密度関数は次で表現できる：

$$\begin{aligned} f_S(s; \theta) &= \sum_{\boldsymbol{x};\, S(\boldsymbol{x}) = s} f_n(\boldsymbol{x}; \theta) = \sum_{\boldsymbol{x};\, S(\boldsymbol{x}) = s} g(S(\boldsymbol{x}); \theta)\, h(\boldsymbol{x}) \\ &= g(s; \theta) \sum_{\boldsymbol{x};\, S(\boldsymbol{x}) = s} h(\boldsymbol{x}). \end{aligned}$$

よって条件付密度関数は次のように表現できる：

$$f(\boldsymbol{x} \mid S = s; \theta) = \frac{f_n(\boldsymbol{x};\theta)}{f_S(s;\theta)} = \frac{g(s;\theta)\,h(\boldsymbol{x})}{g(s;\theta)\sum_{\boldsymbol{x};\,S(\boldsymbol{x})=s} h(\boldsymbol{x})} = \frac{h(\boldsymbol{x})}{\sum_{\boldsymbol{x};\,S(\boldsymbol{x})=s} h(\boldsymbol{x})}.$$

これはパラメータ θ に依存していない．ゆえに，統計量 S は，パラメータ θ に対する十分統計量である．標本 $\boldsymbol{X}$ が連続型であるときも，適当な場合には，ほぼ同様の証明が可能である（演習問題 [A9.2]）．

ところで，母集団の密度関数が指数型であるとき，十分統計量は何になるのであろうか．同時密度関数を変形してみよう：

$$\begin{aligned} f_n(\boldsymbol{x};\theta) &= \prod_{i=1}^n f(x_i;\theta) = \prod_{i=1}^n \exp\{\theta\,t(x_i) - \psi(\theta) + b(x_i)\} \\ &= \exp\left\{\theta \sum_{i=1}^n t(x_i) - n\psi(\theta)\right\} \exp\left\{\sum_{i=1}^n b(x_i)\right\}. \end{aligned}$$

ゆえに，分解定理より，統計量 $S = \sum_{i=1}^n t(X_i)$ が，パラメータ θ に対する十分統計量であると分かる．もちろん，統計量 $t(X)$ に対する標本平均 $\bar{t} = S/n$ も十分統計量である．

9.2.3　ラオ・ブラックウェルの定理**

いま，パラメータ θ に対して，何らかの推定量があるとしよう．このとき，パラメータ θ に対する十分統計量を使うことによって，平均二乗誤差を小さくするという意味で，もとの推定量よりも良くなる推定量を作ることを試みよう．

パラメータ θ に対する推定量 T があるとする．統計量 S がパラメータ θ に対する十分統計量であったとする．そして条件付期待値に基づく推定量 $U = \mathrm{E}[T \mid S]$ を考える．ここでポイントとなっているのは，普通は条件付期待値はパラメータ θ に依存するのだけれども，統計量 S が十分統計量なので，$U = \mathrm{E}[T \mid S]$ はパラメータ θ に依存していなくて，推定量になれるという点である．このとき次が成り立つ：

$$\mathrm{E}[(T-\theta)^2] \geq \mathrm{E}[(U-\theta)^2], \qquad U = \mathrm{E}[T \mid S].$$

これを**ラオ・ブラックウェルの定理 (Rao-Blackwell theorem)** という．ゆえに，平均二乗誤差を小さくするという意味では，もとの推定量 T よりも条件付期待値に基づく推定量 $U = \mathrm{E}[T \mid S]$ の方が良く，推定量は十分統計量に依存した形で考えればよいということが分かる．

さて，証明を行おう．最初に次を注意しておく：

$$\mathrm{E}[(T-U)\,|\,S] = \mathrm{E}[T\,|\,S] - \mathrm{E}[U\,|\,S] = U - U = 0.$$

すると次が成り立つ：

$$\begin{aligned}
\mathrm{E}[(T-U)(U-\theta)] &= \mathrm{E}\bigl[\mathrm{E}[(T-U)(U-\theta)\,|\,S]\bigr] \\
&= \mathrm{E}\bigl[\mathrm{E}[(T-U)\,|\,S]\,(U-\theta)\bigr] = 0.
\end{aligned}$$

結果として，次が成り立つ．

$$\begin{aligned}
\mathrm{E}[(T-\theta)^2] &= \mathrm{E}[\{(T-U)+(U-\theta)\}^2] \\
&= \mathrm{E}[(T-U)^2 + (U-\theta)^2 + 2(T-U)(U-\theta)] \\
&= \mathrm{E}[(T-U)^2] + \mathrm{E}[(U-\theta)^2] \geq \mathrm{E}[(U-\theta)^2].
\end{aligned}$$

具体的な例を挙げてみよう．パラメータ θ をもつベルヌーイ分布をあらためて考えてみる．十分統計量は $S = \sum_{i=1}^{n} X_i$ であった．条件付密度関数は厳密には次で表現できる：

$$\begin{aligned}
f(\boldsymbol{x}\,|\,S=s) &= \frac{1}{{}_nC_s} \quad \left(x_1,\ldots,x_n = 0,1,\ \sum_{i=1}^{n} x_i = s\right), \\
&= 0 \qquad (\text{そのほか}).
\end{aligned}$$

いま，最初の標本だけを使う推定量 $T = X_1$ を考えてみよう．そして条件付期待値に基づく推定量を導出してみる：

$$\begin{aligned}
U &= \mathrm{E}[T\,|\,S] = \mathrm{E}[X_1\,|\,S] = \sum_{x_1,\ldots,x_n=0,1} x_1 \times 1\left(\sum_{i=1}^{n} x_i = S\right) \frac{1}{{}_nC_S} \\
&= \sum_{x_2,\ldots,x_n=0,1} 1\left(\sum_{i=2}^{n} x_i = S-1\right) \frac{1}{{}_nC_S} = \frac{{}_{n-1}C_{S-1}}{{}_nC_S} = \frac{S}{n} = \bar{X}.
\end{aligned}$$

ここで，$1(\mathcal{A})$ は定義関数であり，$\mathcal{A}$ が正しければ $1(\mathcal{A}) = 1$ となり，$\mathcal{A}$ が間違っていれば $1(\mathcal{A}) = 0$ となる．結果的に，いつも使っている推定量が，目の前に出てくる．もちろん，いろいろな確率分布に対しても，ラオ・ブラックウェルの定理を応用できる．

9.2.4 完備十分統計量に関連した話題**

十分統計量に関しては，さらに発展的な話題として，完備十分統計量に関連した話題がある．完備性を利用すると，さらに幾つかの面白いことを知ることができる．本項では，ざっと簡単な紹介だけを行っておくことにしよう．

まずは完備性の定義を用意しておこう．統計量 S が，任意の θ に対して $\mathrm{E}_\theta[g(S)] = 0$ をみたすとき，そのような関数 $g(S)$ は $g(S) = 0$ しかない，というときに，統計量 S は**完備 (complete)** であるといわれる．そのような完備性をもつ十分統計量は完備十分統計量といわれる（演習問題 [A9.3]）．

ここで言葉を一つ用意しておこう．不偏推定量の中で，パラメータの値が何であっても，一様に分散を最小にしている推定量を，**一様最小分散不偏推定量 (uniformly minimum variance unbiased estimator, UMVUE)** という．完備十分統計量が分かると，このような推定量を簡単に作ることができる．

統計量 S がパラメータ θ に対する完備十分統計量とする．パラメータ θ に対する不偏推定量 T があるとする．このとき，条件付期待値に基づく推定量 $U = \mathrm{E}[T \mid S]$ は，一様最小分散不偏推定量になる．さらに，完備十分統計量 S の関数である不偏推定量としては，唯一である．これをレーマン・シェフェの**定理 (Lehmann-Scheffe theorem)** という（演習問題 [A9.4]）．

いま，統計量 T は不偏である．そのため，条件付期待値に基づく推定量 $U = \mathrm{E}[T \mid S]$ も不偏である．ゆえに，ラオ・ブラックウェルの定理から，条件付期待値に基づく推定量 U が，もとの推定量 T よりも，分散の意味で良いことは分かる．レーマン・シェフェの定理からは，さらに，条件付期待値に基づく推定量 U が，不偏推定量の中で分散を一様に最小にしていて，ある意味では唯一であることまで分かるわけである．

ちなみに，指数型分布においては，統計量 $\bar{t}$ は十分統計量であったが，普通は完備性も併せもつ．その上に，レーマン・シェフェの定理も合わせると，例えば，次のことが分かる（演習問題 [A9.5]）：多くの確率分布に対しては，標本平均 $\bar{X}$ が，適当なパラメータに対する一様最小分散不偏推定量である．正規分布 $N(\mu, \sigma^2)$ において，分散 σ^2 に対する標本分散 S^2 は，一様最小分散不偏推定量である．

9.3　有　効　推　定**

平均二乗誤差を小さくする推定量は，良い推定量であると考えられる．それでは，平均二乗誤差は，どこまでも小さくすることができるのだろうか．本節では，推定量が不偏性をもつという設定の下で，この問題を考えてみる．

9.3.1 クラメール・ラオの不等式と有効性**

母集団はパラメータ θ によって特徴づけられているとする．母集団からの無作為標本を $X_1,\ldots,X_n$ とする．そして $\boldsymbol{X}=(X_1,\ldots,X_n)$ とおく．ここで，パラメータ $g(\theta)$ を，何らかの推定量 $T(\boldsymbol{X})$ で推定することにしよう．さらに，推定量 $T(\boldsymbol{X})$ は，不偏であるとしよう．このとき次の不等式が成り立つ：

$$\mathrm{E}_\theta[(T-g(\theta))^2] = \mathrm{V}_\theta[T] \geq \frac{\{g'(\theta)\}^2}{nI(\theta)}.$$

この不等式は（無作為標本に対する）**クラメール・ラオの不等式 (Cramer-Rao's inequality)** と呼ばれている．ゆえに不偏推定量の平均二乗誤差（または分散）には下限が存在するということである．この下限を達成する推定量は**有効 (efficient)** であるといわれる．

クラメール・ラオの不等式の証明は，第 9.3.2 項で行うことにする．特に，クラメール・ラオの不等式の等号が成り立つ場合は，第 9.3.3 項で扱う．そこでは，指数型分布との関係も触れることになる．

なお，すぐに分かることだけれども，有効推定量は，分散の下限を達成しているので，一様最小分散不偏推定量にもなる．逆は必ずしも成り立たない（第 9.3.3 項）．

9.3.2 クラメール・ラオの不等式の証明**

以下の数式の展開においては，本来であれば微分可能性とか微分と積分の交換可能性とか，それらに関連した様々な条件が必要である．ただし，既に宣言したように，本書では，誤解を生じない限り，本質的でない説明は省くことにする．細かいことには煩わされずに先へ進んで行くことにしよう．

最初に幾つかの準備をしておく．密度関数の対数とその微分を次で表現しておく：

$$l(x;\theta) = \log f(x;\theta), \qquad s(x;\theta) = \frac{d}{d\theta}l(x;\theta) = \frac{1}{f(x;\theta)}\frac{d}{d\theta}f(x;\theta).$$

対数尤度をパラメータ θ で微分した関数 $s(x;\theta)$ は**スコア関数 (score function)** と呼ばれている．密度関数の性質から $1 = \int f(x;\theta)dx$ が成り立つ．この両辺を θ で微分してみる：

$$0 = \frac{d}{d\theta}\int f(x;\theta)dx = \int \frac{d}{d\theta}f(x;\theta)dx$$

$$= \int s(x;\theta)f(x;\theta)dx = \mathrm{E}_\theta[s(X;\theta)].$$

ここで，スコア関数の期待値は，常に 0 であると分かる．さらに θ で微分してみる：

$$\begin{aligned} 0 &= \frac{d}{d\theta}\int s(x;\theta)f(x;\theta)dx = \int \frac{d}{d\theta}\left\{s(x;\theta)f(x;\theta)\right\}dx \\ &= \int \left\{\frac{d}{d\theta}s(x;\theta)f(x;\theta) + s(x;\theta)\frac{d}{d\theta}f(x;\theta)\right\}dx \\ &= \int \left\{\frac{d^2}{d\theta^2}l(x;\theta)f(x;\theta) + s(x;\theta)^2 f(x;\theta)\right\}dx \\ &= -\mathrm{E}_\theta\left[-\frac{d^2}{d\theta^2}l(X;\theta)\right] + \mathrm{E}_\theta\left[\left(\frac{d}{d\theta}l(X;\theta)\right)^2\right]. \end{aligned}$$

ゆえに次が成り立つ：

$$\begin{aligned} I(\theta) &= \mathrm{E}_\theta\left[-\frac{d^2}{d\theta^2}l(X;\theta)\right] = \mathrm{E}_\theta\left[\left(\frac{d}{d\theta}l(X;\theta)\right)^2\right] \\ &= \mathrm{E}_\theta\left[s(X;\theta)^2\right] = \mathrm{V}_\theta[s(X;\theta)]. \end{aligned}$$

さて本論に入ろう．統計量 $T(X)$ がパラメータ $g(\theta)$ の不偏推定量であるとする：

$$g(\theta) = \mathrm{E}_\theta[T(X)] = \int T(x)f(x;\theta)dx.$$

この両辺を θ で微分してみる：

$$g'(\theta) = \frac{d}{d\theta}\int T(x)f(x;\theta)dx = \int T(x)s(x;\theta)f(x;\theta)dx = \mathrm{E}_\theta\left[T(X)s(X;\theta)\right].$$

スコア関数の期待値が常に 0 であることに着目すると，上記は次のように表現できる：

$$\begin{aligned} g'(\theta) &= \mathrm{E}_\theta\left[T(X)s(X;\theta)\right] = \mathrm{E}_\theta\left[(T(X) - g(\theta))s(X;\theta)\right] \\ &= \mathrm{Cov}_\theta[T(X), s(X;\theta)]. \end{aligned}$$

ここでコーシー・シュバルツの不等式を使ってみる：

$$\begin{aligned} \{g'(\theta)\}^2 &= \{\mathrm{Cov}_\theta[T(X), s(X;\theta)]\}^2 \\ &\leq \mathrm{V}_\theta[T(X)]\mathrm{V}_\theta[s(X;\theta)] = \mathrm{V}_\theta[T(X)]I(\theta). \end{aligned} \quad (9.1)$$

ゆえに次が成り立つ：

$$\mathrm{E}_\theta[(T(X)-g(\theta))^2] = \mathrm{V}_\theta[T(X)] \geq \frac{\{g'(\theta)\}^2}{I(\theta)}.$$

ここまでは標本が一つであるとして話を進めていた．普通は標本は n 個なので，その場合についても話を進めておこう．単に，推定量を $T(X)$ から $T(\boldsymbol{X})$ に置き換え，それに伴って密度関数を $f(x;\theta)$ から $f_n(\boldsymbol{x};\theta)=\prod_{i=1}^n f(x_i;\theta)$ に置き換えて，同じように話を進めればよいだけである．つまりフィッシャー情報量 $I(\theta)=\mathrm{E}_\theta\left[-(d^2/d\theta^2)l(X;\theta)\right]$ の部分を次で置き換えればよい：

$$\begin{aligned}\mathrm{E}_\theta\left[-\frac{d^2}{d\theta^2}l(\boldsymbol{X};\theta)\right] &= \mathrm{E}_\theta\left[-\frac{d^2}{d\theta^2}\sum_{i=1}^n l(X_i;\theta)\right] = \sum_{i=1}^n \mathrm{E}_\theta\left[-\frac{d^2}{d\theta^2}l(X_i;\theta)\right]\\ &= nI(\theta).\end{aligned}$$

結果的に，クラメール・ラオの不等式が証明されたことになる．

9.3.3 指数型分布族と有効推定**

ところで，クラメール・ラオの不等式の等号が成り立つ場合は，どんなときであろうか．簡単のために標本が一つのときで考えることにしよう．クラメール・ラオの不等式の導出過程においての本質は，(9.1) 式においてコーシー・シュバルツの不等式を使ったことである．そのため，クラメール・ラオの不等式の等号が成り立つのは，コーシー・シュバルツの不等式の等号条件から，適当な θ の関数 $u(\theta)$ と $v(\theta)$ に対して，確率 1 で次の線形関係が成り立つときである：

$$s(X;\theta) = \frac{d}{d\theta}l(X;\theta) = u(\theta)T(X)+v(\theta).$$

ここでは $I(\theta)=\mathrm{V}_\theta[s(X;\theta)]>0$ を利用した．そして，両辺を θ で積分して，確率変数 X を x で置き換えると，次の表現が得られる：

$$l(x;\theta) = \log f(x;\theta) = U(\theta)T(x)+V(\theta)+W(x).$$

この密度関数は，標準形ではないけれども，指数型の密度関数と同じ表現をもっている．普通は，$U(\theta)$ は狭義単調関数と捉えられるので（説明略），$U(\theta)$ を θ と置きなおすことで，標準形の指数型と同じと捉えることもできる．いま分かったことは，有効推定量が存在するための必要条件は，密度関数が指数型であるということである．

さて，密度関数が標準形の指数型であると想定して，さらに話を進めよう：

$$f(x;\theta) = \exp\left\{\theta\,t(x)-\psi(\theta)+b(x)\right\}.$$

9.3 有効推定**

まず，統計量 $t(X)$ に対する標本平均を用意してみる：
$$\bar{t} = \frac{1}{n}\sum_{i=1}^{n} t(X_i).$$
この統計量 $\bar{t}$ は，もちろん，パラメータ $\eta(\theta) = \mathrm{E}_\theta[t(X)] = \psi'(\theta)$ に対する不偏推定量である．さらに分散を計算してみる：
$$\mathrm{V}_\theta[\bar{t}] = \mathrm{V}_\theta\left[\frac{1}{n}\sum_{i=1}^{n} t(X_i)\right] = \frac{1}{n}\mathrm{V}_\theta[t(X)] = \frac{1}{n}I(\theta).$$
そして，クラメール・ラオの不等式による下限を計算してみる：
$$\frac{\{\eta'(\theta)\}^2}{nI(\theta)} = \frac{\{\psi''(\theta)\}^2}{nI(\theta)} = \frac{I(\theta)^2}{nI(\theta)} = \frac{1}{n}I(\theta).$$
以上から次が言える：

推定量 $\bar{t}$ はパラメータ $\eta(\theta) = \mathrm{E}_\theta[t(X)]$ に対する有効推定量である．

さらに最尤推定量を考えてみよう．対数尤度は次で表現される：
$$\begin{aligned} l(\theta;\boldsymbol{x}) &= \sum_{i=1}^{n}\log f(x_i;\theta) = \sum_{i=1}^{n}\{\theta\, t(x_i) - \psi(\theta) + b(x_i)\} \\ &= n\{\theta\bar{t} - \psi(\theta)\} + \sum_{i=1}^{n} b(x_i). \end{aligned}$$
これを θ で微分して尤度方程式を考えると次が得られる：
$$\bar{t} = \psi'(\theta) = \eta(\theta).$$
ゆえに，パラメータを η と考えれば，最尤推定量は $\hat{\eta} = \bar{t}$ となる．つまり，密度関数が標準形の指数型のときには，パラメータ η に対する最尤推定量は $\bar{t}$ であり，それは有効推定量でもある．

ポアソン分布 $Po(\lambda)$ の場合には $t(X) = X$ であり $\mathrm{E}[t(X)] = \lambda$ である．ゆえに標本平均 $\bar{X}$ はパラメータ λ に対する最尤推定量でもあり有効推定量でもある．正規分布 $N(\mu,\sigma^2)$ で分散 σ^2 が既知の場合を考えよう．このとき $t(X) = X$ であり $\mathrm{E}[t(X)] = \mu$ である．ゆえに標本平均 $\bar{X}$ はパラメータ μ に対する最尤推定量でもあり有効推定量でもある．そのほかにもいろいろな確率分布に対して有効推定量を考えることができる．

なお，正規分布 $N(\mu,\sigma^2)$ に対して，平均 μ も分散 σ^2 もパラメータの場合は，パラメータ θ に関する議論を，一次元から二次元に膨らます必要がある．残念ながら，本書では，このような多次元の場合を詳しく扱う余裕がない．そのた

め,結果だけ簡単に書いておくことにする.標本平均 $\bar{X}$ は平均 μ に対する有効推定量になるけれども,標本分散 S^2 は(一様最小分散不偏推定量ではあるけれども)分散 σ^2 の有効推定量ではない.

9.4 カルバック・ライブラーのダイバージェンス**

本節では,統計的推測においてしばしば登場する**カルバック・ライブラーのダイバージェンス (Kullback-Leibler divergence)** を紹介しておく.(相対エントロピーとも呼ばれる.)以下では KL ダイバージェンスという略称を用いることにする.次節では,KL ダイバージェンスと最尤推定との関係が述べられることになる.

二つの密度関数 $f(x)$ と $g(x)$ があったとしよう.この二つの密度関数の乖離度を測る尺度としてすぐに思い浮かぶのは,二乗誤差を積分した次の量であろう:

$$D(g,f) = \int \{g(x) - f(x)\}^2 dx.$$

例えば,$g = f$ のときは $D(g,f) = 0$ となるし,逆に,$D(g,f) = 0$ であれば $g = f$ である.もちろん $g \neq f$ ならば $D(g,f) > 0$ である.そういう意味で距離のようでもあるが,厳密には距離の公理をみたしていないので距離ではない.このような乖離度をダイバージェンスという.

天下り的ではあるが,KL ダイバージェンスは以下で定義される:

$$KL(g,f) = \mathrm{E}_g\left[\log \frac{g(X)}{f(X)}\right] = \int g(x) \log \frac{g(x)}{f(x)} dx.$$

このダイバージェンスは先ほどと同様に以下の性質をみたす:

(i) $KL(g,f) \geq 0$. (ii) $g = f \Leftrightarrow KL(g,f) = 0$.

上述の性質を証明しておこう.イェンセンの不等式を利用してみる:

$$\begin{aligned}KL(g,f) &= \mathrm{E}_g\left[\log \frac{g(X)}{f(X)}\right] = \mathrm{E}_g\left[-\log \frac{f(X)}{g(X)}\right] \geq -\log \mathrm{E}_g\left[\frac{f(X)}{g(X)}\right]\\ &= -\log \int g(x) \frac{f(x)}{g(x)} dx = -\log \int f(x) dx = -\log 1 = 0.\end{aligned}$$

等号は $f(X)/g(X)$ が定数のときに成り立つ.密度関数の性質から,$\int f(x)dx = \int g(x)dx = 1$ なので,その条件は,$f(x) = g(x)$ と同値である.

9.5 最尤推定量の漸近的性質**

本節では,第8.4.4項で述べた最尤推定量の漸近的性質を,具体的に導出してみよう.パラメータ θ をもつ密度関数を $f(x;\theta)$ と表すことにする.その対数を $l(x;\theta) = \log f(x;\theta)$ と表すことにする.母集団の(真の)密度関数を $f(x;\theta^*)$ と表すことにする.そして母集団からの無作為標本を $X_1,\ldots,X_n$ とする.

9.5.1 密度関数が指数型のとき**

まずは,密度関数が指数型の場合を考えることにしよう.第9.1節で提示された記号や様々な性質は,断りなしに使うことにする.

最初にパラメータを $\eta = \mathrm{E}[t(X)]$ とした場合の最尤推定量の漸近的性質を考えよう.最尤推定量は $\hat{\eta} = \bar{t}$ である(第9.3.3項).大数の法則から一致性は明らかである:$\hat{\eta} = \bar{t} \xrightarrow{P} \mathrm{E}_{\theta^*}[t(X)] = \eta^*$.中心極限定理から漸近正規性もすぐに確認できる:$\sqrt{n}(\hat{\eta} - \eta^*) \xrightarrow{d} N(0, \mathrm{V}_{\theta^*}[t(X)]) \stackrel{d}{=} N(0, I(\theta^*))$.あとは分散に関して $I(\theta^*) = 1/I(\eta^*)$ を言えばよい.(少し記号は不正確だが意味は分かるだろう.)これは次のようにして言うことができる:

$$\begin{aligned}I(\eta^*) &= \mathrm{E}\left[\left(\frac{d}{d\eta}l(X;\theta(\eta))\right)^2\right]\bigg|_{\theta=\theta^*} = \mathrm{E}\left[\left(\frac{d\theta}{d\eta}\frac{d}{d\theta}l(X;\theta)\right)^2\right]\bigg|_{\theta=\theta^*} \\ &= \frac{1}{(d\eta/d\theta)^2}I(\theta)\bigg|_{\theta=\theta^*} = \frac{1}{\{\psi''(\theta^*)\}^2}I(\theta^*) = \frac{1}{I(\theta^*)^2}I(\theta^*) = \frac{1}{I(\theta^*)}.\end{aligned}$$

次にパラメータを θ とした場合の最尤推定量の漸近的性質を考えよう.最尤推定量はパラメータ変換に関する不変性から $\hat{\theta} = \eta^{-1}(\bar{t})$ となる.大数の法則から一致性を次のように考えることができる:$\hat{\theta} = \eta^{-1}(\bar{t}) \xrightarrow{P} \eta^{-1}(\eta(\theta^*)) = \theta^*$.中心極限定理とデルタ法(第5.4節)によって,漸近正規性は次のように考えることができる:$\sqrt{n}(\hat{\theta} - \theta^*) \xrightarrow{d} N(0, \tau^2)$.ただし分散は次のように表現される:$\tau^2 = \{d\eta^{-1}(\eta)/d\eta\}^2 I(\theta)|_{\theta=\theta^*}$.あとは分散に関して $\tau^2 = 1/I(\theta^*)$ を言えばよい.これは次をもとにして言うことができる:$d\eta^{-1}(\eta)/d\eta|_{\theta=\theta^*} = 1/(d\eta/d\theta)|_{\theta=\theta^*} = 1/\psi''(\theta^*) = 1/I(\theta^*)$.

また,パラメータを $\xi = g(\theta)$ とした場合も,同様に考えることができる.

9.5.2 密度関数が一般のとき**

最尤推定量の一致性は，KL ダイバージェンスを利用すると，直感的に分かりやすい．いま密度関数が識別性といわれる条件をみたすとする：$f(x;\theta_1) = f(x;\theta_2)$ ならば $\theta_1 = \theta_2$ である．さらに次の表現を用意しておく：

$$KL(g, f) = \mathrm{E}_g\left[\log \frac{g(X)}{f(X)}\right] = \mathrm{E}_g[\log g(X)] - \mathrm{E}_g[\log f(X)]$$

すると，KL ダイバージェンスの性質から，すぐに次が分かる：

$$\begin{aligned}\theta^* &= \arg\min_\theta KL(f_{\theta^*}, f_\theta) = \arg\min_\theta \{\mathrm{E}_{f_{\theta^*}}[\log f_{\theta^*}(X)] - \mathrm{E}_{f_{\theta^*}}[\log f_\theta(X)]\} \\ &= \arg\max_\theta \mathrm{E}_{f_{\theta^*}}[\log f_\theta(X)].\end{aligned}$$

ゆえに，最尤推定量に関しては，大数の法則から，次の関係を想像できる：

$$\hat{\theta} = \arg\max_\theta \frac{1}{n}\sum_{i=1}^n \log f_\theta(X_i) \xrightarrow{P} \arg\max_\theta \mathrm{E}_{f_{\theta^*}}[\log f_\theta(X)] = \theta^*.$$

これはまさに最尤推定量の一致性を示している．

ただし，先ほどの式変形で，確率収束に関連する部分は怪しい．微積分を知っている読者であれば，何らかの一様収束性を成り立たせるような条件が必要であることに気づくであろう．先ほどの識別性条件や，一様収束性を成り立たせるための条件や，この後の漸近正規性を成り立たせるための条件などを，第 8.4.4 項で簡単に触れたけれども，総称して正則条件というのである．（詳細な話は他書を参照されたい．）

あとは漸近正規性の証明である．この証明を厳密にするのは非常にたいへんなので，証明のイメージを説明することにしよう．

まずは $\sqrt{n}(\hat{\theta} - \theta^*) = Z_n$ とおき，確率変数 Z_n はある確率変数 Z に分布収束すると仮定する．後のために $\hat{\theta} = \theta^* + Z_n/\sqrt{n}$ と変形しておく．さらに最尤推定量は臨界値であると仮定しよう．するとテイラー展開を利用して次のような式変形ができる：

$$\begin{aligned}0 &= \frac{1}{n}\sum_{i=1}^n \frac{dl}{d\theta}(X_i; \hat{\theta}) \approx \frac{1}{n}\sum_{i=1}^n \left\{\frac{dl}{d\theta}(X_i; \theta^*) + \frac{d^2l}{d\theta^2}(X_i; \theta^*)\frac{Z_n}{\sqrt{n}}\right\} \\ &= A_n - B_n\frac{Z_n}{\sqrt{n}}, \quad A_n = \frac{1}{n}\sum_{i=1}^n \frac{dl}{d\theta}(X_i; \theta^*),\ B_n = -\frac{1}{n}\sum_{i=1}^n \frac{d^2l}{d\theta^2}(X_i; \theta^*).\end{aligned}$$

最初は A_n に着目しよう．まず $Y_i = (dl/d\theta)(X_i; \theta^*)$ とおいてみる．すると $A_n = \bar{Y}$ と標本平均として表現できる．さらに，Y_i はスコア関数なので $\mathrm{E}[Y_i] = 0$

でり，$V[Y_i] = I(\theta^*)$ も分かる．ゆえに中心極限定理から $\sqrt{n}A_n \xrightarrow{d} N(0, I(\theta^*))$ となる．次に B_n に着目しよう．これも標本平均として表現できる．こちらは大数の法則を使って $B_n \xrightarrow{P} I(\theta^*)$ となる．これらを合わせると次が得られる：

$$Z_n \approx B_n^{-1} \sqrt{n} A_n \xrightarrow{d} I(\theta^*)^{-1} N\big(0, I(\theta^*)\big) \stackrel{d}{=} N\big(0, I(\theta^*)^{-1}\big).$$

これは，最初に天下り的に提示された，漸近正規性を示している．

厳密な証明に興味のある読者は，測度論と漸近論をしっかりと勉強した後に，立ち向かって欲しいと思う．

演 習 問 題 A

[**A9.1**] （指数型密度関数）　次の確率分布が指数型であることを示せ：(i) パラメータ p をもつベルヌーイ分布．(ii) 指数分布 $Ex(\lambda)$．(iii) ガンマ分布 $\Gamma(\alpha, \beta)$．

[**A9.2**] （分解定理の証明）　標本 $\boldsymbol{X} = (X_1, \ldots, X_n)$ が連続型であるとする．統計量 $S = S(\boldsymbol{X})$ を考える．適当な k に対して，変数変換 $\boldsymbol{\xi}(\boldsymbol{x}) = (x_1, \ldots, x_{k-1}, S(\boldsymbol{x}), x_{k+1}, \ldots, x_n)$ に対するヤコビアンが 0 でないとする．（例えば $S(\boldsymbol{x}) = \bar{x}$ のときはヤコビアンは 0 でない．）このとき，統計量 S をパラメータ θ に対する十分統計量と捉えるための分解定理を証明せよ．

[**A9.3**] （完備十分統計量）　母集団分布がパラメータ θ をもつベルヌーイ分布であるとする．母集団からの無作為標本 $X_1, \ldots, X_n$ があるとする．統計量 $S = \sum_{i=1}^{n} X_i$ が完備十分統計量であることを示せ．

[**A9.4**] （レーマン・シェフェの定理）　レーマン・シェフェの定理を証明せよ．

[**A9.5**] （一様最小分散不偏推定量）　母集団分布が正規分布 $N(\mu, \sigma^2)$ であるとする．母集団からの無作為標本 $X_1, \ldots, X_n$ があるとする．標本平均 $\bar{X}$ と標本分散 S^2 がパラメータ μ と σ^2 に対する一様最小分散不偏推定量であることを示せ．

第10章
区間推定

CHAPTER 10

アンケートの結果として内閣支持率が 34% だったという．そのとき，ある人は言った．この数字は一部の人に対するアンケートの結果だから真の内閣支持率ではないよね．誤差をどのくらい見込んでいればいいんだい？ 例えば ±1% くらい？ それとも ±5% くらい？ このような問題に応えようとするのが区間推定である．

10.1 平均パラメータの区間推定（分散が既知のとき）

最初に次の問題を提示しておこう．ある薬を投与すると血中のある濃度が増加して健康状態が改善されるという．20人の患者に投与してみると，増加の程度は，次のような標本値として得られた：

28.4, 29.5, 30.7, 29.0, 27.5, 31.2,..., 32.2, 28.3. （20人の標本値.）

標本平均値は $\bar{x} = 29.2$ であった．増加の程度は平均的に 29.2 であると言いたいところだが，標本数が 20 と少ないので自信がない．そこで，どの程度の誤差が見込まれるかも考慮したくなった．このような問題に応えようとするのが**区間推定 (interval estimation)** である．

なお本章では当面は次のような想定で話を進めることにする．母集団を表す確率変数を X とする．その母集団の平均と分散を μ と σ^2 で表す．母集団分布が正規分布であることも普通は想定する．母集団からの無作為標本 $X_1, \ldots, X_n$ があるとする．そして，平均 μ の区間推定を考えることにする．まあ，簡約すれば，これまでにも扱ってきた最も基本的な想定である．

最初は簡単のために分散 σ^2 は既知としておこう．標本平均の標準化変数と

10.1　平均パラメータの区間推定（分散が既知のとき）

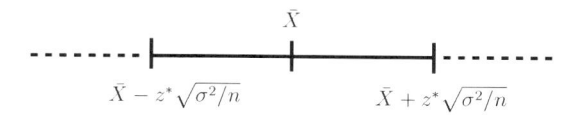

図 10.1　区間推定のイメージ

して
$$Z_n = \frac{\bar{X} - \mu}{\sqrt{\sigma^2/n}}$$
を用意する．これが第一のポイントである．この標準化変数が標準正規分布 $N(0,1)$ に従うことは既に知っている（第 7.4 節）．ここで標準正規分布の両側 5%点を z^* とおくことにしよう：
$$\mathrm{P}(|Z_n| \leq z^*) = 0.95.$$
ここが第二のポイントである．この式を平均 μ について解くのが第三のポイントである：

$$\begin{aligned}
0.95 &= \mathrm{P}(|Z_n| \leq z^*) = \mathrm{P}\left(\frac{|\bar{X} - \mu|}{\sqrt{\sigma^2/n}} \leq z^*\right) = \mathrm{P}\left(|\bar{X} - \mu| \leq z^*\sqrt{\sigma^2/n}\right) \\
&= \mathrm{P}\left(\bar{X} - z^*\sqrt{\sigma^2/n} \leq \mu \leq \bar{X} + z^*\sqrt{\sigma^2/n}\right) = \mathrm{P}\left(\mu \in I(\boldsymbol{X})\right), \\
I(\boldsymbol{X}) &= \left[\bar{X} - z^*\sqrt{\sigma^2/n}, \bar{X} + z^*\sqrt{\sigma^2/n}\right].
\end{aligned}$$

このとき，構成された区間 $I(\boldsymbol{X})$ を，平均 μ に対する**信頼水準 (confidence level)** 95%の**区間推定量 (interval estimator)** という（図 10.1）．標本を標本値で置き換えたものを**区間推定値 (interval estimate)** という．なお，区間で書くのは面倒なので，しばしば，区間の両側だけで，
$$\bar{X} \pm z^*\sqrt{\sigma^2/n}$$
と表すこともある．

さて，血中濃度の問題に戻ろう．過去の経験から，母集団分布は正規分布であり，分散は $\sigma^2 = 1$ と分かっていたとしよう．すると平均 μ に対する信頼水準 95%の区間推定値は次のようになる：
$$29.2 \pm 1.96/\sqrt{20} \approx 29.2 \pm 0.44.$$
この程度の誤差を見込んで，平均は 29.2 であるということを主張することに

なる．

ところで，分散が未知の場合や母集団分布が正規分布であるかどうか分からない場合については，どうすればよいのであろうか．そのような場合については第 10.2 節と第 10.3 節で説明することにする．

また，「信頼水準はなぜ 95% なのだろうか．99% とかでは駄目なのだろうか」などという疑問をもつ読者もいると思うが，とりあえずは「信頼水準を設定すれば話は進む」という気持ちで納得して先に進んで欲しい．ここが区間推定の醍醐味なのである．詳しくは第 10.4 節まで待って欲しい．

10.2 平均パラメータの区間推定（分散が未知のとき）

前節では分散 σ^2 が既知のときに区間推定量を作った．それでは未知のときはどうすればよいのであろうか．もちろん普通は未知である．

前節においての基本は標準化変数 $Z_n = (\bar{X}-\mu)/\sqrt{\sigma^2/n}$ であった．これに基づいて作られた区間推定量 $I(\boldsymbol{X})$ には σ^2 が入っていた．今回は σ^2 は未知なので区間推定量 $I(\boldsymbol{X})$ は使いものにならない．そこで，未知の分散 σ^2 を標本分散 S^2 で置き換えて，スチューデント化変数を最初に用意することにしよう：

$$T_n = \frac{\bar{X}-\mu}{\sqrt{S^2/n}}.$$

このスチューデント化変数が自由度 $n-1$ の t 分布に従うことは既に知っている（第 7.4 節）．ここで自由度 $n-1$ の t 分布の両側 5% 点を t^*_{n-1} とおくことにしよう：

$$\mathrm{P}(|T_n| \leq t^*_{n-1}) = 0.95.$$

この式を分散が既知のときと同様に平均 μ について解くと次が得られる：

$$0.95 = \mathrm{P}\left(|T_n| \leq t^*_{n-1}\right) = \mathrm{P}\left(\frac{|\bar{X}-\mu|}{\sqrt{S^2/n}} \leq t^*_{n-1}\right) = \mathrm{P}\left(\mu \in J(\boldsymbol{X})\right),$$

$$J(\boldsymbol{X}) = \left[\bar{X} - t^*_{n-1}\sqrt{S^2/n}, \bar{X} + t^*_{n-1}\sqrt{S^2/n}\right].$$

構成された区間 $J(\boldsymbol{X})$ は平均 μ に対する信頼水準 95% の区間推定量である．

血中濃度の例に戻ろう．標本分散値は $s^2 = 1$ であったとする．（話を面白くするために分散が既知のときと同じ値だったとした．もちろん普通は異なる．）

また $t_{19}^* = 2.09$ である．（詳細は後述する．）そのため平均 μ に対する信頼水準 95％の区間推定値は次のようになる：

$$29.2 \pm 2.09/\sqrt{20} \approx 29.2 \pm 0.47.$$

分散を推定した分だけ不確かさが増すので誤差を少し多めに見積もることになったという感じである．

なお，自由度 $n-1$ の t 分布の両側 5％点 t_{n-1}^* は，n の値に応じて変わるわけだが，そのような値は，適当な本の数値表を見たり，無料で配布されている様々な統計ソフト（第 14.3 節）を使って，簡単に得ることができる．先ほどの $t_{19}^* = 2.09$ は統計ソフトを使って得た数値である．もちろん両側 5％点に限らず両側 1％点なども簡単に得られる．

10.3 平均パラメータの区間推定（正規性が仮定されていないとき）

いままでは母集団分布が正規分布であることを仮定してきたが，さて，正規分布が仮定されていないときはどうすればよいであろうか．例えば「あなたは内閣を支持しますか支持しませんか」と尋ねる問題を考えよう．アンケートの結果として内閣支持率が 34％だったという．このときの誤差はどのように見積もればよいのだろうか．

まずは問題を整理しよう．支持するか支持しないかを $X=1$ と $X=0$ で表し，支持率をパラメータ θ で表し，ベルヌーイ分布を仮定することにしよう．このときは，支持率を標本平均 $\bar{X}$ で点推定することはできても，その区間推定を提案することは，前節までの考え方ではできない．なぜなら母集団分布が正規分布ではないからである．

しかしながら，この程度のギャップで引き下がりたくはないものである．実は既に道具は用意されている．たとえ母集団分布が正規分布でなくても，例えば，次のようにして区間推定量を作ることができる．

まずは正規分布のときと同様にスチューデント化変数 $T_n = (\bar{X} - \mu)/\sqrt{S^2/n}$ を用意しておく．大数の法則と中心極限定理を利用することで，母集団分布が正規分布であるかどうかに関わりなく，スチューデント化変数 T_n は標準正規分布に分布収束する（第 7.4 節）．さらに標準正規分布に従う確率変数 Z とそ

の両側5%点である z^* を用意しておく．すると次が成り立つ：
$$\lim_{n\to\infty} \mathrm{P}(|T_n| \leq z^*) = \mathrm{P}(|Z| \leq z^*) = 0.95.$$
そしていままでと同様に平均 μ について解いてみよう：
$$0.95 \approx \mathrm{P}(|T_n| \leq z^*) = \mathrm{P}\left(\frac{|\bar{X}-\mu|}{\sqrt{S^2/n}} \leq z^*\right) = \mathrm{P}(\mu \in K(\boldsymbol{X})),$$
$$K(\boldsymbol{X}) = \left[\bar{X} - z^*\sqrt{S^2/n}, \bar{X} + z^*\sqrt{S^2/n}\right].$$

よって，信頼水準が近似的に95%である区間推定量として $K(\boldsymbol{X})$ が提案できたことになる．

ところで，母集団分布がパラメータ λ をもつポアソン分布であったとしよう．この場合はパラメータ λ は平均パラメータでもあった．そのため，パラメータ λ の区間推定量を作ろうと思えば，上述と同様に作ることもできるのだが，ここでは別の方法も紹介しておこう．

分散は $\sigma^2 = \lambda$ と表現できる．そのため，分散の一致推定量として，S^2 の代わりに $\bar{X}$ を提案することもできる．ゆえに，第7.4節の議論から，$U_n = (\bar{X}-\lambda)/\sqrt{\bar{X}/n}$ は標準正規分布に分布収束する．上述の議論では，この部分が本質であった．上述と同様にして次の区間推定量も提案することができる：
$$K_2(\boldsymbol{X}) = \left[\bar{X} - z^*\sqrt{\bar{X}/n}, \bar{X} + z^*\sqrt{\bar{X}/n}\right].$$

もちろん，同様の議論はポアソン分布に限らず，様々な分布に対して適用することができる．

さて，そのほかにも，区間推定量を作る方法はあるのだろうか．その気になればまだまだ幾らでも作れる．ただ，きりもないので，この辺で終わりにしておこう．

少し理論的な話が長くなった．最後に，上述の考え方を使って，もとの内閣支持率の問題を説明するのが，普通の流れなのだろうけれども，内閣支持率の問題は意外にいろいろと面白いので，第10.5節でまとめて扱うことにする．

10.4 信頼水準の意図

いままでは信頼水準を95%にしたけれども，もちろん，もっと厳しい基準を

課したいということで 99% にしたり，もっと甘く 90% にしたりするかもしれない．場合によっては，半分程度を把握すれば十分だということで，50% にしたりするかもしれない．そのようなときは閾値 z^*（や t^*_{n-1}）を対応した値に変えればよいだけである．

ところで，信頼水準を設定するのに，何かしら客観的な基準はあるのだろうか．これに関しては明確な答えはない．基本的には，その場その場に応じた経験になる．少しずるい話に思えるかもしれない．しかしながら，もともと有限個の標本から何かを言おうとしているので，有限個の標本から絶対の意見を言えるはずもないのである．この意識はとても重要である．

例えば，考えてみたくなるのは，信頼水準 100%の区間推定である．このときの z^* の値は ∞ なので，区間推定量は実数全体になって無意味になる．つまり，有限個の標本しかない状態で極度の信頼性を求めようとすると破綻するのである．

ところが，信頼水準を 95%にすると，閾値 z^* の値は 1.96 程度であり，そこまで大きな値ではない．信頼水準を 99%とかなり高くしたとしても，閾値 z^* の値は 2.58 程度とすればよく，そこまで大きな値ではない．つまり数%程度の信頼性を犠牲にすれば，ほどほどの誤差の範囲での主張ができるようになるのである．ここが区間推定の醍醐味である．

10.5　例：アンケート調査によって内閣支持率を考える

10.5.1　基本的な考え方

内閣支持率を調べる問題を考えてみよう．国民全体に聞くことができれば，それで終わりである．もちろん，時間もお金もかかりすぎるので，適当な人数にアンケート調査をして，適当な方法で内閣支持率を推定するのが普通である．

内閣を支持するか支持しないかを $X = 1$ と $X = 0$ で表すことにする．アンケート調査によって無作為標本 $X_1, \ldots, X_n$ が得られるとしよう．内閣支持率は標本平均 $\bar{X}$ で推定するのが普通だろう．実際にアンケート調査を行って標本平均値が 0.3 であったとする．このとき内閣支持率は 30%（程度）であると考える．

ところで，得られた 30%という数字は，どの程度の誤差を見積もればよいので

あろうか．区間推定の考え方を利用して，このような問題を扱うことにしよう．

10.5.2 誤差を見積もる

まずは問題を整理しよう．内閣支持率を表すパラメータを θ で表すことにする．そのとき確率変数 X はパラメータ θ のベルヌーイ分布に従っている．すると，分散 $\sigma^2 = \theta(1-\theta)$ は $\hat{\sigma}^2 = \bar{X}(1-\bar{X})$ によって一致推定できるので，第10.3節の議論を使うと，信頼水準が近似的に95%である区間推定量として次が提案できる：

$$\bar{X} \pm z^* \sqrt{\bar{X}(1-\bar{X})/n}.$$

標本数が100や1000であったとすると，信頼水準が近似的に95%である区間推定値として，次が提案できる：

標本数	信頼水準が近似的に95%である区間推定値
$n=100$	$0.3 \pm 1.96 \times \sqrt{0.3(1-0.3)/100} \approx 0.3 \pm 0.090$
$n=1000$	$0.3 \pm 1.96 \times \sqrt{0.3(1-0.3)/1000} \approx 0.3 \pm 0.028$

標本数が100のとき，誤差は±9%程度である．標本数が1000のとき，誤差は±2.8%程度である．区間推定を利用して，このようにアンケート調査による誤差を見積もることができる．（もちろん，ここでいう誤差は，信頼水準が近似的に95%という意味で導出されたということを忘れてはいけない．）

ところで，標本数が100のときの誤差はありえないくらいに大きいし，標本数が1000であっても誤差は十分に小さいと言えるかは微妙である．かりに誤差を1%程度にしたいと考えたとしよう．標本数は1000よりも多くする必要があることは間違いない．具体的にどのくらいの標本数が必要とされるのだろうか．この問題は次に扱うことにしよう．

10.5.3 必要な標本数を見積もる

標本数が1000のアンケートがあって，内閣支持率の推定値が30%であったとき，その誤差は±2.8%程度と見積もられた．アンケート調査の結果は，しばしば小数点以下が切り捨てられて表示されているので，誤差は1%以内に思えてしまうが，背後の母集団の平均を知りたいという観点から言うと，そんなことはないのである．例えば，前回の調査で内閣支持率が30%だったとし，今回

が32%だったとして，内閣支持率は上がったように見えるけれども，アンケート調査による誤差の範囲内であると捉えることもできる．これは嬉しくない話である．

アンケート調査での誤差を±1%程度にしたいと考えたとしよう．先ほどの調査よりも標本数を増やす必要があることは確かであるが，どのくらいまで増やせばよいのであろうか．誤差を±1%程度にしたければ，$z^*\sqrt{\bar{X}(1-\bar{X})/n} \approx 0.01$ にすればよい：

$$n \approx z^{*2}\bar{x}(1-\bar{x})/(0.01)^2 = 1.96^2 \times 0.3(1-0.3)/0.01^2 \approx 8067.$$

つまり標本数が8000ほど必要になる．

ところで，上述の方法では，標本平均値に応じて想定される必要な標本数が異なることになる．標本を採ってからしか必要な標本数が分からず，ちょっとした自己矛盾を含んでいる．実は，次のように考えると，標本平均値が何であれ，必要な標本数を事前に想定することができる：

$$\begin{aligned} n &\approx z^{*2}\bar{x}(1-\bar{x})/(0.01)^2 \leq z^{*2}0.5(1-0.5)/(0.01)^2 \\ &= 1.96^2 \times 0.5(1-0.5)/0.01^2 = 9604. \end{aligned}$$

全国民のうち1万人程度に聞けば，誤差が±1%程度で済むということになる．

おそらく必要な標本数のあまりの巨大さに驚いてしまうだろう．（それとも少ないと感じるであろうか．）テレビの標本調査などでは，標本数が現実的には1000程度のようである（2006年現在）．その場合は±3%程度の誤差を見込むということになる．おおよその傾向を知りたいという観点と，予算などの都合から，この程度の誤差は甘受してもよいだろう，などという判断がされているのかもしれない．間違いなく言えることは，予算などを削りすぎて，標本数を100にしてしまっては，誤差が非常に大きいということである．

10.5.4 現実と理論とのギャップ

少し余談を加えよう．現実のデータ解析において，上述のような理想的な想定での思考を進めるということは，最初の段階としては最も基本である．何となくの現状を把握することができる．場合によっては，このような何となくの現状把握で十分なときも多いだろう．しかし，場合によっては，不足している

ときもある．

　標本が本当に無作為であれば上述の考え方は合理的である．ただし現実には標本は必ずしも無作為ではない．例えば，テレビの標本調査などでは，有効回答率があまり高くなく，聞いても答えてくれないという人が多かったり，さらに，答えてくれない人が No に偏っている（No とは答えにくい）という可能性なども十分に想像できるため，標本は近似的にも無作為とは言えないかもしれない．そのほかにも標本が無作為から乖離しそうな場合はしばしばある．（インターネットによるアンケート調査などは年齢層が偏っているため典型的な例である．）

　存在する理論を現実に適用するときには，理論で想定した仮定と現実とのギャップには常に気をつけるべきである．ギャップがある場合には，様々な思考を経て，第 8.5.1 項のようにしてギャップを埋めようとする努力が必要である．そのようなギャップを埋めるという行動はしばしば多くの知識と試行錯誤を必要とする．現実と理論とのギャップが存在する問題にうまく対処したいという読者は，さらに多くの本を読むとよいと思う．

10.6　一般の区間推定

　さて，区間推定を考えるのに，これまでは，平均パラメータを対象にして，しかも左右対称の区間推定量を考えてきた．もちろん，一般のパラメータ θ に対して，一般の区間の形で区間推定を考えることもできる．一般には，パラメータ θ に対する信頼水準 95% の区間推定量とは，次の性質をみたす区間 $I(\boldsymbol{X})$ のことをいう：

$$P(\theta \in I(\boldsymbol{X})) \geq 0.95.$$

　一般のパラメータの適当な区間推定量を作るのは，必ずしも一筋縄ではいかない．そのため，本書では，ちょっとした発展として，平均の差の区間推定と分散の区間推定だけを後で簡単に扱うことにしよう．信頼水準が近似的な区間推定量に限れば，最尤推定量の漸近的性質などを用いれば，汎用的な区間推定量の作り方を用意することも可能である（演習問題 [A10.1]）．

　なお，区間推定量のことを，**信頼区間 (confidence interval)** ともいう．ま

た，対象とするパラメータが多次元のときには，区間ではなく領域になるので，それを**信頼領域 (confidence region)** という．

ところで，推定量のときと同様に，区間推定量にも良さの規準というものを考えることができ，様々な場合に応じて，最適な区間推定量を考えることもできる．ただし，本書では，そこまで考えるとたいへんなので，そのような区間推定量の良さに関する議論は省略することにした．（第 11.10.4 項に少しだけ記述している．）

10.7　二つの母集団の平均の差の区間推定

ある新薬は血中のある濃度を上げるという．その程度を知りたい．あるグループには新薬を投与した．その濃度の上昇度合いの標本平均値は $\bar{x} = 3.56$ であった．あるグループには新薬の代わりにプラセボ（偽装薬：何も飲まないのと同じ）を投与した．その濃度の上昇度合いの標本平均値は $\bar{y} = 1.27$ であった．そこで，平均的には $\bar{x} - \bar{y} = 2.29$ の差があるとは言えるのだが，誤差の程度も知りたいときはどうすればよいのだろうか．

まずは問題を整理しよう．二つの母集団が正規分布 $N(\mu_x, \sigma_x^2)$ と $N(\mu_y, \sigma_y^2)$ に従っていたとする．それぞれの無作為標本を $X_1, \ldots, X_n$ と $Y_1, \ldots, Y_m$ で表しておく．ここでは，二つの母集団の平均の差 $\mu_x - \mu_y$ の区間推定を考えることになる．

まずは分散が既知の場合を考えよう．標本平均の差である $\bar{X} - \bar{Y}$ は正規分布 $N(\mu_x - \mu_y, \sigma_x^2/n + \sigma_y^2/m)$ に従う（演習問題 [A10.2]）．その標準化変数として次を用意しておこう：

$$Z = \left((\bar{X} - \bar{Y}) - (\mu_x - \mu_y)\right) \Big/ \sqrt{\sigma_x^2/n + \sigma_y^2/m}.$$

標準化変数が用意されれば，今までと同様に考えることができる．結果として，パラメータ $\mu_x - \mu_y$ の信頼水準 95% の区間推定量を次で提案できる：

$$(\bar{X} - \bar{Y}) \pm z^* \sqrt{\sigma_x^2/n + \sigma_y^2/m}.$$

次に分散が未知の場合を考えよう．まずは，事前に二つの母集団の分散が等しいと分かっていた場合を考えてみる：$\sigma_x^2 = \sigma_y^2 = \sigma^2$．いま分散 σ^2 の推定量として次を用意する：

$$S_*^2 = \frac{1}{n+m-2}\left\{\sum_{i=1}^n (X_i-\bar X)^2 + \sum_{i=1}^m (Y_i-\bar Y)^2\right\}.$$

この推定量 S_*^2 は，分散 σ^2 の不偏推定量であり，その標本分布は次の性質をもつ（演習問題 [A10.3]）：$(n+m-2)S_*^2/\sigma^2 \sim \chi_{n+m-2}^2$．この推定量を利用して次のようにスチューデント化変数を用意する：

$$T = \left((\bar X-\bar Y)-(\mu_x-\mu_y)\right)\Big/ \sqrt{S_*^2\,(1/n+1/m)}.$$

このスチューデント化変数 T は自由度 $n+m-2$ の t 分布に従う（演習問題 [A10.3]）．いままでと同様に考えれば，結果として，パラメータ $\mu_x-\mu_y$ の信頼水準 95% の区間推定量を次で提案できる：

$$(\bar X-\bar Y) \pm t_{n+m-2}^* \sqrt{S_*^2\,(1/n+1/m)}.$$

もしも，分散が未知で，先ほどのような分散が等しいという事前情報がないとすると，実は問題が意外に難しくなる．幾つかの方法があるけれども，本節では，第 10.3 節と同様に漸近論の助けを借りた方法を説明するに留めておこう．分散を標本分散

$$S_x^2 = \frac{1}{n-1}\sum_{i=1}^n (X_i-\bar X)^2, \quad S_y^2 = \frac{1}{m-1}\sum_{i=1}^m (Y_i-\bar Y)^2,$$

で置き換えた次の変数を最初に用意しておこう：

$$T^* = \left((\bar X-\bar Y)-(\mu_x-\mu_y)\right)\Big/ \sqrt{S_x^2/n+S_y^2/m}.$$

この変数 T^* は適当な条件の下では標本数が大きいと標準正規分布で近似できる．（母集団分布は正規分布でなくてもよい．）後は第 10.3 節と同様の議論を行うことで，信頼水準が近似的に 95% になる区間推定量を次で提案できる：

$$(\bar X-\bar Y) \pm z^* \sqrt{S_x^2/n+S_y^2/m}.$$

10.8　分散パラメータの区間推定

次は分散パラメータの区間推定を考えてみよう．平均パラメータの場合と同じように考えることもできないことはないのだが，ここでは分散パラメータに特有な区間推定量の構成方法を紹介しておくに留めよう．母集団分布は正規分布 $N(\mu,\sigma^2)$ であるとする．

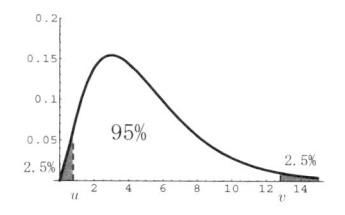

図 10.2 自由度 $n-1(=5)$ のカイ二乗分布の下側 2.5%点 (u) と上側 2.5%点 (v)

分散 σ^2 の推定量として標本分散 S^2 があった．その標本分散は次の性質をもっていた（第 7.3 節）：

$$(n-1)S^2/\sigma^2 \sim \chi^2_{n-1}.$$

ここでカイ二乗分布 χ^2_{n-1} の下側 2.5%点と上側 2.5%点を u と v とおくことにしよう（図 10.2）．結果的に次が成り立っている：

$$\mathrm{P}(u \leq (n-1)S^2/\sigma^2 \leq v) = 0.95.$$

これを分散 σ^2 について解くと次が得られる：

$$0.95 = \mathrm{P}\left((n-1)S^2/v \leq \sigma^2 \leq (n-1)S^2/u\right) = \mathrm{P}\left(\sigma^2 \in H(\boldsymbol{X})\right),$$
$$H(\boldsymbol{X}) = \left[(n-1)S^2/v, (n-1)S^2/u\right].$$

構成された区間 $H(\boldsymbol{X})$ は分散 σ^2 に対する信頼水準 95%の区間推定量である．

演 習 問 題 A

[A10.1]　（最尤推定量に基づいた区間推定量）　母集団の密度関数が $f(x;\theta)$ と表現できるとする．パラメータ θ の最尤推定量を $\hat{\theta}$ で表すことにする．フィッシャー情報量を $I(\theta)$ で表すことにする．このとき，パラメータ θ に対して，信頼水準が近似的に 95%になる区間推定量を，次のように作ることができることを示せ：
$$\hat{\theta} \pm z^*/\sqrt{nI(\hat{\theta})}.$$

[A10.2]　（標本平均の差の分布）　二つの母集団が正規分布 $N(\mu_x, \sigma_x^2)$ と $N(\mu_y, \sigma_y^2)$ に従っていたとしよう．それぞれの無作為標本を $X_1, \ldots, X_n$ と $Y_1, \ldots, Y_m$ で表しておく．このとき次を示せ：$\bar{X} - \bar{Y} \sim N\left(\mu_x - \mu_y, \sigma_x^2/n + \sigma_y^2/m\right)$.

[A10.3]　（二つの母集団）　第 10.7 節の設定において，次を示せ：

(i) $(n+m-2)S_*^2/\sigma^2 \sim \chi^2_{n+m-2}$.   (ii) $T \sim t_{n+m-2}$.

演 習 問 題 B

[**B10.1**]　（**乳脂肪分**）　ある牛乳製造会社が自社の 100 本の牛乳パックの乳脂肪分を調べてみた：

$$2.834, 2.852, 2.860, \ldots, 3.127.$$

その標本平均値と標本分散値を計算すると $\bar{x} = 3.037$ と $s^2 = 0.07^2$ であった．この会社の牛乳の乳脂肪分の平均に関する区間推定値を求めよ．ただし乳脂肪分の母集団は正規分布であったとする．また自由度 99 の t 分布の両側 5％点はおおよそ 1.98 である．

[**B10.2**]　（**失業率**）　アンケート調査によって失業率が 7.8％と推定された．前回のアンケート調査では失業率は 7.4％であった．そのため失業者が「増えた」という報告がなされた．この「増えた」という報告は信用できるのだろうか．

[**B10.3**]　（**副作用**）　ある薬 A はある疾病に効果があることは分かっている．しかしながら副作用が心配であった．血液中のある成分の量が減ってしまうという副作用である．この成分は値が限界点 μ_0 を切ると別の疾病を引き起こしやすいとする．いま n 人に薬 A を投与して数日後に対応する成分を測った．その標本を使えばもちろん区間推定値が得られる．この薬 A をある程度は安心して広く一般の人にも使えるようにするためには，区間推定値がどのようになっていればよいだろうか．

[**B10.4**]　（**区間推定量の良さ**）　母集団分布が正規分布 $N(\mu, \sigma^2)$ であるとする．分散 σ^2 は既知とする．母集団からの無作為標本を $X_1, \ldots, X_n$ とする．ここで平均 μ の区間推定量を考えよう．このとき信頼水準 95％の区間推定量として $I_n(\boldsymbol{X}) = [\bar{X} - z^*\sqrt{\sigma^2/n}, \bar{X} + z^*\sqrt{\sigma^2/n}]$ が考えられる．特に $n=1$ とすれば最初の標本 X_1 だけに着目して作られる区間推定量 $I_1(\boldsymbol{X})$ も考えられる．もちろんすべての標本を使った方がよいと思うのだけれども，どのような意味でよいと言えるだろうか．

[**B10.5**]　（**チェビシェフの不等式に基づく区間推定**）　母集団の平均と分散を μ と σ^2 とする．分散 σ^2 は既知とする．母集団からの無作為標本を $X_1, \ldots, X_n$ とする．まずは，チェビシェフの不等式から，次が成り立つことを示せ：

$$P\left(|\bar{X} - \mu| \leq \varepsilon\sqrt{\sigma^2/n}\right) \geq 1 - 1/\varepsilon^2.$$

いま ε を $1-1/\varepsilon^2 = 0.95$ となるように決めよう．計算すると $\varepsilon^* \approx 4.47$ となる．たとえ母集団分布が何であっても，信頼水準が 95%の区間推定量として $\bar{X} \pm \varepsilon^* \sqrt{\sigma^2/n}$ が提案できる．ただし，この区間推定量はあまり使われない．母集団分布が正規分布であるときと比較して，その理由を考えよ．

[B10.6] （**分散安定化変換を利用した区間推定**） 母集団分布がポアソン分布 $Po(\lambda)$ であるとする．母集団からの無作為標本を $X_1, \ldots, X_n$ とする．中心極限定理から $\sqrt{n}(\bar{X}-\lambda) \xrightarrow{d} N(0,\lambda)$ である．いま $h(y) = 2\sqrt{y}$ とおく．まずは，デルタ法（第5.4節）を利用して，$\sqrt{n}\{h(\bar{X}) - h(\lambda)\} \xrightarrow{d} N(0,1)$ となることを示せ．（このように分散がパラメータに依存しなくなるような変換を**分散安定化変換 (variance stabilizing transformation)** という．）これを利用して，信頼水準が近似的に 95%となる区間推定量として，$[h^{-1}(h(\bar{X}) - z^*/\sqrt{n}), h^{-1}(h(\bar{X}) + z^*/\sqrt{n})]$ が提案できることを示せ．

[B10.7] （**指数分布のパラメータに対する区間推定**） 母集団分布が指数分布 $Ex(\lambda)$ であるとする．母集団からの無作為標本を $X_1, \ldots, X_n$ とする．パラメータ λ に対する信頼水準 95%の区間推定量を，次のようにして作れることを示せ：(i) $Y = n\bar{X} \sim \Gamma(n, \lambda)$. (ii) $\lambda Y \sim \Gamma(n, 1)$. (iii) $\Gamma(n, 1)$ の下側 2.5%点と上側 2.5%点とを u と v とおくと，求める区間推定量は $[u/Y, v/Y]$ である．

[B10.8] （**分散の比の区間推定**） 二つの母集団が正規分布 $N(\mu_x, \sigma_x^2)$ と $N(\mu_y, \sigma_y^2)$ に従っていたとしよう．それぞれの無作為標本を $X_1, \ldots, X_n$ と $Y_1, \ldots, Y_m$ で表しておく．それぞれの母集団の標本分散を S_x^2 と S_y^2 とおく．まず次の変数を用意する：
$$F = \frac{S_x^2/\sigma_x^2}{S_y^2/\sigma_y^2}.$$
この変数の確率分布は未知のパラメータに依存しないことが分かる．まずはそれを証明せよ．その分布は自由度 $(n-1, m-1)$ の **F 分布 (F-distribution)** と呼ばれている．さらに，その分布の下側 2.5%点と上側 2.5%点とを u と v とおくとき，分散の比 σ_x^2/σ_y^2 の区間推定量として次が提案できることを示せ：$(S_x^2/(S_y^2 v), S_x^2/(S_y^2 u))$.

第11章
検　定

CHAPTER 11

　ある牛乳製造会社は，自分たちの作っている牛乳の乳脂肪分は平均的に3%であると主張している．しかしながら，この主張はかなり疑わしい．水増ししているように思えた．そこで20本の牛乳の乳脂肪分を調べると標本平均値が2.92%だった．ここで，やっぱり3%とは言えないじゃあないか，と主張しようと思ったが，たかだか20本程度で本当に主張してよいものかと疑問に思えてきた．このような問題に応えようとするのが検定である．

11.1　検定の基本的な考え方

　ある牛乳製造会社は，自分たちの作っている牛乳の乳脂肪分は平均的に3%であると主張している．しかしながら，この主張はかなり疑わしい．そこで，牛乳製造会社の主張を検証することにした．

　とりあえず20本の牛乳を取り出して，乳脂肪分を計測した：

$$2.84, 2.75, 3.10, 2.90, 2.95, 2.89, \ldots, 2.72, 2.83.$$

この標本値を象徴的に $x_1, \ldots, x_n$ $(n=20)$ で表すことにしよう．その標本平均値 $\bar{x}$ が $\mu_0 = 3$ と大きく異なっていれば牛乳製造会社の主張は間違っていると非難してよいだろう．ところが，どの程度くらい異なっていればよいのだろうか．例えば，標本平均値として $\bar{x} = 2.92$ が得られたとして，牛乳製造会社の主張は間違っていると非難してよいのだろうか．つまり $|\bar{x} - \mu_0| = |2.92 - 3| = 0.08$ は十分に大きな差と言えるのだろうか．よく考えると難しい問題である．

　これまでの話を整理してみよう．牛乳の乳脂肪分の平均を μ で表すことにしよう．すると牛乳製造会社の主張は次で表せる：

11.1 検定の基本的な考え方

$$H : \mu = \mu_0 \,(= 3).$$

このような**仮説 (hypothesis)** を**帰無仮説 (null hypothesis)** という.そして,牛乳製造会社の主張する帰無仮説 H を,次の方法で検証しようとしている:

行動 (∗): $|\bar{X} - \mu_0| \geq c$ $\Rightarrow$ 帰無仮説 H を棄却する.

問題はどのように閾値 c を決めればよいかである.なお,行動 (∗) を起こすための標本領域 W を**棄却域 (reject region)** という.この場合の棄却域は次になる:

$$W = \{\boldsymbol{X} = (X_1, \ldots, X_n) : |\bar{X} - \mu_0| \geq c\}.$$

行動 (∗) によって誤った判断はしたくないものである.さて,本当は帰無仮説 H が正しいのに,標本に基づくと $|\bar{X} - \mu_0| \geq c$ が成り立ち,行動 (∗) が起こり,帰無仮説 H を棄却したとしよう.このとき誤った判断をしている.この誤りを**第一種の誤り (type I error)** という.第一種の誤り確率は $\mathrm{P}_H(W)$ と表すことにする.この誤り確率を小さくするように閾値 c を決めることにしよう.

そこで,第一種の誤り確率を,ある程度は小さい確率値 $\alpha = 0.05$ よりも小さくすることを考えよう:

$$\mathrm{P}_H(W) = \mathrm{P}_H\left(|\bar{X} - \mu_0| \geq c\right) \leq \alpha = 0.05.$$

ここでの確率値 α は,0.05 に限らず 0.1 や 0.01 なども使われることがある.その確率値は**有意水準 (significance level)** と呼ばれる.第一種の誤り確率が $\alpha = 0.05$ より小さいときには,有意水準 5% とか有意水準 α などと表現される.なお,誤り確率を 0 にしようとすると,しばしば芳しくないことが起こるのは,区間推定のときと同様の理由からである(第 10.4 節).

さて,有意水準を 5% と設定し,先ほどの有意水準に関係する式を思い出すと,未知数が c で関係式が一つあるので,閾値 c を適当に決めることができるように思える.そのようにして閾値 c が具体的に決められたときの行動 (∗) を有意水準 5%(または有意水準 α)の**検定 (test)** という.この行動に基づいて帰無仮説が棄却されたときには,有意水準 5% の検定によって帰無仮説は棄却された,とか,帰無仮説は 5% 有意であった,などと言われる.なお,具体的な閾値 c の決め方や乳脂肪分の問題は,次節以降で扱うことにする.

母集団 $N(\mu, \sigma^2)$

標本 $X_1, \ldots, X_n \sim_{i.i.d.} X$

帰無仮説 $H : \mu = \mu_0$

棄却域 $|\bar{X} - \mu_0| \geq c$

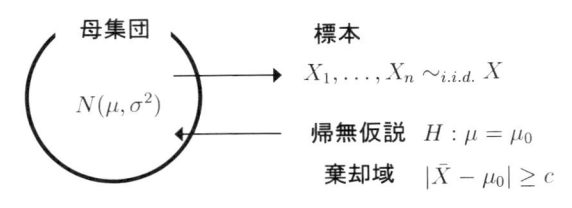

図 11.1 仮説検定

11.2 検定の具体的な作り方

検定を実際に実行に移すためには，閾値 c を具体的に決める必要がある．閾値 c を具体的に決める方法は，区間推定量を具体的に作る方法に非常に似ている．半分は復習のつもりで以下を読んでいくとよいであろう．

まずは問題を整理しておこう．本章では，原則として，次の設定で話を進めることにする（図 11.1）：母集団分布は正規分布 $N(\mu, \sigma^2)$ とする．無作為標本 $X_1, \ldots, X_n$ がある．検証したい帰無仮説は $H : \mu = \mu_0$ である．有意水準は $\alpha = 0.05$ とする．標準正規分布に従う確率変数を Z として用意しておく．さらに標準正規分布の両側5%点を z^* で表すことにする：$\mathrm{P}(|Z| \geq z^*) = \alpha = 0.05$．

最初は簡単のために分散 σ^2 は既知とする．帰無仮説 $H : \mu = \mu_0$ が正しいという仮定の下では，標準化統計量 $Z_n = (\bar{X} - \mu_0)/\sqrt{\sigma^2/n}$ は標準正規分布に従うことを思い出そう．そこで有意水準に関係する式を次のように変形してみる：

$$\alpha \geq \mathrm{P}_H\left(|\bar{X} - \mu_0| \geq c\right) = \mathrm{P}_H\left(|Z_n| \geq d\right), \quad d = \frac{c}{\sqrt{\sigma^2/n}}.$$

ゆえに，$d \geq z^*$，つまり，$c \geq z^*\sqrt{\sigma^2/n}$ が成り立つ．特に等号のときを採用することにしよう．（なぜに等号のときが好まれるかについては第 11.9 節で説明することになる．）結果的に有意水準5%の検定として次が提案できる：

$$|\bar{X} - \mu_0| \geq z^*\sqrt{\sigma^2/n} \quad \Rightarrow \quad 帰無仮説 \ H \ を棄却する．$$

なお，標本から作られる検定の核となる統計量を，**検定統計量 (test statistic)** という．ここでは，$\bar{X} - \mu_0$ や $Z_n = (\bar{X} - \mu_0)/\sqrt{\sigma^2/n}$ やその絶対値などが，検定統計量である．

次に分散 σ^2 が未知の場合を考えよう．もちろん普通は未知である．既に区間推定のところで行ったのとほぼ同じ議論を行えばよいのである．その流れを簡単に整理しておこう．まずはスチューデント化統計量 $T_n = (\bar{X}-\mu_0)/\sqrt{S^2/n}$ を用意する．そして帰無仮説の下で統計量 T_n が従う自由度 $n-1$ の t 分布の両側 5%点を t^*_{n-1} とする．このとき有意水準 5%の検定として次を提案できる：

$$|\bar{X}-\mu_0| \geq t^*_{n-1}\sqrt{S^2/n} \quad \Rightarrow \quad \text{帰無仮説 } H \text{ を棄却する}.$$

本来であれば，この辺で，乳脂肪分の問題に戻りたいところである．しかしながら，区間推定のところでもある程度の例題を行ったことでもあるし，当分は論理的な話を続けることにしよう．乳脂肪分の問題は第 11.4.1 項で詳しく扱うことにする．

ところで，母集団分布が正規分布である場合は，既に説明したとおりであるが，母集団分布が不明であったら，どうすればよいのだろうか．やはり既に区間推定のところで行ったのとほぼ同じ議論を行えばよいのである（演習問題 [A11.1]）．ここでは結果だけを書くことにしよう．有意水準が近似的に 5%である検定として次が提案できる：

$$|\bar{X}-\mu_0| \geq z^*\sqrt{S^2/n} \quad \Rightarrow \quad \text{帰無仮説 } H \text{ を棄却する}.$$

母集団分布が正規分布ではないとしても，ベルヌーイ分布やポアソン分布などと分かっていた場合にはどうすればよいであろうか．もちろん上記の検定を使ってもよいが，やはり区間推定のときと同様に，ここでは別の方法も紹介することにしよう．母集団分布がパラメータ θ をもつベルヌーイ分布であるとしよう．そのときの平均は $\mu = \theta$ であり分散は $\sigma^2 = \theta(1-\theta)$ である．帰無仮説は $H: \theta = \theta_0$ と表現できる．有意水準が近似的に 5%である検定として次が提案できる：

$$|\bar{X}-\theta_0| \geq z^*\sqrt{\theta_0(1-\theta_0)/n} \quad \Rightarrow \quad \text{帰無仮説 } H \text{ を棄却する}.$$

11.3　p　値

本節では，いままでの検定とほとんど同値だけれども，少し別の考え方を紹介することにしよう．ときにはこちらの方が便利である．

検定統計量は，標本 $\boldsymbol{X}$ の関数なので，象徴的に $T(\boldsymbol{X})$ と表現することにしよう．閾値を c としたとき，第一種の誤り確率は $\mathrm{P}_H(T(\boldsymbol{X}) \geq c)$ で表される．ここで閾値 c を標本値 $T(\boldsymbol{x})$ で置き換えたものを **p 値 (p-value)** という：

$$p^*(\boldsymbol{x}) = \mathrm{P}_H\left(T(\boldsymbol{X}) \geq T(\boldsymbol{x})\right).$$

（より正確には $p^*(\boldsymbol{x}) = \sup_H \mathrm{P}_H\left(T(\boldsymbol{X}) \geq T(\boldsymbol{x})\right)$ などと考えるべきなのだが，本書では簡単のために上記で話をする．）

さて，p 値と有意水準 α の検定には，意義深い関係がある．簡単のために分散が既知であるとして $T(\boldsymbol{X}) = |\bar{X} - \mu_0|/\sqrt{\sigma^2/n}$ の場合を考えることにしよう．まずは次の関係式を思い出す：$\mathrm{P}_H(T(\boldsymbol{X}) \geq z^*) = \alpha$．そのため，$p$ 値が α 以下であるということと，標本値に基づいて具体的に有意水準 α で帰無仮説を棄却するための条件である $T(\boldsymbol{x}) \geq z^*$ は，同値である：

$$p^*(\boldsymbol{x}) \leq \alpha \quad \Leftrightarrow \quad T(\boldsymbol{x}) \geq z^*.$$

ゆえに，p 値を計算して，有意水準よりも小さいかどうかで，帰無仮説を棄却するかどうかを決めるのである．具体的な使い方については次節で扱う．

ところで，帰無仮説が棄却されたかどうかだけを書くよりも，p 値を書くほうが情報量が多い．なぜなら，p 値を見れば，5%有意かどうかだけではなくて，何%有意程度かまで知ることができるからである．例えば，$p^* = 0.03$ であれば，5%有意ではあるが 1%有意ではないと知ることができる．また，$p^* = 0.08$ であれば，5%有意ではないが 10%有意ではあると知ることができる．そのため，検定が行われるときには，しばしば p 値を書くことも多い．

11.4 例

11.4.1 乳脂肪分表示を検証する

乳脂肪分の問題に戻ろう．標本平均値は $\bar{x} = 2.92$ だった．標本数は $n = 20$ であった．まずは事前に分散が $\sigma^2 = 0.18^2$ と分かっていたとする．閾値は $c \approx 1.96\sqrt{0.18^2/20} \approx 0.079$ となる．ゆえに $|\bar{x} - \mu_0| = |2.92 - 3| = 0.08 > c$ なので，ぎりぎりではあるが帰無仮説は有意水準 5%で棄却される．なお，もしも標本数が 10 だったとすると，閾値は $c \approx 0.11$ となり，帰無仮説は棄却できない．仮説をきちんと検証するためには，ある程度の標本数が必要であるこ

とを示唆している．

次に分散が未知だった場合を考えよう．標本分散が $s^2 = 0.18^2$ だったとする．（話を面白くするために分散が既知のときと同じ値だったとした．もちろん普通は異なる．）また $t_{19}^* = 2.09$ である．閾値は $c \approx 2.09\sqrt{0.18^2/20} \approx 0.084$ となる．ゆえに $|\bar{x} - \mu_0| = |2.92 - 3| = 0.08 < c$ なので，帰無仮説は有意水準5%で棄却できない．分散を推定した分だけ曖昧さが生じてクリアな証拠を提示できなかったという感じである．

ちなみに p 値は次のように計算できる．分散が未知の場合を扱おう．まず検定統計量を $T(\boldsymbol{X}) = |\bar{X} - \mu_0|/\sqrt{S^2/n}$ で表すことにする．自由度 m の t 分布に従う確率変数を T_m として用意しておく．このときの p 値は次のように計算できる：

$$p^*(\boldsymbol{x}) = \mathrm{P}_H(T(\boldsymbol{X}) \geq T(\boldsymbol{x})) = \mathrm{P}\left(|T_{19}| \geq \frac{|2.92 - 3|}{\sqrt{0.18^2/20}}\right) \approx 0.061.$$

（もちろん最後の計算には統計ソフトを利用した．）ゆえに5%有意ではないが10%有意ではある．

11.4.2　実験を続けるべきかどうか

ある方法を使うとある現象が確率 3/4 で起こるようになると考えられた．ある学生はこれを実験で検証しようとした．10回の実験を行ったとき，その現象は2回しか起きなかった．そんな馬鹿なと思った．たまたま運が悪かっただけだと考えた．そして実験を進めようと思った．ただし実験には非常にお金がかかるので少し立ち止まって先輩に相談した．

先輩は，検定の論理を説明して，実験の結果は高度に有意であると指摘した．そして，実験を続けて標本平均値が確率 3/4 に近づくことを期待するよりも，多大な時間をかけても実験装置を念入りに再確認するように意見した．学生は，実験装置の作り方に間違いがありそうだという疑いの目で実験装置を確認していくと，前には気づかなかった実験装置の作り方の間違いに気づいたという．先輩の使った検定の論理は以下のようなものだった．

実験をパラメータ θ のベルヌーイ分布であるとした．帰無仮説を $H : \theta = \theta_0 = 3/4$ とした．検定統計量として $U(\boldsymbol{X}) = |\bar{X} - \theta_0|/\sqrt{\theta_0(1-\theta_0)/n}$ を用意した．まずは次のようにして近似的な p 値を計算した：

$$p^* = \mathrm{P}_H(U(\boldsymbol{X}) \geq U(\boldsymbol{x})) \approx \mathrm{P}\left(|Z| \geq \frac{|2/10 - 3/4|}{\sqrt{3/4(1-3/4)/10}}\right) \approx 6.0 \times 10^{-5}.$$

ただし標本数が 10 と小さいので正規近似に気持ち悪さが残る．そこで次のように考え直した．帰無仮説の下では $n\bar{X} = X_1 + \cdots + X_n$ は二項分布 $B(n; \theta_0)$ に従う．二項分布 $B(n; \theta_0)$ に従う確率変数を Y として用意しておく．すると次のようにして p 値が正確に計算できる：

$$\begin{aligned} p^* &= \mathrm{P}_H(U(\boldsymbol{X}) \geq U(\boldsymbol{x})) = \mathrm{P}_H(|\bar{X} - 3/4| \geq |\bar{x} - 3/4|) \\ &= \mathrm{P}(|Y/10 - 3/4| \geq |2/10 - 3/4|) = \mathrm{P}(Y = 0, 1, 2) = 4.2 \times 10^{-4}. \end{aligned}$$

やはり近似値は大きく異なっていた．とは言っても，どちらにせよ，高度に有意であることは間違いない．

11.5 帰無仮説と対立仮説

これまでは帰無仮説だけを考えてきた．ここからは，帰無仮説と対立するという意味での仮説をも用意することにしよう．このような仮説を**対立仮説 (alternative hypothesis)** という．より一般的には，母集団のパラメータ θ に対して，帰無仮説と対立仮説を次のように表現する：

$$H : \theta \in \Theta_H, \qquad K : \theta \in \Theta_K.$$

例えば，第 11.2 節で用意した本章の基本的な場合では，分散が既知だとすると，$\theta = \mu$, $\Theta_H = \{\mu : \mu = \mu_0\}$, $\Theta_K = \{\mu : \mu \neq \mu_0\}$, となり，分散が未知だと，$\boldsymbol{\theta} = (\mu, \sigma^2)$, $\Theta_H = \{\boldsymbol{\theta} : \mu = \mu_0\}$, $\Theta_K = \{\boldsymbol{\theta} : \mu \neq \mu_0\}$, となる．そのほかにも本当にいろいろな仮説を想定することができる．（具体的なほかの仮説は本章の後の方や次章で扱うことになる．）

前節までの議論では，棄却域を W として表したとき，次の行動と対応する第一種の誤りに注目してきた：

行動 (I)： $\boldsymbol{X} \in W \quad \Rightarrow \quad$ 帰無仮説 H を棄却する．

ところで，よく考えると，標本が棄却域に入らなかった場合の行動をきちんと規定していなかった．その場合は，行動 (I) の逆ということで，次のように行動を規定することにしよう：

行動 (II)： $\boldsymbol{X} \in W^c$ ⇒ 帰無仮説 H を棄却しない．

　行動 (II) においては次の誤りが内在している．本当は帰無仮説 H が正しくない（対立仮説 K が正しい）のに，$\boldsymbol{X} \in W^c$ となり，行動 (II) が起こり，帰無仮説 H を棄却しない，という誤りである．これを**第二種の誤り (type II error)** という（表 11.1）．第二種の誤り確率は $\mathrm{P}_K(W^c)$ と表現することにしよう．

表 11.1　第一種の誤りと第二種の誤り

	$\boldsymbol{X} \in W^c$	$\boldsymbol{X} \in W$
H が正しい	◯	×（第一種の誤り）
K が正しい	×（第二種の誤り）	◯

　ところで，第二種の誤り確率の逆を意味する確率 $\mathrm{P}_K(W) = 1 - \mathrm{P}_K(W^c)$ を**検出力 (power)** という．第二種の誤り確率の代わりに検出力が扱われることも多いのだが，本書では，思考の単純化のために，主に第二種の誤り確率の方で思考を進めることにする．

　前節までは帰無仮説と第一種の誤りしか考慮してこなかった．それでも検定を扱うことはできるのだが，ここからは対立仮説と第二種の誤りをもきちんと考慮することで，もう少し整理された考え方によって，検定を理解していくことにしよう．

11.6　検定の面白さと難しさ

　まずは検定における二つの行動を再提示しておこう：

行動 (I)： 　　$\boldsymbol{X} \in W$ ⇒ 帰無仮説 H を棄却する．
行動 (II)： 　$\boldsymbol{X} \in W^c$ ⇒ 帰無仮説 H を棄却しない．

行動 (II) の結論が「棄却しない」という二重否定の文章になっていることに着目しよう．例えば「帰無仮説 H を採択する」と書いてはいけないのだろうか．以下で説明するように，そのような積極的な表現は普通は好ましくない．なぜだろうか．実はここにこそ検定の面白さと難しさが現れている．

　これまでに誤り確率をどのように扱ってきたかを思い出そう．まずは第一種の誤り確率 $\mathrm{P}_H(W)$ をある程度は小さく抑えることにした．第二種の誤り確率 $\mathrm{P}_K(W^c)$ に関しては何も設定していない．後に登場する考え方によって，第二

種の誤り確率を最小化したりもするのだが，その最小値が小さいかどうかは，一般には全く保証されない．そのため，行動 (II) に伴う第二種の誤り確率が小さいとは一般には想定できないため，行動 (II) の結論では積極的な表現が普通は好ましくないのである．

なぜこんな面倒な考え方をするのであろうか．例えば，二つの誤り確率の和を最小にするような閾値 c を選ぶという考え方だってあるだろう．しかしながら，そのように閾値 c を決めたとして，行動に伴う誤り確率が小さいかどうかは分からないので，どちらの行動にも自信がもてないわけである．せめて片方の行動にはある程度は自信をもちたい，というのが，検定の考え方である．

検定においては，先ほど説明したように，片方の行動にはある程度は自信をもてることになる．ただし，標本値によっては，もう片方の行動を取らざるを得ない．このときは全く自信のある行動を取れないというジレンマがある．それは嫌だと思うかもしれないが，標本数が十分にないときに常に自信のある行動を取れるという方が珍しいはずである．そこで，検定は，標本数が十分にないときでも片方の行動には自信をもたせるという論理を展開しているわけである．特に，医学統計のように，患者の数が増やしにくい標本を扱うときには，検定の論理は重宝されている．もちろん，普通は，標本数が十分に大きくなると，第二種の誤り確率は十分に小さくなる（第 11.9 節）．

ところで，「帰無」という名づけ方は，言いえて妙である．行動による結論は，帰無仮説 H を棄却するか棄却しないかであり，帰無仮説を採択することは普通はないので，仮説 H はまさに無に帰する仮説なのである．

11.7 片側仮説

いままでの具体的な話では帰無仮説が $H : \mu = \mu_0$ という非常に単純な仮説だけであった．本節と次節では，少し複雑な帰無仮説を取り扱ってみよう．

ある牛乳製造会社は，自分たちの作っている牛乳の乳脂肪分は平均的に 3% 以上であると主張している．（前の話では 3% であると主張していた．）しかしながら，この主張はかなり疑わしい．そこで，牛乳製造会社の主張を検証することにした．

検定の基本的な考え方については，既に詳しい説明をしているので，本節で

は重要な部分だけを取り出して話を進めることにしよう．まずは話を整理してみる．牛乳製造会社の主張としての帰無仮説と牛乳製造会社の主張を否定する対立仮説は次で表現できる：

$$H : \mu \geq \mu_0 (= 3), \quad K : \mu < \mu_0.$$

このような仮説は片側仮説といわれる．そして牛乳製造会社の主張する仮説 H を次の方法で検証しよう：

$$\bar{X} - \mu_0 \leq c \quad \Rightarrow \quad 帰無仮説 H を棄却する.$$

問題はどのように閾値 c を決めればよいかである．

まずは分散 σ^2 が既知の場合を考えよう．最初に次のように記号を用意しておく：

$$Z_n = \frac{\bar{X} - \mu}{\sqrt{\sigma^2/n}}, \quad d = \frac{c}{\sqrt{\sigma^2/n}}, \quad \tau = \frac{\mu_0 - \mu}{\sqrt{\sigma^2/n}}.$$

標準化変数 Z_n は標準正規分布に従う．さらに帰無仮説 $H : \mu \geq \mu_0$ の下では $\tau \leq 0$ であることを注意しておく．そして有意水準を $\alpha = 0.05$ とすると次が成り立つ：

$$\begin{aligned} \alpha &\geq \mathrm{P}_H \left(\bar{X} - \mu_0 \leq c \right) = \mathrm{P}_H \left(\bar{X} - \mu \leq c + \mu_0 - \mu \right) \\ &= \mathrm{P}_H \left(Z_n \leq d + \tau \right). \end{aligned}$$

ここで標準正規分布の下側 5%点を $-z^\star$ と表しておこう：$\mathrm{P}(Z \leq -z^\star) = \alpha$．すると次が導出される：$d + \tau \leq -z^\star$．この関係式が任意の $\tau \leq 0$ に対して成り立つ必要があるので，結果的に次が必要である：

$$d = \frac{c}{\sqrt{\sigma^2/n}} \leq -z^\star.$$

ここで特に等号のときを採用することにしよう：$c = -z^\star \sqrt{\sigma^2/n}$．結果的に有意水準 α の検定として次が提案できる：

$$\bar{X} - \mu_0 \leq -z^\star \sqrt{\sigma^2/n} \quad \Rightarrow \quad 帰無仮説 H を棄却する.$$

ところで，分散が未知であったり，母集団分布が正規分布でないときなどは，どのようにすればよいのであろうか．このような場合は第 11.2 節と同様の考え方を併せて用いればよい（演習問題 [A11.2]）．

11.8 二標本問題

　血液中のある成分が増え続ける病気があるという．ある会社は新薬を開発して，この薬はその成分の増加を和らげることができると主張している．これを検証する問題を考えることにしよう．

　病気に罹っている患者の $n+m$ 人に新薬効果の実験に協力してもらうことになった．新薬を投与するグループの患者数を n 人として，新薬の代わりにプラセボ（偽薬：何も飲まないのと同じ）を投与するグループの患者数を m 人とした．そして数日後に血液中の対応する成分を測定した結果を $X_1,\ldots,X_n$ と $Y_1,\ldots,Y_m$ で表すことにしよう．このとき，標本平均の差である $\bar{X}-\bar{Y}$ が十分に小さければ，平均的に新薬の効果があると言ってよいだろう．

　ここで問題を整理しておこう．新薬を投与された母集団とプラセボを投与された母集団は，それぞれ正規分布 $N(\mu_x,\sigma_x^2)$ と $N(\mu_y,\sigma_y^2)$ に従っているとして，標本は無作為標本であるとする．まずは分散は既知であるとしよう．帰無仮説と対立仮説を次のように想定することにする：

$$H: \mu_x \geq \mu_y, \qquad K: \mu_x < \mu_y.$$

血液中のある成分の進行を平均的に抑えるという意味では，帰無仮説 H は新薬がプラセボに比べて同等か劣っているという仮説であり，対立仮説 K は新薬がプラセボに比べて優れているという仮説である．そして，標本に基づいて，次の行動を取ることにしよう：

$$\bar{X}-\bar{Y} \leq c \quad \Rightarrow \quad \text{帰無仮説 } H \text{ を棄却する}.$$

残る問題は閾値 c をどう決めるかである．

　前節までの内容が分かっていると，この後に閾値 c をどのように決めるかは，ほとんど予想がつくであろう．同じようなことを繰り返すわけである．詳細は省いて結果だけを記述しておくことにしよう（演習問題 [A11.3]）．標準正規分布の下側 5% 点を $-z^\star$ とする．このとき有意水準 5% の検定として次が提案できる：

$$\bar{X}-\bar{Y} \leq -z^\star \sqrt{\sigma_x^2/n + \sigma_y^2/m} \quad \Rightarrow \quad \text{帰無仮説 } H \text{ を棄却する}.$$

ところで，分散が未知であったり，母集団分布が正規分布でないときなどは，どのようにすればよいのであろうか．このような場合は区間推定のときと同様の考え方（第 10.7 節）を併せて用いればよい．

11.9 検定の良さ*

有意水準が α である検定，言い換えると，第一種の誤り確率が α 以下である検定が二つあるとして，第二種の誤り確率が小さい検定の方を良い検定と考えることにしよう．ある意味で自然な考え方であろう．このような視点をもつことで何が見えてくるのであろうか．

本節では，話をクリアにするために，第 11.2 節で用意した本章の基本的な設定に戻ることにする．さらに簡単のために，分散 σ^2 は既知とし，帰無仮説と対立仮説は次であるとする：

$$H : \mu = 0, \qquad K : \mu \neq 0.$$

対応する棄却域は $W_n = \{\boldsymbol{X} : |\bar{X}| \geq c\}$ となる．

有意水準が α であるという性質は，第 11.2 節において，次のように表現された：

$$c \geq z^* \sqrt{\sigma^2/n} \quad (= c^* \text{ とおこう}).$$

閾値 c を小さくすればするほど，標本領域 $W_n^c = \{\boldsymbol{X} : |\bar{X}| < c\}$ は小さくなり，ゆえに第二種の誤り確率 $\mathrm{P}_K(W_n^c)$ は小さくなる．そのため，有意水準が α であるという条件，言い換えれば，閾値 c が $c \geq c^*$ をみたすという条件の下で，第二種の誤り確率を最小にするのは，閾値 c が最小のとき，言い換えれば，等号が成り立つときになる：

$$\min \{\mathrm{P}_K(W_n^c) : \mathrm{P}_H(W_n) \leq \alpha\} = \min \{\mathrm{P}_K(|\bar{X}| < c) : c \geq c^*\}$$
$$= \mathrm{P}_K(|\bar{X}| < c^*).$$

このような理由のため，有意水準が α の検定を考えるとき，本来は第一種の誤り確率が α 以下であるという不等号の条件であるにもかかわらず，常に等号のときを考えてきたのである．分散 σ^2 が未知の場合も同様に考えることができる．

ところで，標本平均 $\bar{X}$ に基づいて作られる検定は，最初の標本 X_1 だけに

よって作られる検定よりも優れているはずである．次にこの問題について考えよう．最初は分散 σ^2 が既知とする．標本平均 $\bar{X}$ に基づいて作られる棄却域は次であった：
$$W_n = \{\boldsymbol{X} : |\bar{X}| \geq z^* \sqrt{\sigma^2/n}\}$$
最初の標本 X_1 だけによって作られる検定に関する棄却域は W_1 と表現される．いま標準化変数 $Z_n = (\bar{X} - \mu)/\sqrt{\sigma^2/n}$ を用意しておく．これは標準正規分布に従う．すると第二種の誤り確率は次のように表現できる：

$$\begin{aligned}
\mathrm{P}_K(W_n^c) &= \mathrm{P}_K\left(|\bar{X}| < z^* \sqrt{\sigma^2/n}\right) = \mathrm{P}_K\left(|\bar{X} - \mu + \mu| < z^* \sqrt{\sigma^2/n}\right) \\
&= \mathrm{P}_K\left(|Z_n + \nu_n| < z^*\right) \qquad \left(\nu_n = \mu/\sqrt{\sigma^2/n}\right) \\
&= \mathrm{P}_K(Z_n \in I_n), \qquad I_n = (-\nu_n - z^*, -\nu_n + z^*).
\end{aligned}$$

すぐに分かることがある．標本数 n が無限大に向かう漸近的な場合を想定しよう．対立仮説 K の下では，$\mu \neq 0$ なので，$|\nu_n| = |\mu/\sqrt{\sigma^2/n}|$ は無限大に向かう．ゆえに区間 I_n は区間幅 $2z^*$ を保ちながら標準正規分布の裾の方へ向かっていく．そのため第二種の誤り確率は 0 に近づくのである．さらに，証明は少し面倒なのだけれども，正規分布の特性から，第二種の誤り確率は，標本数 n に関して単調に減少するということも分かる（演習問題 [A11.4]）：

$$\mathrm{P}_K(W_1^c) > \mathrm{P}_K(W_2^c) > \cdots > \mathrm{P}_K(W_n^c).$$

結果的に，標本数が多いほど，第二種の誤り確率を小さくすることになり，検定として良いという結論も導かれる．

次に分散 σ^2 が未知の場合を考えよう．漸近的な話は同様にできる．しかしながら，単調性に関連した話は，存外に難しい．この話題については第 11.10.3 項で説明することにする．

11.10　最強力検定**

帰無仮説と対立仮説が設定された後に，良い検定というのを自動的に作ることができないだろうか．推定においては，最尤推定という強力な方法があったけれども，検定においても，何らかの強力な方法がないだろうか．そのような問題に対して応えようというのが本節である．（本節は，かなり数学的なので，

興味のない読者は，読み飛ばしてもよいだろう．)

11.10.1　ネイマン・ピアソンの基本定理**

まずは最も単純な帰無仮説と対立仮説を考えよう．帰無仮説も対立仮説も単純仮説である，つまり，一点であるとしよう．母集団の密度関数は $f(x;\theta)$ と表現できるとする．簡単のために連続型であるとする．このときに仮説を次のように単純仮説として設定するわけである：

$$H : \theta = \theta_0, \qquad K : \theta = \theta_1 \ (\neq \theta_0).$$

この仮説を検定で検証することを考えてみよう．

無作為標本 $X_1,\ldots,X_n$ に対応する尤度は $f_n(\boldsymbol{X};\theta) = \prod_{i=1}^n f(X_i;\theta)$ と書き表せる．ここで天下り的に次のタイプの棄却域を考えることにしよう：

$$W = \left\{ \boldsymbol{X} : \frac{f_n(\boldsymbol{X};\theta_1)}{f_n(\boldsymbol{X};\theta_0)} \geq c \right\}.$$

この棄却域は，尤度比 $f_n(\boldsymbol{X};\theta_1)/f_n(\boldsymbol{X};\theta_0)$ が十分に大きければ，対立仮説の下での尤度が帰無仮説の下での尤度よりも十分に大きいと考えられるので，帰無仮説を棄却しようという考え方である．尤度に基づいた思想は最尤推定に似ている．もちろん閾値 c は有意水準が α になるように決めるのである．

実は，尤度比に基づいて作られた先ほどの棄却域 W に関しては，次のことが言える：閾値 c を第一種の誤り確率がちょうど α になるように決められたとき，その棄却域に基づく検定は，有意水準が α である検定の中で，第二種の誤り確率を最小にしている．この命題を**ネイマン・ピアソンの基本定理 (Neyman-Pearson's fundamental lemma)** という．つまり，帰無仮説も対立仮説もともに単純仮説であれば，何も考えずに尤度比に基づいて棄却域を作れば，自動的に最適な検定が作れるわけである．

この基本定理を証明することにしよう．有意水準が α の検定を作る棄却域を一般的に U で表しておく．第一種の誤り確率に対しては次が成り立っている：

$$\mathrm{P}_H(W) = \alpha. \qquad \mathrm{P}_H(U) \leq \alpha.$$

記号の簡略化のために，帰無仮説と対立仮説の下での密度関数を，$f_0(\boldsymbol{x}) = f_n(\boldsymbol{x};\theta_0)$ と $f_1(\boldsymbol{x}) = f_n(\boldsymbol{x};\theta_1)$ で表すことにしよう．事前に一つ注意しておくと，棄却域 W の性質から，$\boldsymbol{x} \in W$ のときは $f_1(\boldsymbol{x}) \geq c f_0(\boldsymbol{x})$ であり，$\boldsymbol{x} \in W^c$

のときは $f_1(\boldsymbol{x}) < cf_0(\boldsymbol{x})$ である．そして，一般の有意水準 α の検定に対する第二種の誤り確率 $\mathrm{P}_K(U^c)$ と尤度比に基づいて作られる有意水準 α の検定に対する第二種の誤り確率 $\mathrm{P}_K(W^c)$ との差を考えてみる：

$$\begin{aligned}
\mathrm{P}_K(U^c) - \mathrm{P}_K(W^c) &= \mathrm{P}_K(W) - \mathrm{P}_K(U) = \int_W f_1(\boldsymbol{x})d\boldsymbol{x} - \int_U f_1(\boldsymbol{x})d\boldsymbol{x} \\
&= \int_{W \cap U^c} f_1(\boldsymbol{x})d\boldsymbol{x} + \int_{W \cap U} f_1(\boldsymbol{x})d\boldsymbol{x} - \int_{U \cap W^c} f_1(\boldsymbol{x})d\boldsymbol{x} - \int_{U \cap W} f_1(\boldsymbol{x})d\boldsymbol{x} \\
&= \int_{W \cap U^c} f_1(\boldsymbol{x})d\boldsymbol{x} - \int_{U \cap W^c} f_1(\boldsymbol{x})d\boldsymbol{x} \\
&\geq c \left\{ \int_{W \cap U^c} f_0(\boldsymbol{x})d\boldsymbol{x} - \int_{U \cap W^c} f_0(\boldsymbol{x})d\boldsymbol{x} \right\} \\
&= c \left\{ \int_W f_0(\boldsymbol{x})d\boldsymbol{x} - \int_U f_0(\boldsymbol{x})d\boldsymbol{x} \right\} \\
&= c \left\{ \mathrm{P}_H(W) - \mathrm{P}_H(U) \right\} \geq c \{\alpha - \alpha\} = 0.
\end{aligned}$$

つまり $\mathrm{P}_K(U^c) \geq \mathrm{P}_K(W^c)$ が成り立っている．ゆえに，棄却域 W に基づいて作られる検定は，第二種の誤り確率が最小になっている．このように，適当な有意水準の下で，対立仮説を適当な単純仮説としたときに，第二種の誤り確率を最小にする検定（検出力 (power) を最大にする検定）を，**最強力検定 (most powerful test, MP test)** という．

ところが，対立仮説が単純仮説であるという想定は，現実感覚から言うと，相当に恣意的である．帰無仮説も必ずしも単純仮説とは限らない．しかしながら，様々な仮説に対しても，上記の基本定理を土台にして，良い検定がしばしば自動的に作れるのである．その話題は次に扱うことにする．

なお，母集団は連続型であると想定したけれども，離散型の場合はどうなるのであろうか．そのときは，実は，$\mathrm{P}_H(W) = \alpha$ とすることが，一般には難しい．そうするためには**確率化 (randomization)** という操作が必要になる（演習問題 [A11.5]）．

11.10.2　一様最強力検定**

ここでは第 11.7 節で扱われた片側仮説の問題を考えてみよう．分散 σ^2 は既知としておく．さらに，ネイマン・ピアソンの基本定理の設定に合わせるため

に，単純仮説に基づいた次の帰無仮説 H' と対立仮説 K' を最初に用意しておく：
$$H': \mu = \mu_0, \quad K': \mu = \mu_1 \, (< \mu_0).$$
対数尤度は次であった：
$$\log f_n(\boldsymbol{X}; \mu) = -\frac{n}{2}\log(2\pi\sigma^2) - \frac{1}{2\sigma^2}\sum_{i=1}^n (X_i - \mu)^2.$$
尤度比の対数を単純に計算していくと次が得られる：
$$\begin{aligned}
\log \frac{f_n(\boldsymbol{X}; \mu_1)}{f_n(\boldsymbol{X}; \mu_0)} &= \log f_n(\boldsymbol{X}; \mu_1) - \log f_n(\boldsymbol{X}; \mu_0) \\
&= \frac{1}{2\sigma^2}\sum_{i=1}^n \left\{(X_i - \mu_0)^2 - (X_i - \mu_1)^2\right\} \\
&= \frac{1}{2\sigma^2}\sum_{i=1}^n \left\{(X_i - \mu_0)^2 - (X_i - \mu_0 + \mu_0 - \mu_1)^2\right\} \\
&= \frac{1}{2\sigma^2}\sum_{i=1}^n \left\{-2(\mu_0 - \mu_1)(X_i - \mu_0) - (\mu_0 - \mu_1)^2\right\} \\
&= a(\bar{X} - \mu_0) - b, \quad a = -\frac{n(\mu_0 - \mu_1)}{\sigma^2}, \quad b = \frac{n(\mu_0 - \mu_1)^2}{2\sigma^2}.
\end{aligned}$$
ここで $a < 0$ であることを注意しておこう．尤度比に基づいた棄却域は以下のように書き換えることができる：
$$\begin{aligned}
W &= \left\{\boldsymbol{X} : \log \frac{f_n(\boldsymbol{X}; \mu_1)}{f_n(\boldsymbol{X}; \mu_0)} \geq \log c\right\} = \left\{\boldsymbol{X} : a(\bar{X} - \mu_0) - b \geq \log c\right\} \\
&= \left\{\boldsymbol{X} : \bar{X} - \mu_0 \leq c'\right\}, \quad c' = \frac{1}{a}(\log c + b).
\end{aligned}$$
この棄却域は第 11.7 節で提案された自然な棄却域と同じである．あとは，第 11.7 節と同様に考えることで，第一種の誤り確率がちょうど α になるためには，$c' = -z^\star \sqrt{\sigma^2/n}$ とすればよいと分かる．

ネイマン・ピアソンの基本定理から，棄却域 W に基づく検定は，最強力検定である．ところで，作り上げられた棄却域 W は対立仮説に関係した値 μ_1 に依存しない．このように，適当な有意水準の下で，第二種の誤り確率を，対立仮説の下で一様に最小にする検定を，**一様最強力検定 (uniformly most powerful test, UMP test)** という．

さらに，帰無仮説を，$H: \mu \geq \mu_0$ というもとの設定に戻してみたい．まず，帰無仮説 $H': \mu = \mu_0$ は，帰無仮説 H に含まれることを注意しておく．そのため，帰無仮説 H の下で有意水準が α である棄却域 U は，当然ながら，帰無仮

説 H' の下でも有意水準が α である：$\mathrm{P}_H(U) \leq \alpha \Rightarrow \mathrm{P}_{H'}(U) \leq \alpha$. ゆえに，帰無仮説 H と H' の下で有意水準が α である棄却域のクラスを，$\mathcal{U} = \{U\}$ と $\mathcal{U}' = \{U'\}$ と表したとき，$\mathcal{U} \subset \mathcal{U}'$ である．さらに，棄却域 W は，帰無仮説 H' の下で有意水準が α となるように作られたけれども，帰無仮説 H の下でも有意水準が α であったことを思い出そう（第 11.7 節）．よって $W \in \mathcal{U} \subset \mathcal{U}'$ となる．すると次が成り立っている：

$$\mathrm{P}_K(W^c) = \inf_{U' \in \mathcal{U}'} \mathrm{P}_K(U'^c) \leq \inf_{U \in \mathcal{U}} \mathrm{P}_K(U^c).$$

結果的に，棄却域 W に基づいた検定は，帰無仮説 H に対しても一様最強力になる．

ところで，本章で基本設定として考えてきた帰無仮説 $H : \mu = \mu_0$ と対立仮説 $K : \mu \neq \mu_0$ に対しては，一様最強力検定が作れるのだろうか．残念ながら，そのままではうまくいかない．この話題については次に扱うことにする．

11.10.3　一様最強力不偏検定**

推定において不偏性という概念を導入したように，検定においても不偏性という概念を導入することにしよう．ただし，言葉は同じであっても，イメージは相当に違う．（だいたい，もとである推定と検定も，イメージは相当に違う．）棄却域を W とする有意水準 α の検定は，その検出力が α 以上であるときに，**不偏検定 (unbiased test)** であるといわれる：

$$\mathrm{P}_K(W) = 1 - \mathrm{P}_K(W^c) \geq \alpha.$$

いま，どのような標本に対しても，帰無仮説の形に関わりなく，帰無仮説を確率 α で棄却するナンセンスな確率化検定を考えよう．このとき，第一種の誤り確率も検出力も，もちろん α である．ゆえに，このナンセンスな検定は，有意水準 α の不偏検定であり，有意水準 α の不偏検定の中では検出力が最も小さい．少なくとも，このナンセンスな検定よりも検出力が高い検定を考えたいというのが，不偏性の考えである．

ネイマン・ピアソンの基本定理を自然に拡張することで，尤度比に基づいて，最強力不偏検定を作ることが可能である．さらに，対立仮説において，一様に最強力な不偏検定を**一様最強力不偏検定 (uniformly most powerful unbiased test, UMPU test)** という．例えば，第 11.2 節で用意された基本的な設定に

対して作られた自然な棄却域に基づく検定は，一様最強力不偏検定になる．残念ながら，ページ数が足りないので，本書では，これ以上は触れることができないのだけれども，できれば不偏検定までは知っておいて欲しいものである．

11.10.4 区間推定と検定**

区間推定と検定の話は非常に似通っている．適当な枠組みで統一的に議論すると，数学的には，さらに整理されることになる．統一的な見方を知りたい読者はさらに別の本を読んで欲しいと思う．検定においては，検定の良さの規準に基づいて，最強力検定・一様最強力検定・一様最強力不偏検定が説明されたが，区間推定においても，自然な拡張によって，区間推定の良さの規準に基づいて，最精密区間推定・一様最精密区間推定・一様最精密不偏区間推定を考えることができる．

演 習 問 題 A

[A11.1] （平均パラメータに対する有意水準が近似的に 5%になる検定）　母集団の平均と分散を μ と σ^2 とする．無作為標本を $X_1,\ldots,X_n$ とする．帰無仮説を $H : \mu = \mu_0$ とする．このとき，有意水準が近似的に 5%になる棄却域として，$|\bar{X} - \mu_0| \geq z^*\sqrt{S^2/n}$ が提案できることを示せ．

[A11.2] （片側仮説）　母集団の平均と分散を μ と σ^2 とする．分散 σ^2 は未知とする．無作為標本を $X_1,\ldots,X_n$ とする．帰無仮説を $H : \mu \geq \mu_0$ とする．対立仮説を $K : \mu < \mu_0$ とする．母集団分布が次の場合に対して有意水準が（近似的に）5%になる棄却域を提案せよ：(i) 正規分布．(ii) 不明．(iii) ポアソン分布．

[A11.3] （二標本問題）　第 11.8 節で提案されている検定が確かに有意水準 5%であることを証明せよ．

[A11.4] （第二種の誤り確率の単調性）　第 11.9 節で提案されている棄却域 W_n に対して，第二種の誤り確率 $P_K(W_n)$ が標本数 n に関して単調に減少することを証明せよ．

[A11.5] （確率化検定）　母集団分布をパラメータ θ をもつベルヌーイ分布とする．簡単のために標本は X_1 と X_2 だけとする．帰無仮説と対立仮説を $H : \theta = \theta_0 = 0.2$ と $K : \theta = \theta_1 = 0.5$ とする．まずは尤度に基づいた棄却域が次のように表現できることを示せ：$W = \{X_1 + X_2 \geq c\}$．そして，どのように c を取っても，

第一種の誤り確率 $P_H(W)$ をちょうど $\alpha = 0.05$ にできないことを示せ．行動に次のような確率化を導入すると，第一種の誤り確率は，ちょうど $\alpha = 0.05$ になることを示せ：$X_1 + X_2 = 2 \Rightarrow$ 帰無仮説を棄却する．$X_1 + X_2 = 1 \Rightarrow$ 帰無仮説を，確率 $r = 1/32$ で棄却して，確率 $1 - r$ で棄却しない．$X_1 + X_2 = 0 \Rightarrow$ 帰無仮説を棄却しない．

演習問題 B

[B11.1]　（製品の重さ）　会社 A は，製品 B の平均的重さは基準通りに 100 グラムだ，と主張する．この主張を検定によって検証してみよう．過去の経験として，母集団分布としては $N(\mu, 7^2)$ を想定できる状況にあるという．得られた標本値は以下のとおりであった：

　　　98.1, 97.7, 87.9, 96.7, 94.4, 97.7, 85.2, 101.3, 98.0, 110.0,
　　　97.8, 87.9, 107.1, 84.2, 93.3, 90.0, 107.0, 86.4, 99.0, 100.3.

適当に帰無仮説を設定して，有意水準 5％の棄却域を作り，実際に標本値から帰無仮説を検証してみよ．

[B11.2]　（いびつなサイコロ）　サイコロを 120 回振った．1 の目が出た回数が 30 回だった．よって 1 の目が出る確率は 1/4 と推定された．この値は 1/6 と比べて大きく違うような気もする．このサイコロはいびつであると言えるだろうか．

[B11.3]　（餌による効果）　新しい餌は普通の餌よりも体重を増やす効果があるという．均質なネズミに対してそれぞれの餌を与え続けて，適当な期間の後に体重を量ってみた：

　　　普通の餌：58 55 54 47 59 51 61 57 54 62
　　　新しい餌：61 61 60 56 63 56 63 59 56 64

普通の餌を与えた母集団と新しい餌を与えた母集団に対して，それぞれの母集団分布を $N(\mu_x, \sigma^2)$ と $N(\mu_y, \sigma^2)$ と想定する．分散が既知であったとする（$\sigma^2 = 4^2$）．新しい餌に効果があったかないかを検定によって検証してみよ．

[B11.4]　（尤度比と指数型分布族）　母集団の密度関数が連続型で指数型とする：$f(x; \theta) = \exp\{\theta\, t(x) - \psi(\theta) + b(x)\}$．母集団からの無作為標本を $X_1, \ldots, X_n$ とする．帰無仮説と対立仮説を $H: \theta = \theta_0$ と $K: \theta = \theta_1 (> \theta_0)$ とする．尤度比に基づいた棄却域が次のように表現できることを示せ：$W = \{\sum_{i=1}^n t(X_i) \geq c\}$．

[B11.5]　（一様最強力検定）　母集団分布を指数分布 $Ex(\lambda)$ とする．無作為標本を $X_1, \ldots, X_n$ とする．帰無仮説と対立仮説を $H': \lambda = \lambda_0$ と $K: \lambda > \lambda_0$ とする．

尤度比を利用して一様最強力検定を導出せよ．さらに，帰無仮説を $H: \lambda \leq \lambda_0$ としたときは，どうなるのかを考えよ．（ヒント：第 10 章の演習問題 [B10.7]．）

第12章
いろいろな検定*

CHAPTER 12

前章では，検定の基本的な考え方を紹介した．本章では，少し複雑だけれども，世の中で頻繁に利用されている検定を，証明などなしに，簡単に紹介することにする．

12.1 適合度検定*

ある会社でサイコロが作られている．ところが，どうもサイコロが正しく作られている気がしない．そこで，一つのサイコロを取り出して，検証してみることにした．100回振ってみたところ，表12.1が得られた．相対度数と期待したい生起確率のずれは大きいように思える．ここでは，サイコロの相対度数と期待したい生起確率とのずれを総合的にまとめた指標でもって，サイコロが正しく作られているかを検証することにしよう．

表 12.1 サイコロを100回振って得られた結果

サイコロの目	1	2	3	4	5	6	合計
その目が出た回数	11	24	13	18	12	22	100
期待したい相対度数	0.11	0.24	0.13	0.18	0.12	0.22	1
生起確率	1/6	1/6	1/6	1/6	1/6	1/6	1

まずは記号を整理しよう．先ほどの表をもう少し一般的に表12.2のように表現しておくことにする．そして帰無仮説を次で設定する：

$$H: p_1 = p_{10},\ p_2 = p_{20}, \ldots,\ p_k = p_{k0}.$$

さらに確率変数 $\boldsymbol{X} = (X_1, \ldots, X_k)$ は多項分布 $M_k(n; p_1, \ldots, p_k)$ に従っているとする．

12.1 適合度検定*

表12.2 表12.1の一般的な表現

サイコロの目	1	2	$\cdots$	$k(=6)$	合計
その目が出た回数	X_1	X_2	$\cdots$	X_k	$n(=100)$
相対度数	X_1/n	X_2/n	$\cdots$	X_k/n	1
期待したい生起確率	$p_{10}(=1/6)$	$p_{20}(=1/6)$	$\cdots$	$p_{k0}(=1/6)$	1
母集団の生起確率	p_1	p_2	$\cdots$	p_k	1

まずは非常に直感的に考えよう．「サイコロの目 j の生起確率 p_j と期待したい生起確率 p_{j0} とは違う」と言いたい．生起確率 p_j の推定量として相対度数 X_j/n が考えられるので，「$|X_j/n - p_{j0}|$ が十分に大きければ p_j と p_{j0} とは違う」と考えるのは自然だろう．これをすべての目で合算して次のように考えてはどうだろうか：

$$\sum_{j=1}^{k}(X_j/n - p_{j0})^2 \geq c \quad \Rightarrow \quad \text{帰無仮説 } H \text{ を棄却する．}$$

そして閾値 c を今までのように決めればよい気がする．しかしながら，この考え方は，あまり芳しくないのである．

なぜ芳しくないかを厳密に説明するのは，本書のレベルを超えるので避けるけれども，簡単に言うと，多次元変数の標準化が正しく行えていないのである．つまり，多次元の分散みたいなもので，うまく調整されていないのである．そこで，本当に天下り的に，有意水準が近似的に α になる妥当な検定を，以下で与えていくことにしよう．

まずは検定統計量を次として用意する：

$$\chi^2 = \sum_{j=1}^{k} \frac{(X_j/n - p_{j0})^2}{p_{j0}/n} = \sum_{j=1}^{k} \frac{(X_j - np_{j0})^2}{np_{j0}}.$$

この統計量 χ^2 は，ある意味でうまく標準化されていて，帰無仮説の下では，漸近的に自由度 $k-1$ のカイ二乗分布に従う．いま自由度 $k-1$ のカイ二乗分布の上側 $100\alpha\%$ 点を χ^{2*}_{k-1} とおく．すると有意水準が近似的に α になる検定を次で与えられる：

$$\chi^2 \geq \chi^{2*}_{k-1} \quad \Rightarrow \quad \text{帰無仮説 } H \text{ を棄却する．}$$

このような検定は**適合度検定 (goodness-of-fit test)** といわれている．漸近的な性質を使わずに p 値を計算して検定を行うこともできる．

もともと考えていたサイコロの問題に戻ろう．必要な χ^2 値を計算すると

$\chi^2 = 9.08$ となり,また $\chi_5^{2*} = 11.07$ なので,帰無仮説 H は近似的に有意水準 5%で棄却できない.サイコロから得られた標本値を見ると少し怪しく見えるけれども,この程度のばらつきでは適合度検定では棄却できない.

12.2 独 立 性 検 定*

ある抗癌剤には副作用がある.ところが,患者を診ていると,副作用は,軽度か重度かにしばしば偏っていた.そこで,遺伝子型を見ていると,ある遺伝子型が A 型であるか A 型でないかで,副作用の程度に差があるように思えてきた.具体的に得られたのは以下の表だった:

表 12.3 遺伝子型と副作用の関係

	副作用あり	副作用なし
A 型である	23	6
A 型でない	7	28

どう見ても,遺伝子型と副作用には,関係があると思える.この感覚を検定によって検証することにしよう.

まずは記号を整理しよう.上記の表をもう少し一般的に次のように表現しておくことにする:

表 12.4 分割表 (contingency table)

	1	$\cdots$	J	合計
1	X_{11}	$\cdots$	X_{1J}	$X_{1\cdot}$
$\vdots$	$\vdots$	$\ddots$	$\vdots$	$\vdots$
I	X_{I1}	$\cdots$	X_{IJ}	$X_{I\cdot}$
合計	$X_{\cdot 1}$	$\cdots$	$X_{\cdot J}$	$X_{\cdot\cdot} = n$

表 12.5 生起確率表

	1	$\cdots$	J	合計
1	p_{11}	$\cdots$	p_{1J}	$p_{1\cdot}$
$\vdots$	$\vdots$	$\ddots$	$\vdots$	$\vdots$
I	p_{I1}	$\cdots$	p_{IJ}	$p_{I\cdot}$
合計	$p_{\cdot 1}$	$\cdots$	$p_{\cdot J}$	$p_{\cdot\cdot} = 1$

ここで,縦軸変数と横軸変数を,U と V で表すことにする.それらが独立であるということを帰無仮説とすることにしよう.いま,$p_{ij} = \mathrm{P}(U = i, V = j)$,$p_{i\cdot} = \mathrm{P}(U = i)$, $p_{\cdot j} = \mathrm{P}(V = j)$ であるので,帰無仮説は次のように表現できる:

$$H : p_{ij} = p_{i\cdot} p_{\cdot j} \quad \text{for } i = 1, \ldots, I, j = 1, \ldots, J.$$

次には帰無仮説を棄却するような検定統計量を作りたい.ただし,前節と同様

に，非常に直感的に考えて検定統計量を作ると，あまり芳しくないことになる．そこで，ここでも，本当に天下り的に，有意水準が近似的に α になる検定を，以下で与えることにしよう．

まずは検定統計量を次として用意する：
$$\chi^2 = \sum_{i=1}^{I}\sum_{j=1}^{J} \frac{\{X_{ij}/n - (X_{i\cdot}/n)(X_{\cdot j}/n)\}^2}{(X_{i\cdot}/n)(X_{\cdot j}/n)/n}$$
$$= \sum_{i=1}^{I}\sum_{j=1}^{J} \frac{(nX_{ij} - X_{i\cdot}X_{\cdot j})^2}{nX_{i\cdot}X_{\cdot j}}.$$

この統計量 χ^2 は，ある意味でうまく標準化されていて，帰無仮説の下では，漸近的に自由度 $(I-1)(J-1)$ のカイ二乗分布に従う．いま自由度 $(I-1)(J-1)$ のカイ二乗分布の上側 $100\alpha\%$ 点を $\chi^{2*}_{(I-1)(J-1)}$ とおく．すると有意水準が近似的に α になる検定を次で与えられる：

$$\chi^2 \geq \chi^{2*}_{(I-1)(J-1)} \quad \Rightarrow \quad \text{帰無仮説 } H \text{ を棄却する}.$$

このような検定は**独立性検定 (test of independency)** といわれている．フィッシャーの正確検定という方法を使えば，漸近的な性質を使わずに p 値を計算して，検定を行うこともできる．

もともと考えていた問題に戻ろう．必要な χ^2 値を計算すると $\chi^2 = 22.4$ となり，また $\chi^{2*}_1 = 3.84$ なので，帰無仮説 H は近似的には有意水準 5% で棄却できる．これで，副作用と遺伝子型との関係が，近似的には 5% 有意であると言えた．

12.3 分 散 分 析*

いま k 種類の畑があるとする．そこに n 個ずつの種子を蒔いて，それぞれの収穫量を得ている．畑 i における種子 j の収穫量を X_{ij} で表すことにしよう．そしてそれぞれの畑の平均的な収穫量に差がないかを調べる問題を考えよう．

畑 i の平均的な収穫量を μ_i で表すことにする．畑の平均的な収穫量に差がないという仮説は次で表せる：

$$H : \mu_1 = \cdots = \mu_k.$$

さらに収穫量 X_{ij} は正規分布 $N(\mu_i, \sigma^2)$ に従っているとしよう．

畑 i の収穫量の標本平均は $\bar{X}_{i\cdot} = \sum_{j=1}^{n} X_{ij}/n$ と表せる．畑全体の収穫量の標本平均は $\bar{X}_{\cdot\cdot} = \sum_{i=1}^{k}\sum_{j=1}^{n} X_{ij}/(nk) = \sum_{i=1}^{k} \bar{X}_{i\cdot}/k$ と表せる．ゆえに，畑の収穫量の標本平均に対する標本分散は，$\sum_{i=1}^{k}(\bar{X}_{i\cdot}-\bar{X}_{\cdot\cdot})^2/(k-1)$ と表せる．この値が十分に大きければ，それぞれの畑の平均的な収穫量には差があると考えてよいであろう．もちろん，いままでと同様に，何らかの意味で標準化する必要がある．

まずは天下り的に検定統計量を次として用意する：
$$F = \frac{n\sum_{i=1}^{k}(\bar{X}_{i\cdot}-\bar{X}_{\cdot\cdot})^2/(k-1)}{\sum_{i=1}^{k}\sum_{j=1}^{n}(X_{ij}-\bar{X}_{i\cdot})^2/(n-k)}.$$
この統計量は，ある意味でうまく標準化されていて，自由度 $(k-1, n-k)$ の F 分布に従うことが証明できる：$F \sim F_{k-1,n-k}$．(F 分布は第 10 章の演習問題 [B10.8] で用意されている．) 対応する上側 $100\alpha\%$ 点を $F^*_{k-1,n-k}$ とおく．すると有意水準 α の検定を次で与えられる：
$$F \geq F^*_{k-1,n-k} \quad \Rightarrow \quad \text{帰無仮説 } H \text{ を棄却する．}$$
このような検定は**分散分析 (analysis of variance, ANOVA)** といわれている．

12.4 尤度比検定*

母集団の密度関数は $f(x;\boldsymbol{\theta})$ と表現できるとする．母集団からの無作為標本を $X_1, \ldots, X_n$ とする．このとき同時尤度は $f_n(\boldsymbol{X};\boldsymbol{\theta}) = \prod_{i=1}^{n} f(X_i;\boldsymbol{\theta})$ と書き表せる．いま次のタイプの帰無仮説と対立仮説を考えよう：
$$H: \boldsymbol{\theta} \in \Theta_H, \qquad K: \boldsymbol{\theta} \in \Theta_K.$$
このタイプの仮説は既に第 11.5 節で扱った．また，前節までの帰無仮説も，もちろん上記で表すことが可能である．さらに，対立仮説は，帰無仮説以外と設定するのが普通である．

ここで，拡張的な尤度比を，次のように定義しよう：
$$\Lambda_n = \frac{\sup_{\boldsymbol{\theta}\in\Theta_H} f_n(\boldsymbol{X};\boldsymbol{\theta})}{\sup_{\boldsymbol{\theta}\in\Theta_H\cup\Theta_K} f_n(\boldsymbol{X};\boldsymbol{\theta})}.$$
(ただし慣習的な理由で第 11.10.1 項の尤度比と比べると分母と分子の役割が逆

になっている.）このとき，$-2\log\Lambda_n$ は，しばしば漸近的に適当な自由度のカイ二乗分布に従う．そして，適当な有意水準に合わせて閾値を設定することで，次のような検定を提案することができる：

$$-2\log\Lambda_n \geq \chi_*^2 \quad \Rightarrow \quad \text{仮説 } H \text{ を棄却する.}$$

このような検定は**尤度比検定 (likelihood ratio test, LR test)** といわれている．

　具体的な帰無仮説とカイ二乗分布の自由度との関係を幾つか紹介しておこう．いまパラメータ $\boldsymbol{\theta}$ の次元を p とする．そして $\boldsymbol{\theta} = (\boldsymbol{\theta}_1, \boldsymbol{\theta}_2)$ と分割してみよう．さらにパラメータ $\boldsymbol{\theta}_1$ の次元を q とする．加えて q 次元ベクトル ξ_0 を用意しておこう．もしも帰無仮説が $H : \boldsymbol{\theta}_1 = \xi_0$ であれば，自由度は q となる．いま $q \times p$ 行列 A を考えよう $(q \leq p)$．その階数は $\text{rank}(A) = q$ であるとする．もしも帰無仮説が $H : A\boldsymbol{\theta} = \xi_0$ であれば，自由度はやはり q となる．つまり，制限されたパラメータの次元が，自由度になるという感じである．

　もちろん，尤度比 Λ_n の分布が具体的に得られるときには，その分布に基づいて，適当な検定を提案することができる．例えば，前節で紹介された分散分析は尤度比検定でもあり，具体的な分布が得られる例である．

　尤度比検定は，尤度の形と帰無仮説と対立仮説が設定されれば，ほぼ自動的に実行することが可能である．つまり汎用的な検定方法である．似たような汎用的な方法としては，スコア検定とワルド検定もある．最初の二節で紹介された適合度検定と独立性検定はスコア検定である．

第13章
線形回帰モデル

ある薬を投与していくと，その投与量に応じて，血中のある濃度が増えていくという．そのような関係を記述するのに便利なのが回帰モデルである．本章では，これまでの知識に基づいて，特に，線形な回帰モデルを扱ってみる．

13.1 線形回帰モデル

ある薬を投与していくと，その投与量に応じて，血中のある濃度が増えていくという．その様子を図示したのが図 13.1 である．具体的な観測値の一部は表 13.1 に示してみた．このようなデータをどのように解析すればよいだろうか．

表 13.1 薬剤投与量 (x) と血中濃度の (y) 関係

i	1	2	3	⋯⋯	37	38
x	2.32	2.39	2.61	⋯⋯	7.78	8.28
y	2.88	3.21	3.01	⋯⋯	5.88	6.67

まずは，上記の話を，一般的な記号で表現することにしよう．そして，その一般的な表現の下で，議論を展開していくことにしよう．薬剤投与量を x で表して，血中濃度を y で表すことにする．このとき，x を **説明変数 (explanatory variable)**，y を **応答変数 (response variable)** という．そのほかにも，x を独立変数，y を従属変数などということもある．実際に得られた観測値は $(x_1, y_1), \ldots, (x_n, y_n)$ と表すことにしよう．

いま，背後に想定される回帰直線を，$y = \alpha + \beta x$ と表すことにしよう．応答変数 y と回帰直線 $y = \alpha + \beta x$ との間には，計測誤差のようなギャップがあるのが普通なので，その誤差を e で表すことにしよう：

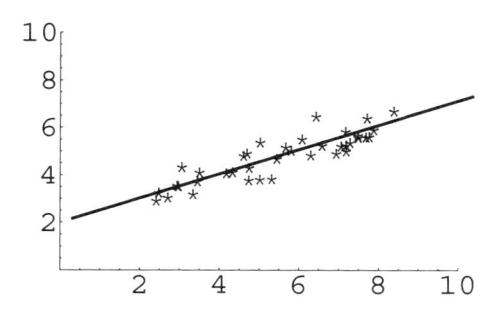

図 13.1 薬剤投与量 (x) と血中濃度 (y) の線形関係

$$y = \alpha + \beta x + e.$$

このようなモデルを**線形回帰モデル (linear regression model)** という．説明変数が一つであることに由来して，しばしば，単回帰モデルともいわれる．具体的な観測値に基づいた表現は次になる：

$$y_i = \alpha + \beta x_i + e_i \qquad (i = 1, \ldots, n).$$

誤差 e は，実験に応じて，正であったり負であったり，大きかったり小さかったりするだろう．そこで，誤差 e には，適当な母集団を想定することにする．特に，誤差 e の母集団分布は，正規分布 $N(0, \sigma^2)$ であるとしよう．

なお，前章までは，標本値を小文字にして標本を大文字と表記を使い分けていたが，本章では，そのような使い分けは面倒なので止めることにする．

誤差 e を確率変数と捉えなおすことで，影響を受ける応答変数 y も確率変数と捉えることができる．応答変数 y の平均と分散は次のように計算できる：

$$\begin{aligned} \mathrm{E}[y] &= \mathrm{E}[\alpha + \beta x + e] = \alpha + \beta x. \\ \mathrm{V}[y] &= \mathrm{E}[(y - \mathrm{E}[y])^2] = \mathrm{E}[e^2] = \sigma^2. \end{aligned}$$

また，応答変数 y は，誤差 e の線形変換であり，誤差 e が正規分布に従うことから，応答変数 y も正規分布に従う（第 4.1 節）．ゆえに次が成り立っている：

$$y \sim N(\alpha + \beta x, \sigma^2).$$

実際の観測値に対しては次のように想定しよう．誤差は母集団からの無作為標本であるとする：

$$e_1,\ldots,e_n \sim_{i.i.d.} N(0,\sigma^2).$$

結果的に，応答変数は，次の性質をみたす（演習問題 [A13.1]）：

$$y_i \sim N(\alpha+\beta x_i, \sigma^2) \quad (i=1,\ldots,n), \qquad y_1,\ldots,y_n \text{ は独立}.$$

このような設定の下で何ができるのかを考えていくことにしよう．

13.2 推定

まずは回帰パラメータ α と β を推定することを考えよう．この二つの回帰パラメータを推定しないことには話が始まらない．さて，誤差 $e_i = y_i - (\alpha+\beta x_i)$ の二乗を累積してみる：

$$\sum_{i=1}^n e_i^2 = \sum_{i=1}^n \{y_i - (\alpha+\beta x_i)\}^2.$$

このような二乗誤差を最小にするパラメータを**最小二乗推定量 (least square estimator, LSE)** という．

さて，最小二乗推定量を，具体的に求めてみよう．単なる二変数 α と β に関する最小化問題なので普通に解けばよいだけである．とりあえず臨界値を求めることにしよう．最初に記号を用意しておく：

$$\overline{x^2} = \frac{1}{n}\sum_{i=1}^n x_i^2, \quad \overline{xy} = \frac{1}{n}\sum_{i=1}^n x_i y_i, \quad s_x^2 = \overline{x^2} - \bar{x}^2, \quad s_{xy} = \overline{xy} - \bar{x}\bar{y}.$$

二乗誤差を二変数 α と β で偏微分すると，臨界値条件として次が得られる：

$$\sum_{i=1}^n (-2)\{y_i - (\alpha+\beta x_i)\} = 0, \qquad \sum_{i=1}^n (-2x_i)\{y_i - (\alpha+\beta x_i)\} = 0.$$

きちんと整理すると次になる：

$$\alpha + \beta \bar{x} = \bar{y}, \qquad \alpha \bar{x} + \beta \overline{x^2} = \overline{xy}.$$

この連立一次方程式を解くと次が得られる：

$$\hat{\alpha} = \bar{y} - \hat{\beta}\bar{x}, \qquad \hat{\beta} = s_{xy}/s_x^2.$$

本当は臨界値が最小値になることを確認する必要はあるけれども，そこまできちんと考えるのは面倒なので後回しにしよう（演習問題 [A13.2]）．

次に分散 $\sigma^2 = \mathrm{E}[e^2]$ の推定を考えよう．もしも e_i が観測されるならば，$\sum_{i=1}^n e_i^2/n$ を推定量にすればよい．もちろん e_i は観測されないので少し困る．

回帰パラメータの推定量を利用して計算されるプラグイン型の回帰値の推定量を $\hat{y}_i = \hat{\alpha} + \hat{\beta} x_i$ とおく．（こういうときには，対象がパラメータでなくても，推定量と呼ぶ．）このとき，e_i の推定量として，$\hat{e}_i = y_i - \hat{y}_i$ が考えられる．結果的に次の推定量を提案できる：$\sum_{i=1}^n \hat{e}_i^2/n$．もちろんこれでも悪くないのだけれども，プラグイン型の推定量は，しばしば不偏性をもたない（第 8.2 節）．そこで，適当に調整した結果として，次を分散 σ^2 の推定量として提案しておく（不偏性については第 13.3 節で議論される）：

$$\hat{\sigma}^2 = \frac{1}{n-2}\sum_{i=1}^n \hat{e}_i^2 = \frac{1}{n-2}\sum_{i=1}^n \{y_i - (\hat{\alpha}+\hat{\beta} x_i)\}^2.$$

上述の推定量の作り方は感覚的な作り方である．そのほかにも，推定量を作るときに汎用的な方法である最尤推定法を使う作り方もある．そのときの最尤推定量は，回帰パラメータ α と β については同じになり，分散 σ^2 については $\sum_{i=1}^n \hat{e}_i^2/n$ になる（演習問題 [A13.3]）．このような結論は第 8.4.3 項と同様である．

13.3 推定量の性質

さて，推定量の性質を，もう少し詳しく見ることにしよう．少し面倒な計算が続くけれども，重要なことは，計算すれば答えが出るはずである，と思えることである．

まずは $\bar{y}$ と $\overline{xy}$ と s_{xy} の平均を計算しよう：

$$\begin{aligned}
\mathrm{E}[\bar{y}] &= \frac{1}{n}\sum_{i=1}^n \mathrm{E}[y_i] = \frac{1}{n}\sum_{i=1}^n (\alpha+\beta x_i) = \alpha+\beta\bar{x}. \\
\mathrm{E}[\overline{xy}] &= \frac{1}{n}\sum_{i=1}^n \mathrm{E}[x_i y_i] = \frac{1}{n}\sum_{i=1}^n x_i(\alpha+\beta x_i) = \alpha\bar{x}+\beta\overline{x^2}. \\
\mathrm{E}[s_{xy}] &= \mathrm{E}[\overline{xy}-\bar{x}\bar{y}] = (\alpha\bar{x}+\beta\overline{x^2}) - \bar{x}(\alpha+\beta\bar{x}) = \beta s_x^2.
\end{aligned}$$

よって推定量 $\hat{\alpha}$ と $\hat{\beta}$ の平均は次になる：

$$\mathrm{E}[\hat{\beta}] = \mathrm{E}[s_{xy}]/s_x^2 = \beta. \qquad \mathrm{E}[\hat{\alpha}] = \mathrm{E}[\bar{y}-\hat{\beta}\bar{x}] = \mathrm{E}[\bar{y}] - \mathrm{E}[\hat{\beta}]\bar{x} = \alpha.$$

つまり，推定量 $\hat{\alpha}$ と $\hat{\beta}$ は，回帰パラメータ α と β の不偏推定量になっている．推定量の分散は，さすがに計算を書くのがたいへんなので，ここでは，結果だけを記すことにする（演習問題 [A13.4]）：

$$\mathrm{V}[\hat{\alpha}] = a(x)\sigma^2, \quad a(x) = \overline{x^2}/(ns_x^2). \qquad \mathrm{V}[\hat{\beta}] = b(x)\sigma^2, \quad b(x) = 1/(ns_x^2).$$

さらに，推定量 $\hat{\alpha}$ と $\hat{\beta}$ は，明らかに $y_1,\ldots,y_n$ の線形結合である．正規分布の線形結合はまた正規分布になることを思い出そう（第 4.2.2 項）．ゆえに推定量 $\hat{\alpha}$ と $\hat{\beta}$ は正規分布に従う．以上をまとめると，推定量 $\hat{\alpha}$ と $\hat{\beta}$ に対して，以下の性質が得られていることになる：

$$\hat{\alpha} \sim N\left(\alpha, a(x)\sigma^2\right). \qquad \hat{\beta} \sim N\left(\beta, b(x)\sigma^2\right).$$

次に推定量 $\hat{\sigma}^2$ の性質を調べよう．標本分散 S^2 と同じような性質をもつであろうことは容易に想像できるだろう．実際に次の性質をもつ：

$$\mathrm{E}[\hat{\sigma}^2] = \sigma^2. \qquad (n-2)\hat{\sigma}^2/\sigma^2 \sim \chi^2_{n-2}.$$

さらに $\hat{\sigma}^2$ は $(\hat{\alpha},\hat{\beta})$ と独立になる．

推定量 $\hat{\sigma}^2$ の性質を証明するのは面倒である．標本分散 S^2 の性質を調べたとき（第 7.3 節）と同様に，ベクトル表現を使うと証明は楽で分かりやすくなる．線形回帰モデルのベクトル表現は，第 13.6 節で扱われる．そのため，証明は，その後の第 13.8 節で行うことにする．

13.4　区間推定と検定

第 13.1 節での数値例において，回帰パラメータの推定値が得られたとして，その値はどの程度の誤差を見積もるとよいのだろうか．ここで，以前と同様に，パラメータの区間推定を考えることにしよう．特に，傾きパラメータ β の区間推定を考えることにする．まずは，以前と同様に，スチューデント化変数を最初に用意する：$T_n = (\hat{\beta}-\beta)/\sqrt{b(x)\hat{\sigma}^2}$．推定量 $\hat{\beta}$ と $\hat{\sigma}^2$ の性質（第 13.3 節）を利用すると，スチューデント化変数 T_n は自由度 $n-2$ の t 分布に従うということが簡単に分かる（演習問題 [A13.5]）．ゆえに，信頼水準 95% の区間推定量を，次で提案できる：$\hat{\beta} \pm t^*_{n-2}\sqrt{b(x)\hat{\sigma}^2}$．これに基づいて区間推定値を計算することで，推定値の誤差を見積もることができる．

また，ときには，線形関係が疑われるようなこともあるだろう．しかしながら，たとえ，そのような状況であったとしても，無理やり回帰モデルを設定することで，回帰パラメータや分散を推定することはできる．線形関係を検証するために

は，例えば，帰無仮説 $H : \beta = 0$ を検定すればよい．つまり，$|\hat{\beta}|/\sqrt{b(x)\hat{\sigma}^2} \geq t_{n-2}^*$ であれば，有意水準 5% で帰無仮説を棄却すればよい．このときの検定統計量 $\hat{\beta}/\sqrt{b(x)\hat{\sigma}^2}$ の値は，特に，**t 値 (t-value)** といわれることがある．

パラメータ α や分散 σ^2 に対しても，前章までに紹介された基本的な考え方に基づいて，いろいろと考察することができるけれども，それについては省略する．(もう自分で考えつくでしょう.)

13.5 例

本節では，第 13.1 節の数値例に対して，線形回帰モデルの適用を議論してみよう．まずは，回帰パラメータに対する最小二乗推定値を求めて．回帰直線を引いてみる．そして，回帰パラメータに対して，さらに考察を進めてみる．

回帰パラメータの最小二乗推定値と分散の推定値を，具体的に計算すると次になった：

$$\hat{\alpha} = 2.07, \qquad \hat{\beta} = 0.49, \qquad \hat{\sigma}^2 = 0.47^2.$$

この推定値に基づいて回帰直線 $y = \hat{\alpha} + \hat{\beta}x$ を引くと図 13.1 のようになったわけである．

ここでは，線形関係を疑う必要はないと考えられるが，念のために帰無仮説 $H : \beta = 0$ を検証しておこう．具体的に p 値を計算すると 1.09×10^{-13} になった．そのため帰無仮説 $H : \beta = 0$ は 5%（または 1%）有意である．

また，回帰パラメータの信頼水準 95% の区間推定値を計算すると，0.49 ± 0.086 になった．薬剤投与量 1 に対して，血中濃度はおおよそ 0.49 ± 0.086 だけ増えると考えてもよいだろう．非常にアバウトに言えば，薬剤投与量 1 に対して，血中濃度はおおよそ 0.5 ± 0.1 だけ増えるという感じである．

13.6 説明変数が複数の場合*

前節までは，説明変数が一つの場合の線形回帰モデルを扱った．本節では，説明変数が複数の場合にも対応できる線形回帰モデルを考えよう．例えば，薬 A と薬 B の投与量 x_1 と x_2 に応じて，血中のある濃度 y が，線形関係で表せると

考えるわけである．より一般的には，説明変数 $x_1,\ldots,x_k$ に応じて，応答変数 y が，次の線形関係で表せると考えよう：

$$y = \beta_0 + \beta_1 x_1 + \cdots + \beta_k x_k + e.$$

説明変数が複数であることに由来して，しばしば，重回帰モデルともいわれる．そして誤差 e は正規分布 $N(0,\sigma^2)$ に従っていると想定しよう．

具体的な観測値に対処する場合は，次のように考えることにしよう．第 i 回目の実験で，説明変数 $x_{i1},\ldots,x_{ik}$ に応じて，応答変数 y_i が観測されるとする．実験回数は n であるとする．このとき，観測値に基づいた線形回帰モデルの表現を，次とする：

$$y_i = \beta_0 + \beta_1 x_{i1} + \cdots + \beta_k x_{ik} + e_i \qquad (i=1,\ldots,n).$$

そして $e_1,\ldots,e_n \sim_{i.i.d} N(0,\sigma^2)$ とする．

さらに，後の議論のために，線形回帰モデルのベクトル表現を与えておこう：

$$\boldsymbol{y} = \begin{pmatrix} y_1 \\ \vdots \\ \vdots \\ \vdots \\ y_n \end{pmatrix} = \begin{pmatrix} \beta_0 + \beta_1 x_{11} + \cdots + \beta_k x_{1k} + e_1 \\ \vdots \\ \vdots \\ \vdots \\ \beta_0 + \beta_1 x_{n1} + \cdots + \beta_k x_{nk} + e_n \end{pmatrix} = X\boldsymbol{\beta} + \boldsymbol{e}.$$

ただし，次の記号を使った：

$$X = \begin{pmatrix} 1 & x_{11} & \cdots & x_{1k} \\ \vdots & \vdots & & \vdots \\ \vdots & \vdots & & \vdots \\ \vdots & \vdots & & \vdots \\ 1 & x_{n1} & \cdots & x_{nk} \end{pmatrix}, \quad \boldsymbol{\beta} = \begin{pmatrix} \beta_0 \\ \beta_1 \\ \vdots \\ \beta_k \end{pmatrix}, \quad \boldsymbol{e} = \begin{pmatrix} e_1 \\ \vdots \\ \vdots \\ \vdots \\ e_n \end{pmatrix}.$$

なお，普通は，説明変数行列 X の階数に関しては，$\mathrm{rank}(X) = k+1 (< n)$ であると想定する．さらに，n 次元ベクトル $\boldsymbol{0} = (0,\ldots,0)'$ を用意すると，$\boldsymbol{e} \sim N_n(\boldsymbol{0},\sigma^2 I_n)$ と表現することができる．もちろん $\boldsymbol{y} \sim N_n(X\boldsymbol{\beta},\sigma^2 I_n)$ も成り立つ（第 4.1 節）．

ところで，線形回帰モデルは，これまでに説明してきた以上の，もう少し広

い意味で捉えることができる．例えば，血中のある濃度 y が，薬 A と薬 B の投与量 x_1 と x_2 だけでなく，その相乗作用 $x_1 \times x_2$ にも応じて，線形関係で表せるかもしれない．そうすると上述の話と少し違うような気がする．しかしながら，その相乗作用を，新しい説明変数 $x_3 = x_1 x_2$ と捉えなおすことで，やはり同じ枠組みで議論できるのである：

$$y = \beta_0 + \beta_1 x_1 + \beta_2 x_2 + \beta_3 x_1 x_2 + e$$
$$\rightarrow \quad y = \beta_0 + \beta_1 x_1 + \beta_2 x_2 + \beta_3 x_3 + e \quad (x_3 = x_1 x_2).$$

さらに，血中のある濃度 y が，薬 A の投与量 x と線形関係ではなくて，多項式関係で結ばれていたとしよう．このときも変数の置き換えで対処することができる：

$$y = \beta_0 + \beta_1 x + \beta_2 x^2 + \cdots + \beta_k x^k + e$$
$$\rightarrow \quad y = \beta_0 + \beta_1 x_1 + \beta_2 x_2 + \cdots + \beta_k x_k + e$$
$$(x_j = x^j;\ j = 1, \ldots, k).$$

そのほかにも様々な適用可能性をもっている．例えば，指数関係 $y = ae^{bx}$ が想定されるときは，両辺の対数を取ると，$\log y = \log a + bx$ となるので，$\log y$ をあらためて y と考えることで，線形関係が想定される．線形回帰モデルは，かなり適用範囲の広いモデルなのである．

13.7　射　　影*

本節では完全に確率と統計を離れることにしよう．線形代数で習ったであろう**射影 (projection)** の復習を本節で行う．射影の考え方は，とても人間の直感に訴えるもので，線形回帰モデルに限らず，統計学ではしばしば使われる考え方である．ここから射影の説明を始めることにするけれども，常に図 13.2 を参照しながら思考を進めて欲しい．

いま n 次元空間を考えることにしよう．そして r 個の一次独立な n 次元ベクトル $\boldsymbol{x}_1, \ldots, \boldsymbol{x}_r$ があったとする．（もちろん $r \leq n$ となる．）さらに $X = (\boldsymbol{x}_1, \ldots, \boldsymbol{x}_r)$ とおく．（もちろん X は $n \times r$ 行列である．）このとき，r 個のベクトルの線形結合から作られるベクトルは，次で表現できる：

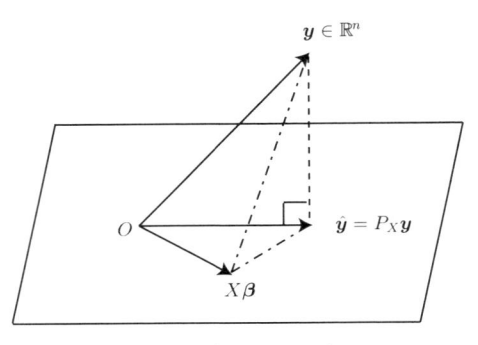

$$\mathcal{M}(X) = \{X\boldsymbol{\beta} : \boldsymbol{\beta} \in \mathbb{R}^r\}$$

図 13.2 射影

$$\beta_1 \boldsymbol{x}_1 + \cdots + \beta_r \boldsymbol{x}_r = X\boldsymbol{\beta}, \qquad \boldsymbol{\beta} = (\beta_1, \ldots, \beta_r)'.$$

このベクトルから作られる部分空間を $\mathcal{M}(X)$ とおく．

いま普通の n 次元ベクトル $\boldsymbol{y}$ を考える．このベクトルは部分空間 $\mathcal{M}(X)$ の上にあるとは限らない．では，部分空間 $\mathcal{M}(X)$ の中で，ベクトル $\boldsymbol{y}$ に最も近いベクトルは何になるのだろうか．それを射影ベクトルという．ここでは射影ベクトルを $\hat{\boldsymbol{y}}$ と表すことにしよう．式で言えば次で定義される：

$$\hat{\boldsymbol{y}} = \arg\min \left\{ \|\boldsymbol{y} - X\boldsymbol{\beta}\|^2 : X\boldsymbol{\beta} \in \mathcal{M}(X) \right\}.$$

ところで，射影という言葉の由来は，次のように捉えればよい．図 13.2 をあらためて見て欲しい．部分空間 $\mathcal{M}(X)$ を地面だと思って，ちょうど真上から太陽の光が当たっている（射る）としよう．すると，ベクトル $\boldsymbol{y}$ の影が，ベクトル $\hat{\boldsymbol{y}}$ になるわけである．

具体的に射影ベクトルを求めてみよう．発見的に解を求めるのであれば，パラメータ $\boldsymbol{\beta}$ に関して偏微分を行って，臨界値を求めて，それが最小値であることを確認すればよい（演習問題 [A13.6]）．しかしながら，ここでは，あえて天下り的な方法で解を与えることにしよう．その方がイメージがつかみやすいのである．まずは，天下り的に，次の行列を用意しておく：

$$P_X = X(X'X)^{-1}X'.$$

行列 P_X は射影行列と呼ばれている．実は，ベクトル $P_X \boldsymbol{y}$ が射影ベクトル $\hat{\boldsymbol{y}}$ そ

13.7 射影*

のものになるのだが，それを以下できちんと確認していこう．

まずは射影行列 P_X には次の性質があることを事前に注意しておこう：

$$P_X' = P_X. \quad P_X X = X(X'X)^{-1}X'X = X. \quad (I_n - P_X)X = O.$$

また，図 13.2 から，二つのベクトル $\boldsymbol{y} - P_X \boldsymbol{y}$ と $P_X \boldsymbol{y} - X\boldsymbol{\beta}$ は直交していると考えられる．それを以下で示す：

$$\begin{aligned}(\boldsymbol{y} - P_X \boldsymbol{y})'(P_X \boldsymbol{y} - X\boldsymbol{\beta}) &= \{(I_n - P_X)\boldsymbol{y}\}'\{X(X'X)^{-1}X\boldsymbol{y} - X\boldsymbol{\beta}\} \\ &= \boldsymbol{y}'(I_n - P_X)X\{(X'X)^{-1}X\boldsymbol{y} - \boldsymbol{\beta}\} = 0.\end{aligned}$$

そして次のピタゴリアン関係が分かる：

$$\begin{aligned}\|\boldsymbol{y} - X\boldsymbol{\beta}\|^2 &= \|\boldsymbol{y} - P_X \boldsymbol{y} + P_X \boldsymbol{y} - X\boldsymbol{\beta}\|^2 \\ &= \|\boldsymbol{y} - P_X \boldsymbol{y}\|^2 + \|P_X \boldsymbol{y} - X\boldsymbol{\beta}\|^2.\end{aligned}$$

このピタゴリアン関係は，図 13.2 でいうと，点線と一点鎖線で作られる関係である．ここで次のことを念頭に入れておこう：

$$P_X \boldsymbol{y} = X(X'X)^{-1}X'\boldsymbol{y} = X\hat{\boldsymbol{\beta}} \in \mathcal{M}(X), \qquad \hat{\boldsymbol{\beta}} = (X'X)^{-1}X'\boldsymbol{y}.$$

すると，射影ベクトル $\hat{\boldsymbol{y}}$ は，次のように求められる：

$$\begin{aligned}\hat{\boldsymbol{y}} &= \arg\min\left\{\|\boldsymbol{y} - X\boldsymbol{\beta}\|^2 : X\boldsymbol{\beta} \in \mathcal{M}(X)\right\} \\ &= \arg\min\left\{\|\boldsymbol{y} - P_X \boldsymbol{y}\|^2 + \|P_X \boldsymbol{y} - X\boldsymbol{\beta}\|^2 : X\boldsymbol{\beta} \in \mathcal{M}(X)\right\} \\ &= P_X \boldsymbol{y}.\end{aligned}$$

この式関係は，図 13.2 で言うと，ちょうど一点鎖線の部分がなくなったということである．

さて，後のために，もう少し射影行列の性質を調べておこう．射影行列に関して，簡単に分かる性質がまだある：

$$P_X^2 = X(X'X)^{-1}X'X(X'X)^{-1}X' = X(X'X)^{-1}X' = P_X.$$

このような性質をベキ等という．この性質は，$P_X^2 \boldsymbol{y} = P_X \boldsymbol{y}$ と考えればよく，これは，一回の射影と二回（以上）の射影は同じである，という意味なので，非常に納得できる．ところで，少し前に現れた $P_X X = X$ という性質も，$P_X X\boldsymbol{\beta} = X\boldsymbol{\beta}$ と考えると，もともと $\mathcal{M}(X)$ の上にあるベクトルは射影しても変わらない，という意味なので，やはり非常に納得できる．

ベキ等行列の固有値は 0 か 1 である．それは次のように証明できる．固有値と固有ベクトルを λ と $\boldsymbol{a}(\neq \boldsymbol{0})$ とおく：$P_X \boldsymbol{a} = \lambda \boldsymbol{a}$．ゆえに次が成り立つ：

$$\lambda \boldsymbol{a} = P_X \boldsymbol{a} = P_X^2 \boldsymbol{a} = P_X(\lambda \boldsymbol{a}) = \lambda^2 \boldsymbol{a}.$$

よって $\lambda = 0, 1$ である．さらに，次が成り立つので，射影行列 P_X の階数は X の階数 r と同じである：

$$\mathrm{rank}(P_X) = \mathrm{rank}(X(X'X)^{-1}X') = \mathrm{rank}(X'X(X'X)^{-1}) = \mathrm{rank}(I_r) = r.$$

そのため，線形代数でよく使われるスペクトル分解によって，適当な n 次の直交行列 Q と対角行列 Λ をもってくることで，次が成り立つ：

$$Q'Q = QQ' = I_n, \qquad P_X = Q\Lambda Q',$$
$$\Lambda = \mathrm{diag}(1, \ldots, 1, 0, \ldots, 0) \quad (1 \text{ の個数は } r).$$

13.8 　推定と区間推定と検定（再び）*

まずは回帰パラメータ $\boldsymbol{\beta}$ の推定を考えよう．二乗誤差は次で表せる：

$$\sum_{i=1}^{n} e_i^2 = \|\boldsymbol{e}\|^2 = \|\boldsymbol{y} - X\boldsymbol{\beta}\|^2.$$

射影の考え方によって，これを最小にする $\boldsymbol{\beta}$，すなわち，最小二乗推定量は次になる：$\hat{\boldsymbol{\beta}} = (X'X)^{-1}X'\boldsymbol{y}$．また，$\boldsymbol{y} \sim N_n(X\boldsymbol{\beta}, \sigma^2 I_n)$ だったので，正規分布の線形変換の性質から，次が成り立つ：

$$\begin{aligned}
\mathrm{E}[\hat{\boldsymbol{\beta}}] &= (X'X)^{-1}X'\mathrm{E}[\boldsymbol{y}] = (X'X)^{-1}X'X\boldsymbol{\beta} = \boldsymbol{\beta}. \\
\mathrm{V}[\hat{\boldsymbol{\beta}}] &= (X'X)^{-1}X'\mathrm{V}[\boldsymbol{y}]X(X'X)^{-1} \\
&= (X'X)^{-1}X'(\sigma^2 I_n)X(X'X)^{-1} = \sigma^2(X'X)^{-1}. \\
\hat{\boldsymbol{\beta}} &\sim N_{k+1}\left(\boldsymbol{\beta}, \sigma^2(X'X)^{-1}\right).
\end{aligned}$$

次に分散 $\sigma^2 = \mathrm{E}[e^2]$ の推定を考えよう．第 13.2 節と同じ考え方をしていく．もしも e_i が観測されるならば，分散の推定量として，$\sum_{i=1}^{n} e_i^2/n = \|\boldsymbol{e}\|^2/n$ を提案できる．しかしながら，普通は $\boldsymbol{e}$ は観測されない．回帰パラメータの推定量 $\hat{\boldsymbol{\beta}}$ を利用して計算される回帰ベクトルの推定量を $\hat{\boldsymbol{y}} = X\hat{\boldsymbol{\beta}}$ とおく．このとき，$\boldsymbol{e}$ の推定量として，$\hat{\boldsymbol{e}} = \boldsymbol{y} - \hat{\boldsymbol{y}} = \boldsymbol{y} - X\hat{\boldsymbol{\beta}}$ が考えられる．そして，適当に係

数を調整することで，分散 σ^2 の推定量として次を提案する：
$$\hat{\sigma}^2 = \frac{1}{n-(k+1)}\|\hat{\bm{e}}\|^2 = \frac{1}{n-k-1}\|\bm{y}-X\hat{\bm{\beta}}\|^2.$$
推定量 $\hat{\sigma}^2$ に対しては，次が成り立つ：
$$\mathrm{E}[\hat{\sigma}^2] = \sigma^2. \qquad (n-k-1)\hat{\sigma}^2/\sigma^2 \sim \chi^2_{n-k-1}.$$
さらに $\hat{\sigma}^2$ と $\hat{\bm{\beta}}$ は独立である．

いま，推定量 $\hat{\sigma}^2$ の性質を証明なしに書いたけれども，これを以下できちんと証明していこう．最初に，射影行列 P_X のスペクトル分解を用意する：
$$Q'Q = QQ' = I_n, \qquad P_X = Q\Lambda Q',$$
$$\Lambda = \mathrm{diag}(1,\ldots,1,0,\ldots,0) \quad (1 \text{ の個数は } k+1).$$
そして次の変形をする：
$$\begin{aligned}
\hat{\bm{e}} &= \bm{y}-X\hat{\bm{\beta}} = \bm{y}-P_X\bm{y} = (I_n-P_X)\bm{y} = (I_n-P_X)(X\bm{\beta}+\bm{e})\\
&= (I_n-P_X)\bm{e} = Q(I_n-\Lambda)Q'\bm{e} = Q(I_n-\Lambda)\tilde{\bm{e}} \qquad (\tilde{\bm{e}} = Q'\bm{e}).
\end{aligned}$$
また，$\bm{e} \sim N_n(\bm{0},\sigma^2 I_n)$ なので，Q が直交行列 ($Q'Q = I_n$) であることから，$\tilde{\bm{e}} = Q'\bm{e} \sim N_n(\bm{0},\sigma^2 I_n)$ であることも注意しておく．さらに $\tilde{\bm{e}} = (\tilde{e}_1,\ldots,\tilde{e}_n)'$ とおく．もちろん $\tilde{e}_1,\ldots,\tilde{e}_n \sim_{i.i.d.} N(0,\sigma^2)$ が成り立っている．推定量 $\hat{\sigma}^2$ は次のように変形できる：
$$\begin{aligned}
(n-k-1)\hat{\sigma}^2 &= \|\hat{\bm{e}}\|^2 = \hat{\bm{e}}'\hat{\bm{e}} = \{\tilde{\bm{e}}'(I_n-\Lambda)Q'\}\{Q(I_n-\Lambda)\tilde{\bm{e}}\}\\
&= \tilde{\bm{e}}'(I_n-\Lambda)\tilde{\bm{e}} = \sum_{i=k+2}^n \tilde{e}_i^2.
\end{aligned}$$
ゆえに，$\mathrm{E}[\hat{\sigma}^2] = \sum_{i=k+2}^n \mathrm{E}[\tilde{e}_i^2]/(n-k-1) = \sigma^2$ であり，$(n-k-1)\hat{\sigma}^2/\sigma^2 \sim \chi^2_{n-k-1}$ と分かる．残るは，$\hat{\sigma}^2$ と $\hat{\bm{\beta}}$ は独立である，という証明である．これは難しいので，とりあえずは飛ばすことにしよう（演習問題 [A13.7]）．

パラメータに対する区間推定や検定は，上述の性質と既に扱った考えを合わせれば，ある程度は簡単に可能になる（演習問題 [A13.8]）．しかしながら，パラメータを同時に扱うような仮説 $H: \beta_1 = \beta_2 = 0$ などに対しては，これまで以上の知識が必要になる．例えば F 分布（第 10 章の演習問題 [B10.8]）の知識が必要になる．ただし，きりもないので，この辺でやめておくことにしよう．

13.9　モデル適合度とモデル選択**

回帰モデルがデータに適合しているかどうかを検証したいと考えたとしよう．すぐに思い浮かぶのは，推定誤差 $\sum_{i=1}^n \hat{e}_i^2$ が小さければよい，という発想である．この推定誤差を利用した適合度の指標として，**決定係数 (coefficient of determination)** なるものが用意されている（演習問題 [A13.9]）：

$$R^2 = 1 - \frac{\sum_{i=1}^n \hat{e}_i^2}{\sum_{i=1}^n (y_i - \bar{y})^2} = 1 - \frac{\sum_{i=1}^n (y_i - \hat{y}_i)^2}{\sum_{i=1}^n (y_i - \bar{y})^2} = \frac{\sum_{i=1}^n (\hat{y}_i - \bar{y})^2}{\sum_{i=1}^n (y_i - \bar{y})^2}.$$

この値は次の性質をみたすことになる：$0 \leq R^2 \leq 1$．決定係数 R^2 が1に近いほど，モデルの適合度がよいと考えるわけである．なお，決定係数の二乗根である R は，**重相関係数 (multiple correlation coefficient)** と呼ばれている（演習問題 [A13.10]）．

ところで，線形回帰モデルにおいては，例えば，血中のある濃度 y を，k 種類の薬の投与量によって説明しようと考えているわけである．しかしながら，場合によっては，k 種類の薬がすべて関係あるのではなくて，そのうちの幾つかの薬だけが関係しているのかもしれない．そのような薬を選ぶにはどうすればよいだろうか．より一般的な立場からいうと，よいモデルを選択するためには，どうすればよいのだろうか．このような考えを**モデル選択 (model selection)** という．

誤差は小さい方が良いので，決定係数は大きい方が良いというのは，最初に出てくる普通の考えである．しかしながら，この考え方を採用すると，おかしなことが起きる．いま，最初の $q+1$ 個の説明変数を利用して，回帰モデルを考えよう．つまり，回帰パラメータを，$\boldsymbol{\xi} = (\beta_0, \beta_1, \ldots, \beta_q, 0, \ldots, 0)'$ と取ればよい．このときの最小二乗推定値を $\hat{\boldsymbol{\xi}}$ とおき，対応する決定係数を R_q^2 とおくことにしよう．すると次が簡単に分かる：

$$\begin{aligned} R_k^2 &= 1 - \frac{\|\boldsymbol{y} - \hat{\boldsymbol{y}}\|^2}{\sum_{i=1}^n (y_i - \bar{y})^2} = 1 - \frac{\|\boldsymbol{y} - X\hat{\boldsymbol{\beta}}\|^2}{\sum_{i=1}^n (y_i - \bar{y})^2} = 1 - \frac{\min_{\boldsymbol{\beta}} \|\boldsymbol{y} - X\boldsymbol{\beta}\|^2}{\sum_{i=1}^n (y_i - \bar{y})^2} \\ &\geq 1 - \frac{\min_{\boldsymbol{\xi}} \|\boldsymbol{y} - X\boldsymbol{\xi}\|^2}{\sum_{i=1}^n (y_i - \bar{y})^2} = 1 - \frac{\|\boldsymbol{y} - X\hat{\boldsymbol{\xi}}\|^2}{\sum_{i=1}^n (y_i - \bar{y})^2} = R_q^2. \end{aligned}$$

つまり，どのような観測値が得られたとしても，説明変数が多い方が，常に決

定係数が大きくなるわけである．極端な場合としては，説明変数が $n-1$ 個のときは，決定係数は最大の 1 に等しくなる．これでは良いモデルを選択する指標としては気持ちが悪い．

良いモデルを選択するという意味では，決定係数の性質はいまひとつである．そのため，決定係数を少し調整した自由度調整済み決定係数などを使って，良いモデルを選択するという試みもある．しかしながら，以下では，より汎用的で有名なモデル選択規準のうちの二つを簡単に紹介することにしよう．

まずは，後の説明のために，記号を用意しよう．パラメータ $\boldsymbol{\xi}$ は，回帰パラメータ $\boldsymbol{\beta}$ のうち，幾つかを 0 と制限したものとする．例えば，$\boldsymbol{\xi} = (\xi_0, \xi_1, 0, \ldots, 0)$ であったとき，対応するモデルは，最初の説明変数 x_1 だけが使われる線形回帰モデルであり，$\boldsymbol{\xi} = (\xi_0, 0, \xi_2, \xi_3, 0, \ldots, 0)$ であったとき，説明変数 x_2 と x_3 だけが使われる線形回帰モデルであることを意味する．つまり，パラメータ $\boldsymbol{\xi}$ が設定されるたびに，使われる説明変数が決まるので，回帰モデルが一つ設定されたことになる．さらに，$\boldsymbol{\theta} = (\boldsymbol{\xi}, \sigma^2)$ とおいて，最尤推定値を $\hat{\boldsymbol{\theta}} = (\hat{\boldsymbol{\xi}}, \hat{\sigma}^2)$ と表すことにしよう．そして，確率変数 y の密度関数を，$f(y; \boldsymbol{\theta})$ と表すことにする．

最初に**赤池情報量規準 (Akaike's information criterion, AIC)** を紹介しよう．パラメータ $\boldsymbol{\xi}$ の中で，制限されていない（つまり実際にパラメータとして働いている）パラメータの個数を $q+1$ とおく．そのとき，次を最小にするモデルを，最適なモデルと考えるのである：

$$\begin{aligned} \text{AIC} &= -2\,(\text{最大対数尤度}) + 2\,(\text{パラメータ数}) \\ &= -2\sum_{i=1}^{n} \log f(y_i; \hat{\boldsymbol{\theta}}) + 2(q+2). \end{aligned}$$

なお，パラメータ数が $q+2$ であるというのは，回帰パラメータ $\boldsymbol{\xi}$ の中に $q+1$ 個と分散 σ^2 の 1 個から計算されている．

対数尤度は大きい方が良いというのが最尤推定の考え方であった．そのため，AIC の値は小さい方が良いというのは，ある意味では納得できる．しかしながら，対数尤度は大きい方が良いとだけ考えると，やはり先ほどの決定係数と同じ困難にぶつかってしまう（詳細略）．そこで，第二項に現れているパラメータ数に関わる項が役に立つのである．対数尤度は大きい方が良いけれども，パラメータ数は少ない方が良い（つまり説明変数は少ない方が良い），というイメージが

AIC にはあるわけである．俗に言う**ケチの原理 (principle of parsimony)** にも適っている．AIC は，実は，ある考え方に基づいて，自然に導出されるのであるが，さすがに本書のレベルを大きく超えるので省略する．

次に**交差確認法 (cross-validation, CV)** を紹介しよう．いま，第 i 回目の観測値を使わずに求めた $\boldsymbol{\xi}$ の最尤推定値を，$\hat{\boldsymbol{\xi}}^{(-i)}$ と表すことにしよう．すると，第 i 回目の観測値を使わずに考えられる第 i 回目の y の予測値は次になる：

$$\hat{y}_i^{(-i)} = (1, x_{i1}, \ldots, x_{ik})' \hat{\boldsymbol{\xi}}^{(-i)}.$$

ゆえに予測誤差は $y_i - \hat{y}_i^{(-i)}$ と考えられる．この予測誤差を次のように二乗誤差として累積したものを（普通は）CV 値という：

$$\mathrm{CV} = \frac{1}{n} \sum_{i=1}^{n} \left(y_i - \hat{y}_i^{(-i)} \right)^2.$$

この CV 値を最小にするモデルを最適なモデルと考えるわけである．

このほかにも尤度を利用した CV 値もある．第 i 回目の観測値を使わずに求めた最尤推定値を $\hat{\boldsymbol{\theta}}^{(-i)}$ と表すことにしよう．このとき次で定義される：

$$\mathrm{CV}^* = \frac{1}{n} \sum_{i=1}^{n} \left\{ -\log f \left(y_i; \hat{\boldsymbol{\theta}}^{(-i)} \right) \right\}.$$

これは，ある意味では，AIC と漸近的に同値になることも証明できるのだけれども，さすがに本書のレベルを大きく超えるので省略する．

13.10　発　　展*

本章では，線形な回帰モデルについて考えてきた．ここまでの知識でも，現実のデータに対しては，ある程度は対処できるだろう．しかしながら，回帰モデルは，それだけで一冊の本が書かれるほど，非常に奥が深いのである．もう少し雑談的に，回帰モデルについて触れておくことにしよう．

最初に誤差の分布として正規分布を想定した．誤差が正規分布に従っていないときには，どのようにすればよいのだろうか．特に，推定量の分布を考えるときに困ってしまう．前章までと同様に考えるのであれば，漸近論をうまく利用すればよいのだろうけれども，回帰モデルに対する漸近論は，どのように考えればよいのだろうか．

説明変数によって作られる行列 X はフルランクであると想定した．ところ

が，説明変数の中には，意外と相関の高いものがあったりする．このような状況は，**多重共線性 (multicollinearity)** といわれ，パラメータの推定が不安定になりやすい．さて，どのように対処すればよいのだろうか．

いままでは線形な回帰モデルを扱ってきた．非線形なモデルも，ある程度は，適当な変数変換で，線形モデルで扱えることを見てきた．ところが，その程度では，線形で捉えにくい現象は，世の中には幾らでもあるだろう．そのときはどうすればよいのだろうか．

説明変数に関しては多次元を考えたけれども応答変数は一次元であった．応答変数も多次元になることがあるだろう．そういうときにはどうすればよいのだろうか．

まだまだ幾らでも考えるべきことがあるのである．データを解析するときに，前節までに学んだ知識で対処できなくなってきたら，ぜひ，新たな本を読んでみるとよいと思う．

演習問題 A

本章で使われた記号などは，あらためて用意していないので，必要に応じて，本章の対応する部分を参照されたい．[A13.1]〜[A13.5] と [A13.10] では，説明変数が一つの線形回帰モデルを想定していて，[A13.6]〜[A13.9] では，説明変数が複数の線形回帰モデルを想定している．

[**A13.1**]　（回帰モデルの分布）　次を示せ：(i) $y_i \sim N(\alpha+\beta x_i, \sigma^2)$．(ii) $y_1, \ldots, y_n$ は独立．

[**A13.2**]　（最小二乗推定）　二乗誤差 $\sum_{i=1}^n \{y_i - (\alpha+\beta x_i)\}^2$ を最小にする (α, β) が $(\hat{\alpha}, \hat{\beta})$ であることを示せ．

[**A13.3**]　（最尤推定）　最尤推定量を求めよ．

[**A13.4**]　（最小二乗推定量の分散）　最小二乗推定量 $\hat{\alpha}$ と $\hat{\beta}$ の分散を求めよ．

[**A13.5**]　（回帰パラメータに対する区間推定）　スチューデント化変数 $T_n = (\hat{\beta} - \beta)/\sqrt{b(x)\hat{\sigma}^2}$ に対して，次を示せ：$T_n \sim t_{n-2}$．

[**A13.6**]　（最小二乗推定）　二乗誤差 $\|\boldsymbol{y} - X\boldsymbol{\beta}\|^2$ を最小にする $\boldsymbol{\beta}$ が $\hat{\boldsymbol{\beta}}$ であることを，偏微分を使って示せ．

[**A13.7**]　（推定量の独立性）　推定量 $\hat{\boldsymbol{\beta}}$ と $\hat{\sigma}^2$ が独立であることを以下の順番で示せ．

(i) $n \times (k+1)$ 行列 X の列ベクトルと直交する列ベクトルからなる $n \times (n-k-1)$ 行列 $\tilde{X}$ を用意する.ただし $\mathrm{rank}(\tilde{X}) = n-k-1 < n$ とする.もちろん $X'\tilde{X} = O$ が成り立っている.このとき,行列 $Q = (X(X'X)^{-1/2}, \tilde{X}(\tilde{X}'\tilde{X})^{-1/2})$ が,直交行列であることを示せ.つまり $Q'Q = I_n$ を示せ.

(ii) 射影行列 $P_X = X(X'X)^{-1}X'$ に対して次が成り立つことを示せ:$Q'P_X Q = \Lambda = \mathrm{diag}(1,\ldots,1,0,\ldots,0)$.ただし 1 の個数は $k+1$ である.

(iii) Q は直交行列である.ゆえに $Q'Q = QQ' = I_n$ が成り立つ.ここから次を示せ:$P_{\tilde{X}} = \tilde{X}(\tilde{X}'\tilde{X})^{-1}\tilde{X}' = I_n - P_X$.

(iv) まず記号を用意する:$\boldsymbol{\varepsilon}^{(1)} = (X'X)^{-1/2}X'\boldsymbol{e}$.$\boldsymbol{\varepsilon}^{(2)} = (\tilde{X}'\tilde{X})^{-1/2}\tilde{X}'\boldsymbol{e}$.$\boldsymbol{\varepsilon} = (\boldsymbol{\varepsilon}^{(1)'}, \boldsymbol{\varepsilon}^{(2)'})' = Q'\boldsymbol{e}$.このとき $\boldsymbol{\varepsilon} \sim N_n(\boldsymbol{0}, \sigma^2 I_n)$ を示せ.つまり $\boldsymbol{\varepsilon}^{(1)}$ と $\boldsymbol{\varepsilon}^{(2)}$ は独立である.

(v) 次を示せ:$\hat{\boldsymbol{\beta}} = \boldsymbol{\beta} + (X'X)^{-1/2}\boldsymbol{\varepsilon}^{(1)}$.$(n-k-1)\hat{\sigma}^2 = \|\boldsymbol{y} - X\hat{\boldsymbol{\beta}}\|^2 = \|\boldsymbol{\varepsilon}^{(2)}\|^2$.結果的に $\hat{\boldsymbol{\beta}}$ と $\hat{\sigma}^2$ は独立である.

[A13.8] (回帰パラメータに対する区間推定と検定) 回帰パラメータ β_j の区間推定や検定は,そのもとになるスチューデント化変数 $T_n^{(j)}$ を,次のように用意することで可能になる.まず $H = (X'X)^{-1} = (h_{ij})_{i,j=0}^k$ とおく.このとき $\hat{\boldsymbol{\beta}} \sim N_{k+1}(\boldsymbol{\beta}, \sigma^2 H)$ であることは既に知っている.ゆえに次が成り立つことを示せ:(i) $\hat{\beta}_j \sim N(\beta_j, \sigma^2 h_{jj})$.(ii) $T_n^{(j)} = (\hat{\beta}_j - \beta_j)/\sqrt{h_{jj}\hat{\sigma}^2} \sim t_{n-k-1}$.

[A13.9] (決定係数) 第 13.9 節の決定係数の表現において,最後の等号を示せ.

[A13.10] (重相関係数) 標本相関係数を r_{xy} とおく.このとき,決定係数(重相関係数の二乗)R^2 は,説明変数が一つの線形回帰モデルに対しては,次のように表されることを示せ:$R^2 = r_{xy}^2$.さらに $R^2 = 1$ ($|r_{xy}| = 1$) のときは,すべての標本点 (x_i, y_i) が直線 $y = \hat{\alpha} + \hat{\beta}x$ の上にあることを示せ.

演 習 問 題 B

本章で使われた記号などは,あらためて用意していないので,必要に応じて,本章を参照されたい.

[B13.1] (回帰直線) 説明変数が一つの線形回帰モデルを考える.このとき,回帰直線 $y = \hat{\alpha} + \hat{\beta}x$ は,必ず標本平均点 $(\bar{x}, \bar{y})$ を通ることを示せ.

[B13.2] (ガウス・マルコフの定理) 線形回帰モデル $\boldsymbol{y} = X\boldsymbol{\beta} + \boldsymbol{e}$ を考える.いま $\boldsymbol{e}$ は次の平均と分散をもつとする:$\mathrm{E}[\boldsymbol{e}] = \boldsymbol{0}$,$\mathrm{V}[\boldsymbol{e}] = \sigma^2 I_n$.ここで,回帰パ

ラメータ $\boldsymbol{\beta}$ の線形結合として，新しいパラメータ $\boldsymbol{c}'\boldsymbol{\beta}$ を考える．このパラメータ $\boldsymbol{c}'\boldsymbol{\beta}$ の推定量として，応答変数の線形のクラスを考える：$\boldsymbol{a}'\boldsymbol{y}$．さらに，この線形推定量が不偏であるとする：$\mathrm{E}[\boldsymbol{a}'\boldsymbol{y}] = \boldsymbol{c}'\boldsymbol{\beta}$．このとき，分散を最小にする推定量は，$\boldsymbol{c}'\hat{\boldsymbol{\beta}}$ になることを示せ．

[B13.3] （**一般化最小二乗推定量**）　線形回帰モデル $\boldsymbol{y} = X\boldsymbol{\beta} + \boldsymbol{e}$ を考える．適当な正定値行列 W に対して，$(\boldsymbol{y} - X\boldsymbol{\beta})'W(\boldsymbol{y} - X\boldsymbol{\beta})$ を最小にする $\boldsymbol{\beta}$ を，重み行列を W としたときの，一般化最小二乗推定量という．それが $\hat{\boldsymbol{\beta}} = (X'WX)^{-1}X'W\boldsymbol{y}$ となることを示せ．さらに $\boldsymbol{e} \sim N_n(\boldsymbol{0}, \Sigma)$ であるとしよう．そして Σ は既知とする．このとき，回帰パラメータ $\boldsymbol{\beta}$ の最尤推定量は，重み行列を Σ^{-1} としたときの一般化最小二乗推定量に等しいことを示せ．

第14章 発展など*

CHAPTER 14

　本書を読んで，まだまだ確率と統計の勉強をしたいと思った読者に，今後の発展の方向などを示したのが本章である．こんな発展があるんだと感じてもらえればと思う．ただし，筆者は統計学の出身なので，統計の方に偏っていることは事前に断っておきたい．

14.1　確率過程*

　確率の部分のさらなる発展の方向として，**確率過程 (stochastic process)** の話がある．例えば，時間の経過とともにデータが観測され，その観測が確率変数のように捉えられる現象である．

　第 6.3.1 項で扱った生態系は，ある種の確率過程である．特に，生態系の例では，現在の観測は，一つ前の観測が分かれば，二つ以上前の観測には関係ない．時点 t での離散型確率変数を X_t としたとき，次が成り立っているということである：

$$\mathrm{P}(X_t = x_t \mid X_{t-1} = x_{t-1}, \cdots, X_1 = x_1) = \mathrm{P}(X_t = x_t \mid X_{t-1} = x_{t-1}).$$

このような確率過程は，**マルコフ過程 (Markov process)** と呼ばれている．

　本書の後半では，標本 $X_1, \ldots, X_n$ は，しばしば独立であった．確率過程においては，しばしば，標本と標本の間に何らかの依存関係があって，そこが違うところである．

14.2 ベイズ推定*

コイン投げを考えよう．表か裏かを $X=1$ と $X=0$ で表現することにして，生起確率を $\theta = \mathrm{P}(X=1)$ とおく．コイン投げを n 回行って，得られる標本を $X_1,\ldots,X_n$ とする．そして $\boldsymbol{X} = (X_1,\ldots,X_n)$ とおいておく．この状態で，生起確率 θ の推定量として $\bar{X}$ を使うのは，普通の考え方である．

コインはほとんど歪んでいないと見えたとする．そうすれば，生起確率 θ の値は，例えば $1/4$ 以下ということはないだろうし，基本的には $1/2$ の周辺である可能性は高いだろう．このような先見的な感覚を，パラメータ θ に導入してみたくなる．そうすれば，何かしらの得はするような気がする．これが**ベイズ推定 (Bayes estimation)** の考え方である．

例えば，θ は，平均は $1/2$ で適当な分散の正規分布のような確率分布に従っていると想定しよう．もちろん $0 < \theta < 1$ となるような制約も必要であろう．そのような事前の想定をおり込んだ密度関数を $\pi(\theta)$ とおくことにする．これを**事前分布 (prior distribution)** という．

コイン投げの確率分布は，θ が与えられた下での条件付確率分布であると考えて，$f(\boldsymbol{x} \mid \theta)$ と表現することにする．この設定から，標本 $\boldsymbol{X}$ が与えられた下での，θ の条件付確率分布も導出することができて，それは**事後分布 (posterior distribution)** という：

$$f(\theta \mid \boldsymbol{x}) = \frac{f(\boldsymbol{x},\theta)}{f(\boldsymbol{x})} = \frac{f(\boldsymbol{x},\theta)}{\int f(\boldsymbol{x},\theta)\,d\theta} = \frac{f(\boldsymbol{x} \mid \theta)\pi(\theta)}{\int f(\boldsymbol{x} \mid \theta)\pi(\theta)d\theta}.$$

ここで，θ の推定量を，$\hat{\theta} = \hat{\theta}(\boldsymbol{X})$ と表現することにする．そして，平均二乗誤差 $\mathrm{E}[(\hat{\theta}-\theta)^2]$ を最小にする推定量を考えることにしよう．これは第 2 章の演習問題 [A2.5] と同じ問題になっている．そのため，求める推定量は，次で得られる：

$$\hat{\theta} = \mathrm{E}[\theta \mid \boldsymbol{X}].$$

これは，**事後平均 (posterior mean)** と呼ばれていて，代表的なベイズ推定量である．

現実には，事前分布 $\pi(\theta)$ をどう設定するかが問題になるのだけれども，状況

によっては，事前分布にうまい設定をすることで，普通の点推定よりも良いことがある．

14.3　統計ソフト*

データは普通は大量である．いくら確率と統計を勉強したとしても，実際のデータを解析しようと思ったら，大量のデータに対して，標本平均値などの様々な統計値を計算する必要がある．とても手計算では追いつかない．

このような計算のために，本当に多くの統計ソフトが世の中にはある．ここでは，その中で，無料で手に入れられて，しかも高性能な統計ソフトを，一つだけ紹介することにする．それは「R」である．本書で書いているような数値計算やデータ解析に関わる図の描写などは，この統計ソフトを使えばよい．

いま，第 13.1 節の観測値に対して，統計ソフト R を使った例を，少しだけ紹介しよう．R の書式に従って作った説明変数と応答変数を x と y とおく．例えば，次の三つのコマンドを行ってみたとする．

```
> plot(x,y)
> lm.out <- lm( y ~ x )
> summary(lm.out)
```

最初のコマンドでは，図 13.1 のような，観測値に対する散布図が書ける．次のコマンドでは，第 13 章で説明したような，線形回帰モデルによる様々な解析を行っている．つまり多くの数値計算が計算機の上で行われている．最後のコマンドによって，得られた結果を見ることができる．

得られた結果の一部を具体的に以下に示すことにしよう．

```
        Coefficients:
                    Estimate Std. Error t value Pr(>|t|)
        (Intercept)  2.06746    0.24165   8.556 3.37e-10 ***
        x            0.49170    0.04248  11.575 1.09e-13 ***
```

最初の Estimate は回帰パラメータの最小二乗推定値である．次の Std. Error は推定量に対する標準偏差の推定値である．次は t 値である．最後には対応する p 値が出ている．一部の数値は，第 13.5 節にも現れたものである．

14.4 ブートストラップ*

母集団の密度関数が $f(x;\theta)$ と表現できたとする．この母集団からの無作為標本を $X_1,\ldots,X_n$ とする．いま $\boldsymbol{X} = (X_1,\ldots,X_n)$ とおく．パラメータ θ に対する何らかの推定量を $\hat{\theta} = \hat{\theta}(\boldsymbol{X})$ と表現することにしよう．そして，$\mu = \mathrm{E}[\hat{\theta}]$ や関係する p 値などが，簡単に計算できない場合を考えてみよう．このようなときに役に立つのがブートストラップ (bootstrap) という考え方である．

簡単な場合を説明しよう．推定量 $\hat{\theta} = \hat{\theta}(\boldsymbol{X})$ の期待値 $\mu = \mathrm{E}[\hat{\theta}]$ を知りたいとしよう．もとの n 個の無作為標本の中から，それぞれの標本を等確率 $1/n$ で選ぶことにして，新しく n 個の無作為標本 $X_1^*,\ldots,X_n^*$ を選ぶことにする．（もちろん $X_i^* \in \{X_1,\ldots,X_n\}$ となる．）この操作はリサンプリング (resampling) といわれている．そして $\boldsymbol{X}^* = (X_1^*,\ldots,X_n^*)$ とする．このようなことを B 回繰り返すことにする：

$$\boldsymbol{X} \quad \longrightarrow \quad \boldsymbol{X}_1^*,\ldots,\boldsymbol{X}_B^*.$$

そして，期待値を，次のように近似することにする：

$$\mu = \mathrm{E}[\hat{\theta}(\boldsymbol{X})] \quad \approx \quad \frac{1}{B}\sum_{b=1}^{B}\hat{\theta}(\boldsymbol{X}_b^*).$$

モンテカルロ積分に似ているけれども，リサンプリングのところが，ちょっと違う．

ブートストラップによる方法は，単に計算機を駆使すればよいだけで，非常に楽である．そのため，計算機の能力の向上とともに，非常によく使われるようになってきている．さらに，幾つかの典型的な場合には，理論的にも有効性が明らかにされている．

14.5 パラメータの多次元化*

本書の後半では，記号の簡略化などのために，しばしば，パラメータを一次元 θ として話を進めた．既に書いたけれども，本書の後半の多くの話は，パラメータが多次元ベクトル $\boldsymbol{\theta}$ のときにも，自然な拡張を行える．具体的な拡張を，

ここで一つ書いておくことにしよう．

パラメータが多次元のときの最尤推定量を考えよう．定義に関しては，パラメータが一次元のときと同様に行える．パラメータが一次元のときに成立した一致性と漸近正規性も，適当に拡張することで成り立つ．一致性は，表現をそのまま多次元に変えるだけでよい．漸近正規性に関しては，さらに，パラメータが一次元のときに定義されたフィッシャー情報量を，パラメータが多次元のときに定義されるフィッシャー情報行列に変えるだけである：

$$I(\theta) = \mathrm{E}_\theta\left[-\frac{d^2}{d\theta^2}\log f(X;\theta)\right] \quad \rightarrow \quad I(\boldsymbol{\theta}) = \mathrm{E}_{\boldsymbol{\theta}}\left[-\frac{\partial^2}{\partial\boldsymbol{\theta}\partial\boldsymbol{\theta}'}\log f(X;\boldsymbol{\theta})\right].$$

このような拡張は，線形代数でよく使われる自然な拡張である．

ただし，細かい議論については，かなり線形代数に慣れていないと難しいので，パラメータの多次元化を考えるときには，事前に線形代数をじっくりと復習してから行うとよいと思う．

14.6　多変量解析*

データが，一次元ではなくて多次元になったときに，それを解析する手法を総称して，多変量解析という．線形回帰モデルは，典型的な多変量解析手法の一つである．

線形回帰モデルのほかにも，様々な多変量解析手法がある．高次元のデータを低次元（普通は目に見える二次元や三次元程度）に射影して，新たな解釈を行おうとする方法としては，**主成分分析 (principal component analysis)** がある．多次元の説明変数 $\boldsymbol{x}$ から，応答変数 y が，どのグループに属するかを判別する方法としては，**判別分析 (discriminant analysis)** がある．

本書で扱った回帰モデルは線形であった．主成分分析も判別分析も，統計学の初期の頃は，ある意味では線形な方法が主流であった．現在では，多くの非線形な多変量解析手法が開発されており，現在でも様々な多変量解析手法が開発されている．

さらに学びたい読者へ

　ここでは，さらに学びたいという読者に向けて，幾つかの本を紹介しておきたいと思います．

　本書の確率の部分が，いまひとつ心に染み込んでこなかったという読者には，次の本がお勧めです：

　　　確率・統計，薩摩順吉，岩波書店 (1989).

本書よりもゆったりとしたペースで記述が進められています．統計学に関して，さらに広く浅く学びたいという読者には，次の本がお勧めです：

　　　統計学入門，東京大学教養学部統計学教室編，東京大学出版会 (1991).

統計学に関する一般的な入門書としてはバランスが取れていると思います．本書の確率の部分の発展として，確率過程を学んでみたいという読者には，次の本がお勧めです：

　　　確率と確率過程，伏見正則，朝倉書店 (2004).

本書の統計の部分の発展として，さらに詳しく数学的に学んでみたいという読者には，次の本がお勧めです：

　　　現代数理統計学，竹村彰通，創文社 (1991).

　　　数理統計学の基礎，野田一雄・宮岡悦良，共立出版 (1992).

後者の本には漸近論もいろいろと載っています．統計ソフト「R」については次のサイトから情報が得られます：

　　　RjpWiki (http://www.okada.jp.org/RWiki/).

そのほかの統計ソフトについても，インターネット上で探すことができます．確率空間や確率変数を含む測度論をきちんと学びたいという読者には，次の本が候補に挙げられます：

　　　測度と確率，小谷眞一，岩波書店 (2005).

筆者は統計学が専門です．統計学に関しては，もう少し本を紹介しておきたいと思います．例えば「使う」ということを前提にして書いている本としては以下があります：

　　　統計解析のはなし，石村貞夫，東京図書 (1989).
　　　多変量解析のはなし，有馬　哲・石村貞夫，東京図書 (1987).
　　　その他の東京図書の統計の本．

統計学の様々な発展を学びたいという読者には，例えば以下のシリーズがあります：

　　　統計ライブラリーシリーズ，朝倉書店．

そのほかにも本当に様々な本が出版されています．

　最後にもう少しだけ情報を加えておこうと思います．独特の言い回しで，確率と統計を面白く語っている，何とも言えない本があります：

　　　確率・統計入門，小針晛宏，岩波書店 (1973).

本書の中には，ときどき，一般的なテキストと違った独特な表現がありますが，この本を読んで，そういう口調を使ってもよいのだと自信がつきました．

　とにかく，まだまだ学んでみたいなと思ったら，本屋に行って，様々な本を眺めるとよいと思います．本当に多くの本が待ち受けています．

　本書を読んで，「確率と統計」は面白そうだな，まだまだ学びたいな，という読者が増えたならば，筆者としては，これ以上の幸せはありません．

演習問題の略解

第 1 章

[**A1.1**] $(A\cup B)^c = A^c \cap B^c$: $\omega \in (A\cup B)^c \Leftrightarrow \omega \notin A\cup B \Leftrightarrow \omega \notin A$ かつ $\omega \notin B \Leftrightarrow \omega \in A^c$ かつ $\omega \in B^c \Leftrightarrow \omega \in A^c \cap B^c$. $(A\cap B)^c = A^c \cup B^c$: 省略.

[**A1.2**] 前問と同様に証明できる.

[**A1.3**] (i) $P(A\cup B\cup C) = P((A\cup B)\cup C) = P(A\cup B) + P(C) - P((A\cup B)\cap C) = P(A) + P(B) - P(A\cap B) + P(C) - P((A\cap C)\cup(B\cap C)) = P(A) + P(B) - P(A\cap B) + P(C) - \{P(A\cap C) + P(B\cap C) - P((A\cap C)\cap(B\cap C))\} = $ (右辺). (ii) 数学的帰納法.

[**A1.4**] (i) $P(A\cap B^c) = P(A) - P(A\cap B) = P(A) - P(A)P(B) = P(A)\{1 - P(B)\} = P(A)P(B^c)$. (ii) 省略.

[**A1.5**] 集合族 $\mathcal{A}$ がシグマ集合体であることは自明であるため,写像 P が本当に確率の公理をみたしていることを確認すればよい.性質 1) と 2) は自明である.あとは性質 3) がみたされていることを言えばよい.互いに排反な事象 $A_1, A_2, \ldots$ を用意する.このとき次が成り立つ:$P(A_1 \cup A_2 \cup \cdots) = $ (事象 $A_1 \cup A_2 \cup \cdots$ の元の個数)$/6 = $ ((事象 A_1 の元の個数) + (事象 A_2 の元の個数) + $\cdots$)$/6 = P(A_1) + P(A_2) + \cdots$.

[**A1.6**] 第 1.4 節:$\Omega = \{(赤, 1), (赤, 2), (白, 1), (白, 2)\}$. $\mathcal{A} = 2^\Omega$. 確率については次のように定義する.まずは標本点だけを事象とする確率を次のように定義する:$P(\{(赤, 1)\}) = 4/10$, $P(\{(赤, 2)\}) = 3/10$, など.そして考えられるすべての和事象に対しても確率の公理に従って次のように確率を定義していく:$P(\{(赤, *)\}) = P(\{(赤, 1)\} \cup \{(赤, 2)\}) = P(\{(赤, 1)\}) + P(\{(赤, 2)\}) = 4/10 + 3/10 = 7/10$, など.結果的に,すべての事象に対して確率が定義でき,もちろん確率の公理も満足している.第 1.5 節の場合は省略する.

[**B1.1**] (i) $(A\cup B\cup C)^c = ((A\cup B)\cup C)^c = (A\cup B)^c \cap C^c = (A^c \cap B^c) \cap C^c = A^c \cap B^c \cap C^c$. (ii) 省略.

[**B1.2**] 全確率については $P(\Omega) = \sum_{\{x,y\}} \theta_x \theta_y = \sum_x \theta_x \sum_y \theta_y = 1$ となる.ま

た $0 \leq \mathrm{P}(A) \leq \mathrm{P}(\Omega) = 1$ は明らかである．互いに排反な事象 $A_1, \ldots, A_n$ を用意する．いま $A = A_1 \cup \cdots \cup A_n$ とおく．このとき次が成り立つ：$\mathrm{P}(A) = \sum_{\{x,y\} \in A} \theta_x \theta_y = \sum_{i=1}^{n} \sum_{\{x,y\} \in A_i} \theta_x \theta_y = \sum_{i=1}^{n} \mathrm{P}(A_i)$．

[**B1.3**] サイコロの目の和が 5 か 9 になる事象は $\{(1,4), (2,3), (3,2), (4,1), (3,6), (4,5), (5,4), (6,3)\}$ と表せる．そのため仮親自身が親になる確率は $8/36 \approx 0.222$ になる．同様に考えると，仮親の両隣の人が親になる確率は $9/36 = 0.25$ になり，仮親の対面の人が親になる確率は $10/36 \approx 0.278$ になる．一回だけで決めるとすると仮親は非常に損である．二段階操作を入れると結果的に次になる（詳細は省略）．仮仮親が親になる確率は $326/36^2 \approx 0.252$ になる．仮仮親の両隣の人が親になる確率は 0.25 になる．仮仮親の対面の人が親になる確率は $322/36^2 \approx 0.248$ になる．公平に近づいている．

[**B1.4**] 例えば $p_{1,n+1} = (8/36)p_{1n} + (9/36)(p_{2n} + p_{4n}) + (10/36)p_{3n}$ などが得られる．ほかの漸化式は省略する．後はうまく漸化式を変形して極限を取ればよい．

[**B1.5**] (i) 自明．(ii) $\mathcal{A} = \{\emptyset, A, A^c, \Omega\}$．(iii) $\mathcal{A} = \{\emptyset, A, B, A^c, B^c, A \cup B, A \cup B^c, A^c \cup B, A^c \cup B^c, A \cap B, A \cap B^c, A^c \cap B, A^c \cap B^c, \Omega\} = \{\emptyset, \{2,3\}, \{1,4,5\}, \{1,4,5,6\}, \{2,3,6\}, \{1,2,3,4,5\}, \{6\}, \Omega\}$．

第 2 章

[**A2.1**] まず $x \notin \mathcal{X}$ の場合を考える．適当な x_j, x_k を取ると $x_j < x < x_k$ となり，さらに，区間 (x_j, x_k) に $\mathcal{X}$ の要素は存在しない．ゆえに $F(x) - F(x-) = \sum_{x_i \leq x} f(x) - \sum_{x_i \leq x-} f(x) = \sum_{x_i \leq x_j} f(x) - \sum_{x_i \leq x_j} f(x) = 0 = f(x)$．つぎに $x = x_j \in \mathcal{X}$ の場合を考える．このとき $F(x) - F(x-) = F(x_j) - F(x_j-) = \sum_{x_i \leq x_j} f(x) - \sum_{x_i < x_j} f(x) = f(x_j) = f(x)$．

[**A2.2**] $F(x_1, \ldots, x_k) = \int_{-\infty}^{x_k} \cdots \int_{-\infty}^{x_1} f(t_1, \ldots, t_k) dt_1 \ldots dt_k$．(i) $\Rightarrow$ (ii): 明らか．(i) $\Leftarrow$ (ii): 両辺を偏微分すれば明らか．

[**A2.3**] (i) $\mathrm{P}(X + a \leq x, Y + b \leq y) = \mathrm{P}(X \leq x - a, Y \leq y - b) = \mathrm{P}(X \leq x - a) \mathrm{P}(Y \leq y - b) = \mathrm{P}(X + a \leq x) \mathrm{P}(Y + b \leq y)$．(ii) まず記号を用意する：$\mathcal{X}_u = \{x : g(x) = u\}$，$\mathcal{Y}_v = \{y : h(y) = v\}$．すると次の変形によって $g(X)$ と $h(Y)$ の独立性が証明される：$\mathrm{P}(g(X) = u, h(Y) = v) = \mathrm{P}(X \in \mathcal{X}_u, Y \in \mathcal{Y}_v) = \sum_{x \in \mathcal{X}_u, y \in \mathcal{Y}_v} f(x, y) = \sum_{x \in \mathcal{X}_u, y \in \mathcal{Y}_v} f_X(x) f_Y(y) = \sum_{x \in \mathcal{X}_u} f_X(x) \sum_{y \in \mathcal{Y}_v} f_Y(y) = \mathrm{P}(X \in \mathcal{X}_u) \mathrm{P}(Y \in \mathcal{Y}_v) = \mathrm{P}(g(X) = u) \mathrm{P}(h(Y) = v)$．(iii) まず記号を用意する：$\mathcal{X}_u = \{x : g(x) \leq u\}$，$\mathcal{Y}_v = \{y : h(y) \leq v\}$．あとは (ii) と同様に変形して次を示せばよい：$\mathrm{P}(g(X) \leq u, h(Y) \leq v) = \mathrm{P}(g(X) \leq u) \mathrm{P}(h(Y) \leq v)$．

[**A2.4**]　$\mathrm{E}[X] = \mathrm{E}[Y] = 0$. $\mathrm{Cov}[X,Y] = \mathrm{E}[XY] = 0$. $\mathrm{P}(X=1) = \mathrm{P}(Y=1) = 1/5$. $\mathrm{P}(X=1, Y=1) = 0 \neq \mathrm{P}(X=1)\mathrm{P}(Y=1)$.

[**A2.5**]　ポイントは $\mathrm{E}_{Y|X}[g(X) \mid X] = g(X)$ と $\mathrm{E}[h(X,Y)] = \mathrm{E}_X\left[\mathrm{E}_{Y|X}[h(X,Y)|X]\right]$.

$$\begin{aligned}
\mathrm{E}[\{Y - g(X)\}^2] &= \mathrm{E}[\{(Y - \mathrm{E}_{Y|X}[Y \mid X]) + (\mathrm{E}_{Y|X}[Y \mid X] - g(X))\}^2] \\
&= \mathrm{E}_X\left[\mathrm{E}_{Y|X}[\{(Y - \mathrm{E}_{Y|X}[Y \mid X]) + (\mathrm{E}_{Y|X}[Y \mid X] - g(X))\}^2 \mid X]\right] \\
&= \mathrm{E}_X\left[\mathrm{E}_{Y|X}[(Y - \mathrm{E}_{Y|X}[Y \mid X])^2 \mid X] + (\mathrm{E}_{Y|X}[Y \mid X] - g(X))^2\right] \\
&\geq \mathrm{E}_X\left[\mathrm{E}_{Y|X}[(Y - \mathrm{E}_{Y|X}[Y \mid X])^2 \mid X]\right].
\end{aligned}$$

[**B2.1**]　[A2.1] と同様に証明できる．

[**B2.2**]　単純に計算すればよい．

[**B2.3**]　単純に計算すればよい．

[**B2.4**]

$$\begin{aligned}
\mathrm{V}[Y] &= \mathrm{E}[(Y - \mathrm{E}[Y])^2] \\
&= \mathrm{E}_X\left[\mathrm{E}_{Y|X}[\{(Y - \mathrm{E}_{Y|X}[Y|X]) + (\mathrm{E}_{Y|X}[Y|X] - \mathrm{E}_X[\mathrm{E}_{Y|X}[Y|X]])\}^2 \mid X]\right] \\
&= \mathrm{E}_X\left[\mathrm{E}_{Y|X}[(Y - \mathrm{E}_{Y|X}[Y|X])^2 \mid X] + (\mathrm{E}_{Y|X}[Y|X] - \mathrm{E}_X[\mathrm{E}_{Y|X}[Y|X]])^2\right] \\
&= \mathrm{E}_X[\mathrm{V}_{Y|X}[Y]] + \mathrm{V}_X\left[\mathrm{E}_{Y|X}[Y|X]\right].
\end{aligned}$$

[**B2.5**]　チェビシェフの不等式と同様に証明できる．

第 3 章

[**A3.1**]　次を確認すればよい：$f(x) \geq 0$．$\sum_x f(x) = 1$ or $\int f(x)dx = 1$．

[**A3.2**]

$$\begin{aligned}
f(x) &= \frac{n!}{(n-x)!x!}\theta^x(1-\theta)^{n-x} = \frac{n(n-1)\cdots(n-x+1)}{x!}\theta^x(1-\theta)^{n-x} \\
&= \frac{n(n-1)\cdots(n-x+1)}{n^x}\frac{1}{x!}n^x\theta^x(1-\theta)^{n-x} \\
&= 1\left(1 - \frac{1}{n}\right)\cdots\left(1 - \frac{x-1}{n}\right)\frac{1}{x!}\lambda^x\left(1 - \frac{\lambda}{n}\right)^{n-x} \rightarrow \frac{\lambda^x}{x!}e^{-\lambda}.
\end{aligned}$$

[**A3.3**]　条件を変形する：$\mathrm{P}(X > x+y) = \mathrm{P}(X > x)\mathrm{P}(X > y)$．分布関数を $F(x)$ とおく．すると次が成立している：$\{1 - F(x+y)\} = \{1 - F(x)\}\{1 - F(y)\}$．密度関数を $f(x)$ とおく．両辺を x で微分する：$-f(x+y) = -f(x)\{1 - F(y)\}$．ここで $x = 0$ とおいて微分方程式を解くと $F(y) = 1 - e^{-f(0)y}$ が得られる．さらに $\lambda = f(0)$ とおいて y で微分すると $f(y) = \lambda e^{-\lambda y}$ が得られる．

[**A3.4**]　第 3.4 節と同様．

[A3.5]　第 3.6 節と同様.

[B3.1]　$y = \log x$ と変数変換すればよい. 平均はモーメント母関数と同様に計算して $\exp\{\mu + \sigma^2/2\}$ となる.

[B3.2]　$(x-\mu)/\nu = \tan\theta$ と変数変換すればよい. $\mathrm{E}[|X|] = \infty$.

[B3.3]
$$\begin{aligned}
\mathrm{P}(X+Y=n) &= \sum_{x+y=n} \frac{\lambda^x}{x!}e^{-\lambda}\frac{\nu^y}{y!}e^{-\nu} = \sum_{x=0,\ldots,n} \frac{\lambda^x}{x!}e^{-\lambda}\frac{\nu^{n-x}}{(n-x)!}e^{-\nu} \\
&= \sum_{x=0,\ldots,n} \frac{\theta^x(1-\theta)^{n-x}}{x!(n-x)!}(\lambda+\nu)^n e^{-(\lambda+\nu)} = \frac{(\lambda+\nu)^n}{n!}e^{-(\lambda+\nu)}.
\end{aligned}$$

$$\begin{aligned}
\mathrm{P}(X=x \mid X+Y=n) &= \frac{\mathrm{P}(X=x, X+Y=n)}{\mathrm{P}(X+Y=n)} = \frac{\mathrm{P}(X=x, Y=n-x)}{\mathrm{P}(X+Y=n)} \\
&= \frac{(\lambda^x/x!)e^{-\lambda}(\nu^{n-x}/(n-x)!)e^{-\nu}}{((\lambda+\nu)^n/n!)e^{-(\lambda+\nu)}} = \frac{n!}{x!(n-x)!}\theta^x(1-\theta)^{n-x}.
\end{aligned}$$

[B3.4]　事象の発生間隔を確率変数 X で表しておく. ここで i 回目の発生間隔を X_i で表しておく. さらに単位時間当たりでの事象の発生回数を確率変数 Y で表しておく. このとき次が成り立つ:

$$\begin{aligned}
\mathrm{P}(Y=y) &= \mathrm{P}(X_1 + \cdots + X_y \leq 1 < X_1 + \cdots + X_y + X_{y+1}) \\
&= \mathrm{P}(X_1 + \cdots + X_y + X_{y+1} > 1) - \mathrm{P}(X_1 + \cdots + X_y > 1) \\
&= \mathrm{P}(Z_{y+1} > 1) - \mathrm{P}(Z_y > 1).
\end{aligned}$$

ただし $Z_y = X_1 + \cdots + X_y$ とおいた. なお Z_y はガンマ分布 $\Gamma(y, \lambda)$ に従う. さらに次の計算をしてみる:

$$\begin{aligned}
\mathrm{P}(Z_{y+1} > 1) &= \int_{z>1} \frac{\lambda^{y+1}}{\Gamma(y+1)} z^y e^{-\lambda z} dz = \int_{z>1} \frac{\lambda^y}{y!} z^y \{-e^{-\lambda z}\}' dz \\
&= \left[\frac{\lambda^y}{y!} z^y \{-e^{-\lambda z}\}\right]_{z=1}^{\infty} - \int_{z>1} \frac{\lambda^y}{y!} y z^{y-1}\{-e^{-\lambda z}\} dz \\
&= \frac{\lambda^y}{y!}e^{-\lambda} + \int_{z>1} \frac{\lambda^y}{\Gamma(y)} z^{y-1} e^{-\lambda z} dz = \frac{\lambda^y}{y!}e^{-\lambda} + \mathrm{P}(Z_y > 1).
\end{aligned}$$

第 4 章

[A4.1]　既に $a > 0$ の場合は証明しているので $a < 0$ の場合を考える. $\mathrm{P}(Y \leq y) = \mathrm{P}(aX+b \leq y) = \mathrm{P}(X \geq (y-b)/a) = 1 - \mathrm{P}(X < (y-b)/a) = 1 - F_X((y-b)/a)$. 両辺を y で微分する: $f_Y(y) = -f_X((y-b)/a)/a = f_X((y-b)/a)/|a|$.

[**A4.2**]　(i)
$$\begin{aligned}
f_{\boldsymbol{Y}}(\boldsymbol{y}) &= f_{\boldsymbol{X}}(A^{-1}(\boldsymbol{y}-\boldsymbol{b}))\frac{1}{|\det(A)|} = \frac{1}{(2\pi)^{n/2}\det(\Sigma)^{1/2}}\frac{1}{|\det(A)|} \\
&\quad \times \exp\left[-\frac{1}{2}\{A^{-1}(\boldsymbol{y}-\boldsymbol{b})-\boldsymbol{\mu}\}'\Sigma^{-1}\{A^{-1}(\boldsymbol{y}-\boldsymbol{b})-\boldsymbol{\mu}\}\right] \\
&= \frac{1}{(2\pi)^{n/2}\det(A\Sigma A')^{1/2}} \\
&\quad \times \exp\left[-\frac{1}{2}\{(\boldsymbol{y}-\boldsymbol{b})-A\boldsymbol{\mu}\}'(A\Sigma A')^{-1}\{(\boldsymbol{y}-\boldsymbol{b})-A\boldsymbol{\mu}\}\right].
\end{aligned}$$

(ii) $m\times n$ 行列 A は階数が m なので，適当な $(n-m)\times n$ 行列 A_2 をもってくると，n 次元正方行列 $C=(A',A_2')'$ は逆行列をもつ．そして新しい線形変換を考える：$\boldsymbol{Z}=(\boldsymbol{Y}',\boldsymbol{Y}_2')'=C\boldsymbol{X}+\boldsymbol{d}, \boldsymbol{d}=(\boldsymbol{b}',\boldsymbol{b}_2')'$．(i) から $\boldsymbol{Z}\sim N_n(C\boldsymbol{\mu}+\boldsymbol{d}, C\Sigma C')$．そして $\boldsymbol{Y}$ の周辺確率分布を考えればよい．最後は，第 3.5.1 項のように計算すればよいが，行列演算に慣れていないとたいへんである．（なお，多次元確率変数に対するモーメント母関数を知っていると，この証明は意外と簡単にできる．）

[**A4.3**]　ガンマ分布 $\Gamma(m,\lambda)$ のモーメント母関数は $\psi(t)=\lambda^m/(\lambda-t)^m$．ゆえに確率変数の和のモーメント母関数は $E[e^{X_1+\cdots+X_n}]=E[e^{X_1}]\cdots E[e^{X_n}]=\lambda^{m_+}/(\lambda-t)^{m_+}$．

[**A4.4**]　$F(x)=P(X^2\leq x)=2P(0\leq X\leq \sqrt{x})=2\int_0^{\sqrt{x}}(1/\sqrt{2\pi})\exp\{-z^2/2\}dz$．$f(x)=F'(x)=2(1/\sqrt{2\pi})\exp\{-x/2\}(1/2\sqrt{x})=(1/2^{1/2}\Gamma(1/2))x^{1/2-1}\exp\{-x/2\}$．$X^2\sim\Gamma(1/2,1/2)$．

[**A4.5**]
$$\begin{aligned}
P(X_{(k)}\leq x) &= P(\{\text{少なくとも } k \text{ 個の } X_i \text{ が } x \text{ 以下}\}) \\
&= \sum_{r=k}^{n} P(\{r \text{ 個の } X_i \text{ が } x \text{ 以下}\}) \\
&= \sum_{r=k}^{n} {}_nC_r P(X_1\leq x)\cdots P(X_r\leq x)P(X_{r+1}>x)\cdots P(X_n>x) \\
&= \sum_{r=k}^{n} {}_nC_r F(x)^r\{1-F(x)\}^{n-r}
\end{aligned}$$

[**B4.1**]　$x=e^y$．$J=dx/dy=e^y$．
$$f_Y(y)=f_X(e^y)|J|=\frac{1}{\sqrt{2\pi\sigma^2}e^y}\exp\left\{-\frac{(y-\mu)^2}{2\sigma^2}\right\}e^y=\frac{1}{\sqrt{2\pi\sigma^2}}\exp\left\{-\frac{(y-\mu)^2}{2\sigma^2}\right\}.$$

[**B4.2**]　$\boldsymbol{X}=(X_1,X_2)'=\boldsymbol{g}^{-1}(\boldsymbol{Y})=(\sqrt{Y_1}\cos Y_2, \sqrt{Y_1}\sin Y_2)'$．第 4.4 節の考え方に従って $\boldsymbol{Y}$ の密度関数を導出する．$f_{\boldsymbol{Y}}(\boldsymbol{y})=(\exp\{-y_1/2\}/2)(1/2\pi)=f_{Y_1}(y_1)f_{Y_2}(y_2)$．

[B4.3] 第 4.4 節の考え方に従って $\boldsymbol{X}$ の密度関数を導出する.

第 5 章

[A5.1] $m = n/2$. m に関して低次の項を無視する近似を $\sim$ で表す.

$$\begin{aligned}
\log f_Z(z) &= -m\log 2 - \log \Gamma(m) + (m-1)\log(2m + 2z\sqrt{m}) \\
&\quad -(m + z\sqrt{m}) + (1/2)\log(4m) \\
&\sim -m\log 2 + m - (m - 1/2)\log m - (1/2)\log(2\pi) \\
&\quad +(m-1)\log 2 + (m-1)\log m + (m-1)\log(1 + z/\sqrt{m}) \\
&\quad -(m + z\sqrt{m}) + \log 2 + (1/2)\log m \\
&= -(1/2)\log(2\pi) + (m-1)\log(1 + z/\sqrt{m}) - z\sqrt{m} \\
&\sim -(1/2)\log(2\pi) - z^2/2.
\end{aligned}$$

最後の近似は次のテーラー展開などを使った：$\log(1 + z/\sqrt{m}) \sim z/\sqrt{m} - (1/2)(z/\sqrt{m})^2$.

第 8 章

[A8.1] $\sigma^2 = \mathrm{E}[c\check{\sigma}^2] = c((n-1)/n)\sigma^2$. $c = n/(n-1)$.

[A8.2] 第 7.3 節と同様の計算に基づいて次を導出する：$S_{xy} = (n/(n-1))\{\sum_{i=1}^n (X_i - \mu_x)(Y_i - \mu_y)/n - (\bar{X} - \mu_x)(\bar{Y} - \mu_y)\}$. 一致性はすぐに分かる．不偏性は $\mathrm{E}[(X_i - \mu_x)(Y_j - \mu_y)] = 0 \ (i \neq j)$ を利用して $\mathrm{E}[(\bar{X} - \mu_x)(\bar{Y} - \mu_y)] = \sigma_{xy}/n$ を計算できれば後は簡単である．

[A8.3] 不偏性の条件を書き下す：$\mu = \mathrm{E}[T_w] = \sum_{i=1}^n w_i \mathrm{E}[X_i] = \sum_{i=1}^n w_i \mu$. パラメータ μ は任意なので $\sum_{i=1}^n w_i = 1$ である．平均二乗誤差を計算してみる：

$$\mathrm{E}[(T_w - \mu)^2] = \mathrm{V}[T_w] = \mathrm{V}\left[\sum_{i=1}^n w_i X_i\right] = \sum_{i=1}^n w_i^2 \mathrm{V}[X_i] = \sum_{i=1}^n w_i^2 \sigma^2.$$

コーシー・シュバルツの不等式より $1 = (\sum_{i=1}^n w_i 1)^2 \leq (\sum_{i=1}^n w_i^2)(\sum_{i=1}^n 1^2)$ となる．ゆえに $\sum_{i=1}^n w_i^2 \geq 1/n$ となる．等号が成り立つのは適当な α に対して $(w_1, \ldots, w_n) = \alpha(1, \ldots, 1)$ のときである．これと $\sum_{i=1}^n w_i = 1$ から $w_1 = \cdots = w_n = 1/n$ が分かる．そのときは $T_w = \bar{X}$ である．

[A8.4] $\mathrm{E}[\bar{Z}] = \mathrm{E}[Z] = \mathrm{P}(Z=1) = \eta$. $\bar{Z} \xrightarrow{P} \eta$. Z はパラメータが η のベルヌーイ分布なので最尤推定量は $\hat{\eta} = \bar{Z}$. あとは η と θ の関係を使う．

[A8.5] このような命題は簡単ではあるが計算は意外と面倒である．分散（平均二重誤差）を頑張って計算すると次のように表せる：$\mathrm{V}[\hat{\theta}] = [\{-1/4 + 1/16(a - $

[A8.6]　普通に最尤推定量を求めればよいだけである：$\hat{\mu}_x = \bar{X}$. $\hat{\mu}_y = \bar{Y}$. $\hat{S} = \hat{\mu}_x \hat{\mu}_y = \bar{X}\bar{Y} = S_B$.

[A8.7]　$\bar{X} \xrightarrow{P} \mu_x$. $\bar{Y} \xrightarrow{P} \mu_y$. $S_B = \bar{X}\bar{Y} \xrightarrow{P} \mu_x\mu_y = S$. $\sigma_{xy} = \mathrm{E}[(X-\mu_x)(Y-\mu_y)] \neq 0$. $S_A = \bar{Z} \xrightarrow{P} \mathrm{E}[Z] = \mathrm{E}[XY] = \mu_x\mu_y + \sigma_{xy} = S + \sigma_{xy}$.

[B8.1]　$\bar{X} = \alpha/\beta$ と $\overline{X^2} = \alpha(\alpha+1)/\beta^2$ を解けばよい．$\hat{\alpha} = (\bar{X})^2/\{\overline{X^2} - (\bar{X})^2\}$. $\hat{\beta} = \bar{X}/\{\overline{X^2} - (\bar{X})^2\}$.

[B8.2]　$U_n = \sum_{h=1}^{n-1} \rho^h = (\rho - \rho^n)/(1-\rho)$. $U'_n = \sum_{h=1}^{n-1} h\rho^{h-1} = \{1 - n\rho^{n-1} + (n-1)\rho^n)/(1-\rho)^2$. $\mathrm{V}[\bar{X}] = \sum_{i,j=1}^n \mathrm{Cov}[X_i, X_j]/n^2 = \sum_{i,j=1}^n \sigma^2\rho^{|i-j|}/n^2 = \sigma^2/n + 2(\sigma^2/n^2)\sum_{h=1}^{n-1}(n-h)\rho^h = \sigma^2/n + 2(\sigma^2/n)\{U_n - U'_n\rho/n\} \to 0$ ($n \to \infty$). あとはチェビシェフの不等式を使う．

[B8.3]　物体 A と物体 B の真の重さを μ_A と μ_B とする．(i) 物体 A の重さを量る推定量は一回で量って出てくる重さ X_A である．このとき $\mathrm{E}[X_A] = \mu_A$ かつ $\mathrm{V}[X_A] = \sigma^2$ である．(ii) 物体 A の重さを量る推定量は $Y_A = (S+D)/2$ である．まず $S \sim N(\mu_A + \mu_B, \sigma^2)$ かつ $D \sim N(\mu_A - \mu_B, \sigma^2)$ である．このとき $\mathrm{E}[(S+D)/2] = \mu_A$ であり $\mathrm{V}[(S+D)/2] = (\mathrm{V}[S] + \mathrm{V}[D])/4 = \sigma^2/2$ である．（結論）結果的に (ii) の方法の方が平均二乗誤差（分散）が小さい．物体 B についても同様である．

[B8.4]　200 万円を株 A に投資した場合，分散は $\mathrm{V}[200X] = 200^2\sigma^2$ である．相関係数を $\rho = \mathrm{Corr}[X,Y]$ とおく．200 万円を分散投資した場合，分散は $\mathrm{V}[100(X+Y)] = 100^2(\mathrm{V}[X] + \mathrm{V}[Y] + 2\mathrm{Cov}[X,Y]) = 100^2(\sigma^2 + \sigma^2 + 2\rho\sigma^2) = 200^2\sigma^2(1+\rho)/2$ である．相関係数は $|\rho| \leq 1$ をみたすので $\mathrm{V}[200X] \geq \mathrm{V}[100(X+Y)]$ が成り立つ．等号は $\rho = 1$ のときに成り立つ．普通は $\rho \neq 1$ なので分散投資の方が得である．

[B8.5]　不偏性 $\mathrm{E}[\check{\theta}] = \theta$ は自明である．$\mathrm{V}[\check{\theta}] = \mathrm{V}[\hat{\theta}(X_1)]/n \leq \mathrm{V}[\hat{\theta}(X_1)]$. 最後の問いに関しては $\check{\theta} = \sum_{i \neq j} \hat{\theta}(X_i, X_j)/n(n-1)$ などを作ればよい．証明は先ほどより少し複雑だが，$\mathrm{Cov}[\hat{\theta}(X_1, X_2), \hat{\theta}(X_3, X_4)] = 0$ や $\mathrm{Cov}[\hat{\theta}(X_i, X_j), \hat{\theta}(X_k, X_l)] \leq \mathrm{V}[\hat{\theta}(X_1, X_2)]$ などを利用すればよい．

[B8.6]　最良線形不偏推定量は演習問題 [A8.3] と同様に考えればよい．最尤推定量は第 8.4.3 項のように考えればよい．

[B8.7]　(i) $I(p) = \mathrm{E}[-(d^2/d^2p)\log f(X;p)] = 1/p(1-p)$. (ii) $I(\lambda) = 1/\lambda^2$. (iii-a) $I(\mu) = 1/\sigma^2$. (iii-b) パラメータが二つあるので定義を適当に拡張する必要がある．$\theta = (\mu, \sigma^2)'$. $I = \mathrm{E}[-(\partial^2/\partial\theta\partial\theta')\log f(X;\theta)] = (I_{ij})$. $I_{11} = $

$\mathrm{E}[(-d^2/d\mu^2)\log f(X;\theta)] = 1/\sigma^2$. $I_{12} = \mathrm{E}[(-d^2/d\mu\, d(\sigma^2))\log f(X;\theta)] = 0$. $I_{21} = I_{12}$. $I_{22} = \mathrm{E}[(-d^2/d(\sigma^2)^2)\log f(X;\theta)] = 1/2\sigma^4$.

第9章

[A9.1] 第9.1節と同様に考える．(i) $\theta = \log(p/(1-p))$. $t(x) = x$. $\psi(\theta) = \log(1+e^\theta)$. $b(x) = 0$. (ii) $\theta = -\lambda$. $t(x) = x$. $\psi(\theta) = -\log(-\theta)$. $b(x) = 0$. (iii) $\theta_1 = \alpha$. $t_1(x) = \log x$. $\theta_2 = -\beta$. $t_2(x) = x$. $\psi(\theta_1, \theta_2) = \log \Gamma(\theta_1) - \theta_1 \log(-\theta_2)$. $b(x) = -\log x$.

[A9.2] 十分性は離散型のときと同様に証明できる．必要性を考える．簡単のために $k = n$ とする．$\boldsymbol{y} = (y_1, \ldots, y_{n-1}, y_n) = \boldsymbol{\xi}(\boldsymbol{x})$ とおく．ここで $y_n = S(\boldsymbol{x})$ であることを注意しておく．ヤコビアンが 0 でないので，逆関数 $\boldsymbol{x} = \boldsymbol{\xi}^{-1}(\boldsymbol{y})$ が存在する．ヤコビアンを $J(\boldsymbol{y})$ とおく．変数変換による密度関数の変形（第4.4節）を思い出す：$f(y_n; \theta) = \int f_n(\boldsymbol{\xi}^{-1}(\boldsymbol{y}); \theta) |J(\boldsymbol{y})| dy_1 \cdots dy_{n-1} = \int g(y_n;\theta) h(\boldsymbol{\xi}^{-1}(\boldsymbol{y})) |J(\boldsymbol{y})| dy_1 \cdots dy_{n-1} = g(y_n; \theta) \tilde{h}(y_n)$. あとは条件付密度関数を計算する：$f_n(\boldsymbol{x};\theta)/f_S(s;\theta) = g(s;\theta)h(\boldsymbol{x})/g(s;\theta)\tilde{h}(s) = h(\boldsymbol{x})/\tilde{h}(s)$.

[A9.3] $0 = \mathrm{E}_\theta[g(S)] = \sum_{s=0}^n g(s)\, _nC_s \theta^s(1-\theta)^{n-s} = \sum_{s=0}^n g(s)\, _nC_s\{\theta/(1-\theta)\}^s (1-\theta)^n$. 次の一般的な話を思い出せばよい：任意の x に対して $\sum_{s=0}^n h(s)x^s = 0$ ならば $h(s) = 0$ である．

[A9.4] W を不偏推定量とする．$W^* = \mathrm{E}[W|S] = W^*(S)$ とおく．ラオ・ブラックウェルの定理より $\mathrm{V}_\theta[W] \geq \mathrm{V}_\theta[W^*]$ である．さらに $\mathrm{E}_\theta[W^*(S) - U(S)] = \theta - \theta = 0$ が成り立つ．完備性より $W^*(S) = U(S)$ が成り立つ．ゆえに $\mathrm{V}_\theta[W] \geq \mathrm{V}_\theta[W^*] = \mathrm{V}_\theta[U]$ となる．唯一性は先ほどの完備性の使い方をまねればよい．

[A9.5] 正規分布の指数型分布としての表現（第9.1節）から，完備十分統計量として，$\bar{X}$ と $\overline{X^2}$ が取れる．標本平均 $\bar{X}$ も標本分散 S^2 も，完備十分統計量の関数であり，不偏推定量でもある．あとはレーマン・シェフェの定理を使えばよい．

第10章

[A10.1] $U_n = (\hat\theta - \theta)/\sqrt{1/nI(\hat\theta)} \xrightarrow{d} N(0,1)$.

[A10.2] $\bar{X} \sim N(\mu_x, \sigma_x^2/n)$. $\bar{Y} \sim N(\mu_y, \sigma_y^2/m)$. $\bar{X}$ と $\bar{Y}$ は独立．線形変換による性質から $\bar{X} - \bar{Y} \sim N(\mu_x - \mu_y, \sigma_x^2/n + \sigma_y^2/m)$.

[A10.3] (i) $(n+m-2)S_*^2 = (n-1)S_x^2 + (m-1)S_y^2$. $(n-1)S_x^2/\sigma^2 \sim \chi_{n-1}^2$. $(m-1)S_y^2/\sigma^2 \sim \chi_{m-1}^2$. S_x^2 と S_y^2 は独立．(ii) $Z = ((\bar{X} - \bar{Y}) - (\mu_x - \mu_y))/\sqrt{\sigma^2(1/n + 1/m)}$. $T = Z/\sqrt{S_*^2/\sigma^2} \sim t_{n+m-2}$.

[B10.1] $3.037 \pm 1.98 \times 0.07/10 \approx 3.037 \pm 0.014$.

[B10.2]　第 10.5 節と同様に考えればよい．失業率の差は 0.4%である．そのため，相当な標本数がない限り，「増えた」という報告は完全には信用できない．

[B10.3]　適当な数の標本を無作為に用意できるとする．そして区間推定値が (u,v) であったとする．この下限 u が限界点 μ_0 よりも大きければ，ある程度は安心して，薬 A を一般の人に使う気になるだろう．ただし，信頼水準をどの程度にすべきかという問題は残っている．

[B10.4]　区間推定量 $I_n(\boldsymbol{X})$ の幅は $2z^*\sqrt{\sigma^2/n}$ である．これは標本数が増えると単調に減少する．

[B10.5]　$\mathrm{P}(|\bar{X}-\mu|>\varepsilon') \leq \mathrm{P}(|\bar{X}-\mu|\geq \varepsilon') \leq \mathrm{V}[\bar{X}]/\varepsilon'^2 = (\sigma^2/n)/\varepsilon'^2$. $\varepsilon' = \varepsilon\sqrt{\sigma^2/n}$. $\mathrm{P}(|\bar{X}-\mu|>\varepsilon\sqrt{\sigma^2/n})\leq 1/\varepsilon^2$. $\mathrm{P}(|\bar{X}-\mu|\leq\varepsilon\sqrt{\sigma^2/n}) = 1-\mathrm{P}(|\bar{X}-\mu|>\varepsilon\sqrt{\sigma^2/n})\geq 1-1/\varepsilon^2$. 母集団分布が正規分布のときには区間推定量として $\bar{X}\pm z^*\sqrt{\sigma^2/n}$ が提案できた．$z^*\approx 1.96$．こちらの方が区間の幅が遥かに狭い．

[B10.6]　$h'(y) = 1/\sqrt{y}$. $\{h'(\lambda)\}^2\lambda = 1$. $\sqrt{n}\{h(\bar{X})-h(\lambda)\}\xrightarrow{d} N(0,\{h'(\lambda)\}^2\lambda)\stackrel{d}{=} N(0,1)$. 信頼区間は $\mathrm{P}(\sqrt{n}|h(\bar{X})-h(\lambda)|\leq z^*)\approx 0.95$ を利用すればよい．

[B10.7]　(i) 第 4.2.2 項．(ii) 変数変換の公式（第 4.1 節）を使う．(iii) $\mathrm{P}(u\leq\lambda Y\leq v) = 0.95$.

[B10.8]　$(n-1)S_x^2/\sigma_x^2\sim\chi_{n-1}^2$. $(m-1)S_y^2/\sigma_y^2\sim\chi_{m-1}^2$. $F\stackrel{d}{=}(\chi_{n-1}^2/(n-1))/(\chi_{m-1}^2/(m-1))$. $u\leq F = (S_x^2/S_y^2)(\sigma_y^2/\sigma_x^2)\leq v$.

第 11 章

[A11.1]　$T_n = (\bar{X}-\mu_0)/\sqrt{S^2/n}\xrightarrow{d} N(0,1)$.

[A11.2]　(i) $W = \{\boldsymbol{X}:\bar{X}-\mu_0 < -t_{n-1}^\star\sqrt{S^2/n}\}$. (ii) $W = \{\boldsymbol{X}:\bar{X}-\mu_0 < -z^*\sqrt{S^2/n}\}$. (iii) $W = \{\boldsymbol{X}:\bar{X}-\mu_0 < -z^*\sqrt{\bar{X}/n}\}$.

[A11.3]　$\bar{X}\sim N(\mu_x,\sigma_x^2/n)$. $\bar{Y}\sim N(\mu_y,\sigma_y^2/m)$. $\bar{X}$ と $\bar{Y}$ は独立．$Z = \{(\bar{X}-\bar{Y})-(\mu_x-\mu_y)\}/\sqrt{\sigma_x^2/n+\sigma_y^2/m}\sim N(0,1)$. あとは第 11.7 節と同様に考える．

[A11.4]　一般性を失わずに $\mu<0$ とおく．結果的に $\xi_n = -\nu_n > 0$ となる．さらに $0<\xi_n<\xi_{n+1}$ を指摘しておく．重要な領域は $I_n = (\xi_n-z^*,\xi_n+z^*)$ である．いま $0<a<b$ とする．正規分布の特性から $\mathrm{P}(a-z^*<Z<b-z^*) > \mathrm{P}(a+z^*<Z<b+z^*)$ を示せる．この不等式は，解析的に証明してもよいが，正規分布の密度関数の図と対応する確率部分の領域を描けば明らかである．ゆえに次が成り立つ：

$\mathrm{P}_K(W_n^c) - \mathrm{P}_K(W_{n+1}^c) = \mathrm{P}(Z\in I_n) - \mathrm{P}(Z\in I_{n+1})$

$= \mathrm{P}(\xi_n - z^* < Z < \xi_n + z^*) - \mathrm{P}(\xi_{n+1} - z^* < Z < \xi_{n+1} + z^*)$

$= \{\mathrm{P}(Z < \xi_n + z^*) - \mathrm{P}(Z < \xi_n - z^*)\} - \{\mathrm{P}(Z < \xi_{n+1} + z^*) - \mathrm{P}(Z < \xi_{n+1} - z^*)\}$

$= \mathrm{P}(\xi_n - z^* < Z < \xi_{n+1} - z^*) - \mathrm{P}(\xi_n + z^* < Z < \xi_{n+1} + z^*) > 0.$

[**A11.5**] 最初の問いへの答え：第 11.10.2 項と同様に計算すればよい．次の問いへの答え：$\mathrm{P}_H(W) = \mathrm{P}_H(X_1 + X_2 \geq c) = g(c)$ は c について単調減少．$c > 2$ のとき $g(c) = 0$．$2 \geq c > 1$ のとき $g(c) = \mathrm{P}_H(X_1 + X_2 = 2) = 0.2^2 = 0.04 < \alpha = 0.05$．$1 \geq c > 0$ のとき $g(c) = \mathrm{P}_H(X_1 + X_2 = 2, 1) = 0.2^2 + 2 \times 0.2 \times 0.8 = 0.36 > \alpha = 0.05$．最後の問いへの答え：$\mathrm{P}_H(W) = \mathrm{P}_H(X_1 + X_2 = 2) + \mathrm{P}_H(X_1 + X_2 = 1) \times r = 0.04 + 0.32 \times (1/32) = 0.05 = \alpha$．

[**B11.1**] $H : \mu = 100$．$W = \{|\bar{x} - 100| > 3.07\}$．$\bar{x} = 96$．棄却．

[**B11.2**] $Z_n = |\bar{X} - 1/6|/\sqrt{1/6(1 - 1/6)/120}$．$p^* \approx 0.014$．5%有意．

[**B11.3**] $H : \mu_x \geq \mu_y$．$K : \mu_x < \mu_y$．$Z_n = (\bar{X} - \bar{Y})/\sqrt{2\sigma^2/n}$．$W = \{Z_n < -z^*\}$．$\bar{x} - \bar{y} = -4.1$．$p^* \approx 0.011$．5%有意．

[**B11.4**] 第 11.10.2 項と同様に計算すればよい．

[**B11.5**] 最初の問いへの答え：$W = \{n\bar{X} \leq c\}$．$n\bar{X} \sim \Gamma(n, \lambda)$．$c$ はガンマ分布 $\Gamma(n, \lambda_0)$ の下側 5%点とする．次の問いへの答え：帰無仮説を H' から H にするためには $\mathrm{P}_H(W) \leq \alpha$ を言えばよい．いま $Y \sim \Gamma(n, 1)$ とする．$\lambda n\bar{X} \stackrel{d}{=} Y$．$H : \lambda \leq \lambda_0$．$\mathrm{P}_H(W) = \mathrm{P}_H(n\bar{X} \leq c) = \mathrm{P}_H(\lambda n\bar{X} \leq \lambda c) = \mathrm{P}(Y \leq \lambda c) \leq \mathrm{P}(Y \leq \lambda_0 c) = \mathrm{P}(Y/\lambda_0 \leq c) = \alpha$．

第 13 章

[**A13.1**] (i) は既に説明している．(ii) $\boldsymbol{e} \sim N_n(\boldsymbol{0}, \sigma^2 I_n)$．$\mu_i = \alpha + \beta x_i$．$\boldsymbol{\mu} = (\mu_1, \ldots, \mu_n)$．$\boldsymbol{y} \sim N_n(\boldsymbol{\mu}, \sigma^2 I_n)$．ゆえに $y_1, \ldots, y_n$ は独立である（第 3.5.4 項）．

[**A13.2**] 臨界値は既に求めている．後はヘシアン行列を計算して最小値としての条件を確認すればよい．もしくは第 13.8 節の方法がある．

[**A13.3**] 第 8.4.3 項と同様に計算すればよい．

[**A13.4**] 頑張って計算すればよい．最初に以下を計算しておくと楽である：$\mathrm{V}[\bar{y}] = \sigma^2/n$．$\mathrm{V}[\overline{xy}] = \overline{x^2}\sigma^2/n$．$\mathrm{Cov}[\bar{y}, \overline{xy}] = \bar{x}\sigma^2/n$．

[**A13.5**] $z = (\hat{\beta} - \beta)/\sqrt{b(x)\sigma^2} \sim N(0, 1)$．$v_{n-2} = (n-2)\hat{\sigma}^2/\sigma^2 \sim \chi^2_{n-2}$．$T_n = (\hat{\beta} - \beta)/\sqrt{b(x)\hat{\sigma}^2} = z/\sqrt{v_{n-2}/(n-2)} \sim t_{n-2}$．

[**A13.6**] まずは単純に偏微分する：$(\partial/\partial\boldsymbol{\beta})\|\boldsymbol{y} - X\boldsymbol{\beta}\|^2 = (\partial/\partial\boldsymbol{\beta})\{(\boldsymbol{y} - X\boldsymbol{\beta})'(\boldsymbol{y} - X\boldsymbol{\beta})\} = -2X'(\boldsymbol{y} - X\boldsymbol{\beta}) = \boldsymbol{0}$．ここから臨界値として $\hat{\boldsymbol{\beta}} = (X'X)^{-1}X'\boldsymbol{y}$ が得られる．さらにヘシアン行列は次になる：$(\partial^2/\partial\boldsymbol{\beta}\partial\boldsymbol{\beta}')\|\boldsymbol{y} - X\boldsymbol{\beta}\|^2 = 2X'X$．

[**A13.7**] (i) $Q'Q$ の $(1,1)$ ブロックは次になる：$\{(X'X)^{-1/2}X'\}\{X(X'X)^{-1/2}\} = (X'X)^{-1/2}(X'X)(X'X)^{-1/2} = I_{k+1}$．$Q'Q$ の $(2,2)$ ブロックも同様にして I_{n-k-1} となる．$Q'Q$ の $(1,2)$ ブロックは次になる：$\{(X'X)^{-1/2}X'\}\{\tilde{X}(\tilde{X}'\tilde{X})^{-1/2}\} = O$．$Q'Q$ の $(2,1)$ ブロックも同様に O になる．以上から $Q'Q = I_n$ となる．　(ii) (i) と同様に計算すればよい．　(iii) $I_n = QQ' = P_X + P_{\tilde{X}}$．　(iv) $e \sim N_n(\mathbf{0}, \sigma^2 I_n)$ と $Q'Q = I_n$ からすぐに分かる．　(v) $\hat{\boldsymbol{\beta}} = (X'X)^{-1}X'\boldsymbol{y} = (X'X)^{-1}X'(X\boldsymbol{\beta}+\boldsymbol{e}) = \boldsymbol{\beta}+(X'X)^{-1/2}\boldsymbol{\varepsilon}^{(1)}$．$(n-k-1)\hat{\sigma}^2 = \boldsymbol{e}'(I_n - P_X)\boldsymbol{e} = \boldsymbol{e}'P_{\tilde{X}}\boldsymbol{e} = \boldsymbol{e}'\tilde{X}(\tilde{X}'\tilde{X})^{-1}\tilde{X}'\boldsymbol{e} = \boldsymbol{\varepsilon}^{(2)'}\boldsymbol{\varepsilon}^{(2)} = \|\boldsymbol{\varepsilon}^{(2)}\|^2$．

[**A13.8**] (i) 第 3.5.1 項と同様．　(ii) 演習問題 [A13.5] と同様．

[**A13.9**] $\mathbf{1} = (1,\ldots,1)'$．$\mathbf{1} \in \mathcal{M}(X)$ なので $P_X\mathbf{1} = \mathbf{1}$．$(\boldsymbol{y}-\hat{\boldsymbol{y}})'(\hat{\boldsymbol{y}}-\bar{y}\mathbf{1}) = \boldsymbol{y}'(I_n - P_X)(X\hat{\boldsymbol{\beta}}-\bar{y}\mathbf{1}) = 0$．$\sum_{i=1}^n (y_i - \bar{y})^2 = \|\boldsymbol{y}-\bar{y}\mathbf{1}\|^2 = \|\boldsymbol{y}-\hat{\boldsymbol{y}}+\hat{\boldsymbol{y}}-\bar{y}\mathbf{1}\|^2 = \|\boldsymbol{y}-\hat{\boldsymbol{y}}\|^2 + \|\hat{\boldsymbol{y}}-\bar{y}\mathbf{1}\|^2 = \sum_{i=1}^n (y_i - \hat{y}_i)^2 + \sum_{i=1}^n (\hat{y}_i - \bar{y})^2$．

[**A13.10**] $R^2 = r_{xy}^2$ は単に頑張って計算すればよい．$R^2 = 1$ のときは $\sum_{i=1}^n (y_i - \hat{y}_i)^2 = 0$ となるので，すべての i に対して $y_i = \hat{y}_i = \hat{\alpha} + \hat{\beta}x_i$ となる．

[**B13.1**] $(y - \bar{y}) = \hat{\beta}(x - \bar{x})$．

[**B13.2**] 不偏性から次が成り立つ：$\mathrm{E}[\boldsymbol{a}'\boldsymbol{y}] = \boldsymbol{a}'X\boldsymbol{\beta} = \boldsymbol{c}'\boldsymbol{\beta}$．よって $X'\boldsymbol{a} = \boldsymbol{c}$ が成り立つ．さらに分散は次のように計算できる：$\mathrm{V}[\boldsymbol{a}'\boldsymbol{y}] = \boldsymbol{a}'\mathrm{V}[\boldsymbol{y}]\boldsymbol{a} = \boldsymbol{a}'(\sigma^2 I_n)\boldsymbol{a} = \sigma^2\boldsymbol{a}'\boldsymbol{a}$．あとはラグランジュの未定乗数法を使って解いてもよいが次の方法が見えがよい．まず $\tilde{\boldsymbol{a}} = P_X\boldsymbol{a}$ とおく．このとき次が成り立つ：$\tilde{\boldsymbol{a}}'(\boldsymbol{a}-\tilde{\boldsymbol{a}}) = \boldsymbol{a}'P_X(I_n - P_X)\boldsymbol{a} = 0$．ゆえに分散は次のように変形できる：$\mathrm{V}[\boldsymbol{a}'\boldsymbol{y}] = \sigma^2\boldsymbol{a}'\boldsymbol{a} = \sigma^2\{(\boldsymbol{a}-\tilde{\boldsymbol{a}})+\tilde{\boldsymbol{a}}\}'\{(\boldsymbol{a}-\tilde{\boldsymbol{a}})+\tilde{\boldsymbol{a}}\} = \sigma^2\{\|\boldsymbol{a}-\tilde{\boldsymbol{a}}\|^2 + \|\tilde{\boldsymbol{a}}\|^2\}$．これを最小にするのは $\boldsymbol{a} = \tilde{\boldsymbol{a}}$ のときである．このとき $\tilde{\boldsymbol{a}}'\boldsymbol{y} = \boldsymbol{a}'X(X'X)^{-1}X'\boldsymbol{y} = \boldsymbol{c}'\hat{\boldsymbol{\beta}}$ となる．

[**B13.3**] $\tilde{\boldsymbol{y}} = W^{1/2}\boldsymbol{y}$．$\tilde{X} = W^{1/2}X$．$(\boldsymbol{y}-X\boldsymbol{\beta})'W(\boldsymbol{y}-X\boldsymbol{\beta}) = \|\tilde{\boldsymbol{y}}-\tilde{X}\boldsymbol{\beta}\|^2$．$\hat{\boldsymbol{\beta}} = (\tilde{X}'\tilde{X})^{-1}\tilde{X}'\tilde{\boldsymbol{y}} = (X'WX)^{-1}X'W\boldsymbol{y}$．最尤推定量は普通に計算すればすぐに分かる．

索　引

ア　行

赤池情報量規準 (AIC)　183

イェンセンの不等式　38
一様最強力検定　159
一様最強力不偏検定　160
一様最小分散不偏推定量　121
一様分布（離散型）　43
一様分布（連続型）　46
一致推定量　97
一致性　97

F 分布　143

応答変数　170

カ　行

カイ二乗分布　49
確率　5
　──の公理　6
確率化（検定）　158
確率過程　188
確率関数　22
確率空間　18
確率収束　76
確率分布　24
確率変数　21
確率密度関数　23
仮説　145
加法定理　7
カルバック・ライブラーのダイバージェンス　126

完備（統計量）　121
ガンマ分布　49

棄却域　145
期待値　25
帰無仮説　145
共分散　32
共分散行列　32

空事象　2
区間推定　130
区間推定値　131
区間推定量　131
クラメール・ラオの不等式　122

ケチの原理　184
結合法則　4
決定係数　182
検出力　151
検定　145
検定統計量　146

交差確認法　184
コーシー・シュバルツの不等式　37

サ　行

最強力検定　158
最小二乗推定量　172
再生性　69
最尤推定　103
最尤推定値　103
最尤推定量　103
最良線形不偏推定量　101

索　引

シグマ集合体　18
事後確率　12
事後分布　189
事後平均　189
事象　2
指数型　115
指数型分布族　115
指数分布　47
事前確率　12
事前分布　189
シミュレーション　85
射影　177
重相関係数　182
十分統計量　117
周辺確率分布　30
順序確率変数　70
条件付確率　8
条件付密度関数　36
乗法定理　9
信頼区間　138
信頼水準　131
信頼領域　139

推定　96
推定値　96
推定量　96
スコア関数　122
スチューデント化　95

正規分布　48
正則条件　105
積事象　2
説明変数　170
漸近論　79
線形回帰モデル　171
全事象　2

相関係数　32

タ　行

第一種の誤り　145
大数の法則　77

対数尤度　103
第二種の誤り　151
対立仮説　150
多項分布　51
多次元確率変数　28
多次元正規分布　51
多重共線性　185
たたみ込み　67

チェビシェフの不等式　37
中心極限定理　77

t 値　175
t 分布　50
適合度検定　165
デルタ法　81
点推定　96

統計的推測　91
統計量　93
同時確率分布　28
特性関数　62
独立 (確率変数)　33
独立 (事象)　10
独立性検定　167
独立同一分布　33
ド・モアブル・ラプラスの定理　79
ド・モルガンの法則　3

ナ　行

二項分布　44

ネイマン・ピアソンの基本定理　157

ハ　行

バイアス　97
排反 (事象)　2
パラメータ　90

p 値　148
標準化　28
標準正規分布　48

標準偏差　27
標本　89
標本空間　1
標本値　89
標本点　1
標本分散　92
標本分布　93
標本平均　92

フィッシャー情報量　105
ブートストラップ　191
不偏検定　160
不偏推定量　97
不偏性　97
プラグイン　99
分解定理　118
分散　26
分散安定化変換　143
分散分析　168
分配法則　4
分布関数　23
分布収束　76

平均　25
平均二乗誤差　100
ベイズ推定　189
ベイズの定理　12
ベルヌーイ分布　44

ポアソン分布　46
法則収束　76
補事象　2
母集団　89
母集団分布　89

マ 行

マルコフ過程　188

無作為抽出　90
無作為標本　90

モデル選択　182
モーメント　27
モーメント法　99
モーメント母関数　59
モンテカルロ積分　84

ヤ 行

有意水準　145
有効 (推定量)　122
尤度　102
尤度関数　102
尤度比検定　169
尤度方程式　103

ラ 行

ラオ・ブラックウェルの定理　119
乱数　82

離散型 (確率変数)　21
リサンプリング　191

レーマン・シェフェの定理　121
連続型 (確率変数)　22

ワ 行

和事象　2

著者略歴

藤澤洋徳(ふじさわ ひろのり)

1970年　大分県に生まれる
1997年　広島大学大学院理学研究科博士課程修了
現　在　統計数理研究所 数理・推論研究系 准教授
　　　　博士（理学）

現代基礎数学 13

確率と統計

定価はカバーに表示

2006年12月5日　初版第1刷
2024年 8月1日　　　第14刷

著　者　藤　澤　洋　徳
発行者　朝　倉　誠　造
発行所　株式会社　朝　倉　書　店
　　　　東京都新宿区新小川町6-29
　　　　郵便番号　162-8707
　　　　電　話　03(3260)0141
　　　　ＦＡＸ　03(3260)0180
　　　　https://www.asakura.co.jp

〈検印省略〉

ⓒ 2006〈無断複写・転載を禁ず〉

Printed in Korea

ISBN 978-4-254-11763-9　C 3341

JCOPY ＜出版者著作権管理機構 委託出版物＞

本書の無断複写は著作権法上での例外を除き禁じられています．複写される場合は，そのつど事前に，出版者著作権管理機構（電話 03-5244-5088, FAX 03-5244-5089, e-mail: info@jcopy.or.jp）の許諾を得てください．

◆ 講座 数学の考え方 ◆

飯高　茂・川又雄二郎・森田茂之・谷島賢二　編集

東京電機大 桑田孝泰著
講座　数学の考え方2
微 分 積 分
11582-6 C3341　　　　A 5 判 208頁 本体3400円

微分積分を第一歩から徹底的に理解させるように工夫した入門書。多数の図を用いてわかりやすく解説し、例題と問題で理解を深める。〔内容〕関数／関数の極限／微分法／微分法の応用／積分法／積分法の応用／2 次曲線と極座標／微分方程式

学習院大 飯高　茂著
講座　数学の考え方3
線 形 代 数　基礎と応用
11583-3 C3341　　　　A 5 判 256頁 本体3400円

2次の行列と行列式の丁寧な説明から始めて、3次、n次とレベルが上がるたびに説明を繰り返すスパイラル方式を採り、抽象ベクトル空間に至る一般論を学習者の心理を考えながら展開する。理解を深めるため興味深い応用例を多数取り上げた

東大 坪井　俊著
講座　数学の考え方5
ベクトル解析と幾何学
11585-7 C3341　　　　A 5 判 240頁 本体3900円

2次元の平面や3次元の空間内の曲線や曲面の表示の方法、曲線や曲面上の積分、2次元平面と3次元空間上のベクトル場について、多数の図を活用して丁寧に解説。〔内容〕ベクトル／曲線と曲面／線積分と面積分／曲線の族、曲面の族

東北大 柳田英二・横市大 栄伸一郎著
講座　数学の考え方7
常 微 分 方 程 式 論
11587-1 C3341　　　　A 5 判 224頁 本体3800円

微分方程式を初めて学ぶ人のための入門書。初等解法と定性理論の両方をバランスよく説明し、多数の実例で理解を助ける。〔内容〕微分方程式の基礎／初等解法／定数係数線形微分方程式／2階変数係数線形微分方程式と境界値問題／力学系

東大 森田茂之著
講座　数学の考え方8
集 合 と 位 相 空 間
11588-8 C3341　　　　A 5 判 232頁 本体3800円

現代数学の基礎としての集合と位相空間について予備知識を前提とせずに初歩から解説。一般化へ進むさいには重要な概念の説明や定義を言い換えや繰り返しによって丁寧に記述した。一般論の有用性を伝えるため少し発展した内容にも触れた

上智大 加藤昌英著
講座　数学の考え方9
複 素 関 数 論
11589-5 C3341　　　　A 5 判 232頁 本体3800円

集合と位相に関する準備から始めて、1変数正則関数の解析的および幾何学的な側面を解説。多数の演習問題には詳細な解答を付す。〔内容〕複素数値関数／正則関数／コーシーの定理／正則関数の性質／正則関数と関数の特異点／正則写像

東大 川又雄二郎著
講座　数学の考え方11
射 影 空 間 の 幾 何 学
11591-8 C3341　　　　A 5 判 224頁 本体3600円

射影空間の幾何学を通じて、線形代数から幾何学への橋渡しをすることを目標とし、その過程で登場する代数幾何学の重要な諸概念を丁寧に説明する。〔内容〕線形空間／射影空間／射影空間の中の多様体／射影多様体の有理写像

日大 渡辺敬一著
講座　数学の考え方12
環 と 体
11592-5 C3341　　　　A 5 判 192頁 本体3600円

まずガロワ理論を念頭において環の理論を簡明に説明する。ついで体の拡大・拡大次数から始めて分離拡大、方程式の可解性に至るまでガロワ理論を丁寧に解説する。最後に代数幾何や整数論などと関わりをもつ可換環論入門を平易に述べる

学習院大 谷島賢二著
講座　数学の考え方13
ルベーグ積分と関数解析
11593-2 C3341　　　　A 5 判 276頁 本体4500円

前半では「測度と積分」についてその必要性が実感できるように配慮して解説。後半では関数解析の基礎を説明しながら、フーリエ解析、積分作用素論、偏微分方程式論の話題を多数例示して現代解析学との関連も理解できるよう工夫した

学習院大 川崎徹郎著
講座 数学の考え方14
曲　面　と　多　様　体
11594-9 C3341　　　　　A 5 判 256頁 本体4200円

微積分と簡単な線形代数の知識以外には線形常微分方程式の理論だけを前提として，曲線論，曲面論，多様体の基礎について，理論と実例の双方を分かりやすく丁寧に説明する．多数の美しい図と豊富な例が読者の理解に役立つであろう

大阪市大 枡田幹也著
講座 数学の考え方15
代 数 的 ト ポ ロ ジ ー
11595-6 C3341　　　　　A 5 判 256頁 本体4200円

物理学など他分野と関わりながら重要性を増している代数的トポロジーの入門書．演習問題には詳しい解答を付す．〔内容〕オイラー数／回転数／単体的ホモロジー／特異ホモロジー群／写像度／胞体複体／コホモロジー環／多様体と双対性

立大 木田祐司著
講座 数学の考え方16
初　等　整　数　論
11596-3 C3341　　　　　A 5 判 232頁 本体3800円

整数と多項式に関する入門の教科書．実際の計算を重視し，プログラム作成が可能なように十分に配慮している．〔内容〕素数／ユークリッドの互除法／合同式／二次合同式／F_p係数多項式の因数分解／円分多項式と相互法則

東大 新井仁之著
講座 数学の考え方17
フ ー リ エ 解 析 学
11597-0 C3341　　　　　A 5 判 276頁 本体4600円

多変数フーリエ解析は光学など多次元の現象を研究するのに用いられ，近年は画像処理など多次元ディジタル信号処理で本質的な役割を果たしている．このように応用分野で広く使われている多変数フーリエ解析を純粋数学の立場から見直す

東大 小木曽啓示著
講座 数学の考え方18
代　数　曲　線　論
11598-7 C3341　　　　　A 5 判 256頁 本体4200円

コンパクトリーマン面の射影埋め込み定理を目標に置いたリーマン面論．〔内容〕リーマン球面／リーマン面と正則写像／リーマン面上の微分形式／いろいろなリーマン面／層と層係数コホモロジー群／リーマン-ロッホの定理とその応用／他

東大 舟木直久著
講座 数学の考え方20
確　　率　　論
11600-7 C3341　　　　　A 5 判 276頁 本体4500円

確率論を学ぶ者にとって最低限必要な基礎概念から，最近ますます広がる応用面までを解説した入門書．〔内容〕はじめに／確率論の基礎概念／条件つき確率と独立性／大数の法則／中心極限定理と少数の法則／マルチンゲール／マルコフ過程

東大 吉田朋広著
講座 数学の考え方21
数　理　統　計　学
11601-4 C3341　　　　　A 5 判 296頁 本体4800円

数理統計学の基礎がどのように整理され，また現代統計学の発展につながるかを解説．題材の多くは初等統計学に現れるもので種々の推測法の根拠を解明．〔内容〕確率分布／線型推測論／統計的決定理論／大標本理論／漸近展開とその応用

東工大 小島定吉著
講座 数学の考え方22
3　次　元　の　幾　何　学
11602-1 C3341　　　　　A 5 判 200頁 本体3600円

曲面に対するガウス・ボンネの定理とアンデレーフ・サーストンの定理を足がかりに，素朴な多面体の貼り合わせから出発し，多彩な表情をもつ双曲幾何を背景に，3次元多様体の幾何とトポロジーがおりなす豊饒な世界を体積をめぐって解説

前弘前大 難波完爾著
講座 数学の考え方23
数　学　と　論　理
11603-8 C3341　　　　　A 5 判 280頁 本体4800円

歴史的発展を辿りながら，数学の論理的構造を興味深く語り，難解といわれる数学基礎論を平易に展開する．〔内容〕推論と証明／証明と完全性／計算可能性／不完全性定理／公理的集合論／独立性／有限体／計算量／有限から無限へ／その他

四日市大 小川 束・東海大 平野葉一著
講座 数学の考え方24
数　学　の　歴　史
―和算と西欧数学の発展―
11604-5 C3341　　　　　A 5 判 288頁 本体4800円

2部構成の，第1部は日本数学史に関する話題から，建部賢弘による円周率の計算や円弧長の無限級数への展開計算を中心に，第2部は数学という学問の思想的発展を概観することに重点を置き，西洋数学史を理解できるよう興味深く解説

現代基礎数学

新井仁之・小島定吉・清水勇二・渡辺　治　［編集］

1	数学の言葉と論理	渡辺　治・北野晃朗・木村泰紀・谷口雅治	本体 3300 円
2	コンピュータと数学	高橋正子	
3	線形代数の基礎	和田昌昭	本体 2800 円
4	線形代数と正多面体	小林正典	本体 3300 円
5	多項式と計算代数	横山和弘	
6	初等整数論と暗号	内山成憲・藤岡　淳・藤崎英一郎	
7	微積分の基礎	浦川　肇	本体 3300 円
8	微積分の発展	細野　忍	本体 2800 円
9	複素関数論	柴　雅和	
10	応用微分方程式	小川卓克	
11	フーリエ解析とウェーブレット	新井仁之	
12	位相空間とその応用	北田韶彦	本体 2800 円
13	確率と統計	藤澤洋徳	
14	離散構造	小島定吉	本体 2800 円
15	数理論理学	鹿島　亮	本体 3300 円
16	圏と加群	清水勇二	
17	有限体と代数曲線	諏訪紀幸	
18	曲面と可積分系	井ノ口順一	
19	群論と幾何学	藤原耕二	
20	ディリクレ形式入門	竹田雅好・桑江一洋	
21	非線形偏微分方程式	柴田良弘・久保隆徹	本体 3300 円

上記価格（税別）は 2024 年 7 月 現在